理工系の数学入門コース
演習
［新装版］

微分方程式演習

理工系の
数学入門コース
演習
[新装版]

微分方程式演習

DIFFERENTIAL EQUATIONS

和達三樹・矢嶋 徹
Miki Wadati　Tetsu Yajima

An Introductory Course of
Mathematics for
Science and Engineering
Problems and Solutions

岩波書店

演習のすすめ

この「理工系の数学入門コース/演習」シリーズは，演習によって基礎的計算力を養うとともに，それを通して，理工学で広く用いられる数学の基本概念・手法を的確に把握し理解を深めることを目的としている．

各巻の構成を説明しよう．各章の始めには，動機づけとしての簡単な内容案内がある．章は節ごとに，次のように構成されている．

(1) 「解説」 各節で扱う内容を簡潔に要約する．重要な概念の導入，定理，公式，記号などの説明をする．

(2) 「例題」 解説に続き，例題と問題がある．例題は基礎的な事柄に対する理解を深めるためにある．精選して詳しい解答(場合によっては別解も)をつけてある．

(3) 「問題」 難問や特殊な問題を避けて，応用の広い基本的，典型的なものを選んである．

(4) 「解答」 各節の問題に対する解答は，すべて巻末にまとめられている．解答はスマートさよりも，基本的手法の適用と理解を重視している．

(5) 頭を休め肩をほぐすような話題を「コーヒーブレイク」に，また，解法のコツ，計算のテクニック，陥りやすい間違いへの注意などの一言を「Tips」として随所に加えてある．

本シリーズは「理工系の数学入門コース」(全8巻)の姉妹シリーズである．併用するのがより効果的ではあるが，本シリーズだけでも独立して十分目的を達せられるよう配慮した．

実際に使える数学を身につけるには，基本的な事柄を勉強するとともに，個々の問題を解く練習がぜひとも必要である．定義や定理を理解したつもりでも，いざ問題を解こうとすると容易ではないことは誰でも経験する．使えない公式をいくら暗記しても，真に理解したとはいえない．基本的概念や定理・公式を使って，自力で問題を解く．一方，問題を解くことによって，基本的概念の理解を深め，定理・公式の威力と適用性を確かめる．このくり返しによって，「生きた数学」が身についていくはずである．実際，数学自身もそのようにして発展した．

いたずらに多くの問題を解く必要はない．また，程度の高すぎる問題や特別な手法を使う問題が解けないからといって落胆しないでよい．このシリーズでは，内容をよりよく理解し，確かな計算力をつけるのに役立つ比較的容易な演習問題をそろえた．「解答」には，すべての問題に対してくわしい解答を載せてある．これは自習書として用いる読者のためであり，著しく困難な問題はないはずであるから，どうしても解けないときにはじめて「解答」を見るようにしてほしい．

このシリーズが読者の勉学を助け，理工学各分野で用いられる数学を習得するのに役立つことを念願してやまない．読者からの助言をいただいて，このシリーズにみがきをかけ，ますますよいものにすることができれば，それは著者と編者の大きな喜びである．

1998年8月

編者　戸田盛和
和達三樹

はじめに

微分方程式がいろいろな授業で登場することに，困惑している学生諸君が多いのではないだろうか．さらに，手品のような手法で解が導出されると，余計に混乱してしまう人もいるかもしれない．微分方程式を学ぶ前に，物理などの他の科目で微分方程式に出会い，理屈もわからぬまま公式を覚えることに労力を費やして，理数系の科目は無味乾燥なものだと感じてしまうこともあるだろう．この演習書は，微分方程式に対する戸惑いと恐れを取り除き，誰もが微分方程式を解く楽しみを実感できるように役立つことを目標としている．

理工学においては，多くの現象が微分方程式で記述される．時々刻々と変化する量や，場所によって異なる値をもつ量が引き起こす現象に興味があるからである．ある系での現象を観察した結果，それを記述する基本法則が，変化率(導関数)を含む関係式で表されると予想できたとしよう．この予想が正しいかどうかを調べるには，微分方程式を解くことによって得られる時間依存性や場所依存性を，実際に観測された値と比べればよい．このようにして確立された基本法則は，単に観測される現象を説明するばかりでなく，系の振舞いを制御したり，将来の予測を可能にしたりする．微分方程式を用いたこのような一連の作業過程が，近代科学技術の発展そのものともいえるのである．現在，微分方程式は理工学のみならず，社会科学や人文科学においても広く用いられている．現象の分析と制御予測を定量的に行なうには，微分方程式による法則の定式化が多くの場合に有効であることは，分野を問わない．

微分方程式は，その解がどのような振舞いをするかがわからないうちは，興味をもちにくいものである．また，解を求める一般公式が与えられているとしても，その公式を実際に使ってみないことには意義を理解することはむずかしい．この演習書では，応用上重要な種類の微分方程式に焦点を絞り，できるだけ一般的で平易な解法で解くことを徹底したい．まずは，各章各節の簡単な問題から挑戦してほしい．重要なことは，自分の力で最後まで問題を解いてみることである．正しい結果が得られたかどうかを調べることは，簡単である．実際に自分で求めた「解」を微分方程式に代入してみれば，すぐに正しいか間違いかがわかる．解が得られたならば，それをグラフに描いてみることは，理解を深めることに非常に役立つ．解法，検算，図示を繰り返しているうちに，微分方程式を見ただけで，解の振舞いのおおまかな様子が頭の中に再現できるようになるだろう．はじめのうちは，1題解くだけでもかなりの時間がかかるかもしれないが，納得できないまま多くの問題に手をつけても，身についた実力にはならないと思う．

本書は，「理工系の数学入門コース」第4巻『常微分方程式』の演習問題集として編集された．基本知識のまとめと，例題・問題から構成されている．全体の枠組みは，『常微分方程式』とほぼ同じである．演習書は，執筆者にとって教科書や参考書とは異なる一つの挑戦である．まず，解答に間違いがないよう，何度も読み返した．もし，依然として誤りがあるならば，読者の御叱責を待ちたい．さらに，用いられる手法が一般的なものであるか，理解しやすい順序で問題が並べられているかなどに注意を払い，推敲を重ねた．各節の例題は，問題を解く際の指針となるよう，できるだけ多くの計算例を網羅した．と同時に，演習書にはやや一般的に過ぎるかと思われるような，公式の証明などの内容についても積極的に取り上げた．計算の本質的な要素を理解し，解に到るまでの思考方法を会得してほしいからである．また，理工系の学生諸君が本書の主な読者であろうと考え，数学的な問題ばかりではなく，いろいろな分野からの応用問題を集めるように心がけた．面白い手法や，難問で読者を驚かせたいという誘惑にかられたこともあったが，「微分方程式を解く楽しみを実感する」という基本目的を最後まで守り通したつもりである．

常微分方程式は，解を求めるという側面からも，多くの分野で用いられるという側面からも，きわめて実践的かつ強力なものである．その道具を身につけ世界に羽ばたこうとする読者の方々に，本書が少しでも手助けとなるならば，執筆者としてこれ以上の喜びはない．

本書の執筆にあたっては，本シリーズの編者戸田盛和先生の名を冠した，「非線形数理セミナー」のおり，数学談義や物理学談義に興じているときに得たヒントを生かした．いろいろと意見交換してくださった方々，とくに，さまざまな面で貴重な助言とあたたかい励ましをいただいた薩摩順吉先生には，深く感謝の念を申し上げる．また，西成活裕氏は構成上の点に関する意見を，若林直樹氏はコーヒーブレイクなどの題材に関する情報をお寄せくださった．最後に，岩波書店編集部の宮部信明氏，片山宏海氏からは，全巻の構成，難易度の均一化など，多くの建設的なご提案をいただいた．ここに心からお礼を申し上げたい．

1998年11月

和達三樹
矢嶋　徹

目次

コーヒーブレイク

Tips

1

自然法則と微分方程式

物事は，時やところが変わるとそれにつれて変化するものである．変化する様子を数学的に書き表す手段として，微分方程式と呼ばれるものがある．この章では，考慮の対象にしている量をどのように把握し，どのように数式化するのかを見ていくことにする．同時に基本的な用語・定義などの解説も行なう．

1-1　微積分の予備知識

本書の目標は微分方程式を解くことであるが，そのためには微分・積分などの数学的なテクニックを使う必要がある．本書で用いるのは，主に初等関数と呼ばれる関数(多項式・指数関数・三角関数などの，いわゆる『簡単な』関数)の微積分である．また，三角関数と指数関数の対応関係(オイラーの公式)を除いて複素数を用いない．すなわち，実変数の実数値関数を考える．

この節では，本書で必要となる微分・積分の公式を挙げる．以下では a は実数の定数とし，変数 x は実数とする．また，公式中の関数は，必要なだけ微分・積分可能とする．不定積分に現れる積分定数は省略した．

(A)　簡単な関数の微積分

1. $\dfrac{d}{dx}x^a = ax^{a-1}$
2. $\dfrac{d}{dx}\log|x| = \dfrac{1}{x}$
3. $\dfrac{d}{dx}\sin ax = a\cos ax$
4. $\dfrac{d}{dx}\cos ax = -a\sin ax$
5. $\dfrac{d}{dx}e^{ax} = ae^{ax}$
6. $\displaystyle\int x^a dx = \frac{1}{a+1}x^{a+1} \quad (a \neq -1)$
7. $\displaystyle\int \frac{1}{x}dx = \log|x|$
8. $\displaystyle\int \sin ax dx = -\frac{1}{a}\cos ax \quad (a \neq 0)$
9. $\displaystyle\int \cos ax dx = \frac{1}{a}\sin ax \quad (a \neq 0)$
10. $\displaystyle\int e^{ax}dx = \frac{1}{a}e^{ax} \quad (a \neq 0)$

(B)　定数の微分・積分

1. $\dfrac{d}{dx}a = 0$
2. $\displaystyle\int a dx = ax$

(C)　和(差)の微分・積分

1. $\dfrac{d}{dx}[f(x) \pm g(x)] = \dfrac{df}{dx} \pm \dfrac{dg}{dx}$
2. $\displaystyle\int [f(x) \pm g(x)]dx = \int f(x)dx \pm \int g(x)dx$

(D)　定数倍の微分・積分

1.　$\dfrac{d}{dx}[af(x)] = a\dfrac{d}{dx}f(x)$　　　2.　$\displaystyle\int af(x)dx = a\int f(x)dx$

(E)　積の微分・積分と部分積分法

1.　$\dfrac{d}{dx}[f(x)g(x)] = \dfrac{df}{dx}g+f\dfrac{dg}{dx}$　　　2.　$\displaystyle\int\left(\frac{df}{dx}g+f\frac{dg}{dx}\right)dx = f(x)g(x)$

3.　$\displaystyle\int\frac{df}{dx}gdx = f(x)g(x)-\int f\frac{dg}{dx}dx$

(F)　商の微分

$$\frac{d}{dx}\left[\frac{f(x)}{g(x)}\right] = \frac{1}{g^2}\left(\frac{df}{dx}g-f\frac{dg}{dx}\right)$$

(G)　合成関数の微分と置換積分法

z は x の関数，$\dfrac{dF(z)}{dz}=f(z)$ であるとき，

1.　$\dfrac{dF(z)}{dx} = \dfrac{dF}{dz}\dfrac{dz}{dx} = f(z)\dfrac{dz}{dx}$　　　2.　$\displaystyle\int f(z)\frac{dz}{dx}dx = \int f(z)dz = F(z(x))$

(H)　逆関数の微分

$y=F(x)$, $\dfrac{dF}{dx}=f(x)$, $x=F^{-1}(y)$ として，

$$\frac{d}{dy}[F^{-1}(y)] = \frac{1}{f(x)} = \frac{1}{f(F^{-1}(y))}$$

(I)　その他

1.　オイラーの公式 $e^{ix}=\cos x+i\sin x$　　(i は虚数単位，$i^2=-1$)

2.　対数微分法 $\dfrac{d}{dx}\log|f(x)|=\dfrac{f'(x)}{f(x)}$

3.　$f'(x)$ とは f の導関数を意味する．また，t に関する微分を，上つきの点で表すこともある．すなわち，

$$\dot{f}(t) = \frac{df}{dt}$$

例題 1.1 次の関数の導関数を求めよ．

(i) $a^x \cos bx$ (a, b は正定数) (ii) e^{iax} (a は定数)

(iii) $(x^2+1)^{x^3+1}$

［解］ (i) 積の微分公式より，$\dfrac{da^x \cos bx}{dx}=\dfrac{da^x}{dx}\cos bx+a^x\dfrac{d\cos bx}{dx}$．ここで，

$$\frac{da^x}{dx}=\frac{de^{x\log a}}{dx}=e^{x\log a}\log a=a^x\log a$$

$$\frac{d\cos bx}{dx}=-b\sin bx$$

であることに注意して，

$$\frac{da^x\cos bx}{dx}=a^x(\log a\cos bx-b\sin bx)$$

(ii) オイラーの公式により $e^{iax}=\cos ax+i\sin ax$ であるから，この式の両辺を x で微分して，

$$\frac{de^{iax}}{dx}=\frac{d}{dx}(\cos ax+i\sin ax)=-a\sin ax+ia\cos ax$$

$$=ia(\cos ax+i\sin ax)=iae^{iax}$$

(iii) $f(x)=(x^2+1)^{x^3+1}$ として，両辺の対数を考えると，

$$\log f(x)=\log(x^2+1)^{x^3+1}=(x^3+1)\log(x^2+1)$$

この両辺を x で微分すると，

$$\frac{f'(x)}{f(x)}=3x^2\log(x^2+1)+\frac{2x(x^3+1)}{x^2+1}$$

よって，

$$\frac{d\log(x^2+1)^{x^3+1}}{dx}=f'(x)=\left[3x^2\log(x^2+1)+\frac{2x(x^3+1)}{(x^2+1)}\right]f(x)$$

$$=3x^2(x^2+1)^{x^3+1}\log(x^2+1)+2x(x^2+1)^{x^3}(x^3+1)$$

例題 1.2　次の不定積分を求めよ．

(i)　$\displaystyle\int \frac{1}{a^4-x^4}dx$　(a は正定数)　　(ii)　$\displaystyle\int e^{ax}\cos bx dx$　(a, b は正定数)

(iii)　$\displaystyle\int \frac{4x^3}{1+x^4}dx$

［解］　ここでは積分定数を C と書く．

(i)　被積分関数を変形して，

$$\frac{1}{a^4-x^4} = \frac{1}{2a^2}\left(\frac{1}{a^2+x^2}+\frac{1}{a^2-x^2}\right) = \frac{1}{2a^2}\frac{1}{a^2+x^2}+\frac{1}{4a^3}\frac{1}{a+x}+\frac{1}{4a^3}\frac{1}{a-x}$$

であるから，それぞれの項を積分して，

$$\int\frac{dx}{a^2+x^2} = \frac{1}{a}\arctan\left(\frac{x}{a}\right),\quad \int\frac{dx}{a+x} = \log|a+x|,\quad \int\frac{dx}{a-x} = -\log|a-x|$$

よって求めるべき積分は，これらの和をとり，積分定数を付け加えて

$$\int\frac{1}{a^4-x^4}dx = \frac{1}{2a^3}\arctan\left(\frac{x}{a}\right)+\frac{1}{4a^3}\log\left|\frac{a+x}{a-x}\right|+C$$

(ii)　部分積分の公式により，

$$\int e^{ax}\cos bx dx = \int\left(\frac{e^{ax}}{a}\right)'\cos bx dx = \frac{e^{ax}\cos bx}{a}+\frac{b}{a}\int e^{ax}\sin bx dx$$

さらにこの式の第 2 項を部分積分すると，

$$\begin{aligned}\int e^{ax}\cos bx dx &= \frac{e^{ax}\cos bx}{a}+\frac{b}{a}\int\left(\frac{e^{ax}}{a}\right)'\sin bx dx \\ &= \frac{e^{ax}(a\cos bx+b\sin bx)}{a^2}-\frac{b^2}{a^2}\int e^{ax}\cos bx dx\end{aligned}$$

これを求める積分に関して解いて，積分定数を付け加えると，

$$\int e^{ax}\cos bx dx = \frac{e^{ax}(a\cos bx+b\sin bx)}{a^2+b^2}+C$$

(iii)　$t=x^4$ と変数変換すると，$dt=4x^3dx$ であるから，

$$\int\frac{4x^3}{1+x^4}dx = \int\frac{dt}{1+t} = \log|1+t|+C = \log(1+x^4)+C$$

ただし，$1+x^4$ が常に正であることを用いた．

問題1-1

［1］ 以下の関数の導関数を求めよ．ただし，a, b, c は実数の定数とする．

(1) $x^4+x^3+x^2+x+1$ (2) x^a

(3) $(ax+b)^c$ (4) $\cos ax \sin bx$

(5) $x \log x$ (6) a^x

(7) $\tan x$ (8) $\dfrac{x}{x^2+1}$

(9) e^{x^2} (10) $\cos(\log|x|)$

(11) $\log(\log|x|)$ (12) e^{-iax}

(13) x^x (14) $x^{\log|x|}$

［2］ 以下の不定積分を求めよ．a は定数とする．

(1) $\displaystyle\int \frac{1}{1+a^2x^2}dx$ (2) $\displaystyle\int \frac{1}{\sqrt{a^2-x^2}}dx$

(3) $\displaystyle\int \frac{1}{\cosh^2 ax}dx$ (4) $\displaystyle\int \frac{1}{\cosh x}dx$

(5) $\displaystyle\int \frac{x}{1+x^4}dx$ (6) $\displaystyle\int \log x dx$

(7) $\displaystyle\int e^x \cos x dx$ (8) $\displaystyle\int x \sin x dx$

［3］ オイラーの公式を用いて，以下の関係式を示せ．

(1) $e^{ix}e^{iy} = e^{i(x+y)}$

［ヒント：オイラーの公式のほか，三角関数の加法定理も用いる．］

(2) $\cos 3x = 4\cos^3 x - 3\cos x, \quad \sin 3x = -4\sin^3 x + 3\sin x$

1-2　微分方程式の簡単な例

ある未知の関数とその導関数を含む関係式を**微分方程式**という(微分方程式に関するいろいろな概念の定義は，第1-4節を参照)．微分方程式の例として以下のようなものが挙げられる．

$$\frac{dy}{dx} = y \tag{1.1a}$$

$$\frac{dy}{dx}+x^2y^2-(1+2x^3)y+x^4+x-1 = 0 \tag{1.1b}$$

$$m\frac{d^2x}{dt^2} = F(t) \qquad (F(t)\text{ は与えられた関数}) \tag{1.1c}$$

x を変数とする1変数関数 $y(x)$ があるとき，その導関数 $\dfrac{dy}{dx}$ は，x に関する y の変化の割合(または，x の単位変化量あたりの y の変化)を表している．一般に変化を伴う現象を解析するとき，その現象を表す未知の関数を考え，その関数の変化のようす(すなわち，導関数)を調べるのは自然なことである．未知関数の導関数が，ある関係式(微分方程式)をみたす場合，その関係式を用いてそれぞれの x における未知関数の値が求められることになる．

たとえば，質量 m の質点が力 $F(t)$ を受けて1次元運動するとき，その質点の位置座標を $x(t)$ とすると，運動方程式は式(1.1c)になる．この微分方程式により加速度 $\dfrac{d^2x}{dt^2}$ が時間 t の関数として与えられる．これを t に関して2回積分して関数 $x(t)$ が求められれば，質点の位置を知ることができる．このように，変化する現象の研究に微分方程式は必要不可欠なものである．実際に解析を行なうときは，現象をうまく記述するような微分方程式を導出する必要がある．そのためには適切なモデルの設定が重要になる．

以下に実際に微分方程式を導く問題を例によって示す．

例題 1.3　ある国の，時刻 t における人口(人口に限らず，ある生物の集団の個体数でもよい)を $N(t)$ と表す．単位時間あたりの出生数と死亡数が人口総数に比例するとして，$N(t)$ がみたす微分方程式を求めよ．

［解］　人口 $N(t)$ の単位時間あたりの増加は，時刻 t に関する導関数

$$\text{単位時間あたりの人口増} = \frac{dN}{dt} \tag{1}$$

で与えられる．また，この問題のモデルによると，単位時間あたりの出生数・死亡数は，それぞれ

$$\begin{aligned} \text{出生数} &= a_{\mathrm{birth}} N(t) \\ \text{死亡数} &= a_{\mathrm{death}} N(t) \end{aligned} \qquad (a_{\mathrm{birth}},\ a_{\mathrm{death}}\ \text{は定数})$$

したがってこれらの差

$$a_{\mathrm{birth}} N - a_{\mathrm{death}} N = (a_{\mathrm{birth}} - a_{\mathrm{death}}) N \equiv \mu N \tag{2}$$

によって，単位時間あたりの人口の増加の別の表現が与えられる．ただし，$\mu = a_{\mathrm{birth}} - a_{\mathrm{death}}$ で新しく定数 μ を導入した．単位時間あたりの人口増加という同じ量が式(1), (2)で与えられるから，両者を等号で結び，

$$\frac{dN}{dt} = \mu N \tag{3}$$

を得る．これが $N(t)$ のみたすべき微分方程式である．

なお，この例題のモデルを**マルサスのモデル**という．

Tips：　変数が整数でも微分可能と考えられる場合

この例題では，人口という本来は整数値をとる量を考えている．商品の販売個数，貨幣の流通量なども，同様に離散的な値しかとらない．これらを関数と考え，グラフを描いてみると折れや跳びがあって微分可能とは言いがたいものである．しかし，全体の数量(総人口，総需要，総貨幣量に相当するもの)が変化の単位(この場合は1)に対して非常に大きいときは，連続的に値が変化し，微分可能であると考えて差し支えない．したがって，微分方程式を使って，その変動を議論することができる．

例題 1.4 物体から単位時間あたりに放出される熱の量は，外界とその物体との温度差，およびその物体の表面積の 2 つの量に比例すると考えられる．いま，ある物体に単位時間内に外から $Q_{\rm in}(t)$ の熱が加えられている．外界の温度が一定であるとするとき，物体の温度 $\theta(t)$ がみたすべき微分方程式を求めよ．

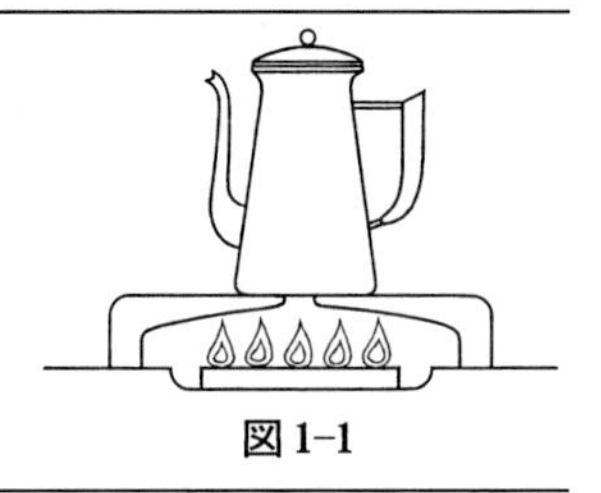

図 1–1

［**解**］ 熱の保存則を考えると，物体に加えられた熱量の総和は物体の温度上昇に用いられた熱量に等しい．ここでは，物体に加えられた熱量の総和とは，物体に外から加えられた熱量と物体から外部に放出された熱量の差のことである．

いま，物体の表面積を S，外界の温度を T とすると，物体から単位時間あたりに外部に放出される熱量 $Q_{\rm out}$ は，問題に与えられた条件から，

$$Q_{\rm out} = a[\theta(t)-T]S \qquad (a \text{ は比例定数}) \tag{1}$$

また，単位時間あたりの温度上昇は $\dfrac{d\theta}{dt}$ であるから，温度上昇のために単位時間あたりに使われた熱量 Q は，

$$Q = C\frac{d\theta}{dt} \qquad (C \text{ は物体の熱容量}) \tag{2}$$

と表される．外から物体に単位時間あたりに加えられる熱量が $Q_{\rm in}(t)$ であると与えられているので，熱量の収支は $Q_{\rm in}=Q_{\rm out}+Q$．よって式(1)，(2)から関係式

$$C\frac{d\theta}{dt} = Q_{\rm in}(t)-a[\theta(t)-T]S$$

が得られる．これが物体の温度 $\theta(t)$ のみたす微分方程式である．ここで，$\dfrac{aS}{C}=K$，$\dfrac{Q_{\rm in}}{C}=q(t)$ で新しい定数 K と関数 $q(t)$ を導入すると，$\theta(t)$ のみたす微分方程式は

$$\frac{d\theta}{dt}+K[\theta(t)-T] = q(t) \tag{3}$$

のように書き改められる．

Tips： 保存則を利用する

この問題で考えたように，ある量(ここでは熱量)の保存則を利用して微分方程式を求めることは頻繁に行なわれる．ここで挙げた例以外には，質量の保存，電流の保存，エネルギーの保存，個体数の保存などが用いられる．どのような保存則を利用するのか，その保存則にどのような効果からの寄与があるのかは，考えている現象によく合うように，十分吟味する必要がある．

例題 1.5　図のようにバネ定数 k のバネに連結され，直線上を運動する質量 m の質点がある．質点の位置を x とし，バネが自然の長さのとき $x=0$ であるとする．

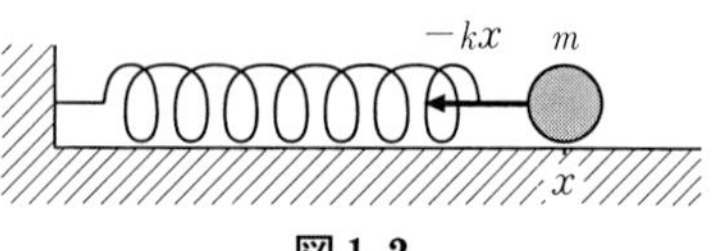

図 1-2

(i)　バネの弾性力以外に，速度に比例する抵抗力がこの質点に働くとして，x のみたす微分方程式を求めよ．

(ii)　バネによる弾性力のほか，振動する外力 $F_0 \sin \omega t$ がこの質点に働くとき，x のみたす微分方程式を求めよ．

［解］　(i)　この質点の位置が $x(t)$ であるから，速度および加速度はそれぞれ $\dfrac{dx}{dt}, \dfrac{d^2x}{dt^2}$ である．したがって，γ を定数とすると，質点に働く抵抗力は $-\gamma\dfrac{dx}{dt}$ で与えられる．また，この質点がバネから受ける弾性力は $-kx$ である．以上から，質点のみたす運動方程式は，$m\dfrac{d^2x}{dt^2}=-\gamma\dfrac{dx}{dt}-kx$ となる．ここで，

$$\frac{\gamma}{m} \equiv 2\alpha, \quad \sqrt{\frac{k}{m}} \equiv \beta \tag{1}$$

で新しく定数 α, β を定義すると，x のみたす微分方程式は次のようになる．

$$\frac{d^2x}{dt^2}+2\alpha\frac{dx}{dt}+\beta^2x = 0 \tag{2}$$

(ii)　質点に働く力は，バネによる力 $-kx$ と，振動する外力 $F_0 \sin \omega t$ であるから，

$$m\frac{d^2x}{dt^2} = -kx+F_0 \sin \omega t$$

が運動方程式となる．ここで，式(1)のように β を定め，$f_0 \equiv \dfrac{F_0}{m}$ で定数 f_0 を導入すると，x がみたす微分方程式は次のようになる．

$$\frac{d^2x}{dt^2}+\beta^2x = f_0 \sin \omega t \tag{3}$$

問　題 1-2

［1］(1)　ある放射性元素が放射線を出して別の元素に変化する放射性壊変を考える．このような壊変を行なう元素の単位時間あたりの数が，放射性元素全体の個数に比例すると仮定して，放射性元素の個数 $N(t)$ のみたす微分方程式を求めよ．

(2)　光線が均一な吸収体を通過するとき，吸収体の単位長さあたりの吸収線量は光線の強度に比例するとしよう．光線は，吸収体の表面に垂直に進むとする．吸収体の表面から内側に距離 x の場所での光線の強度 $I(x)$ がみたす微分方程式を求めよ．

［2］　現実の人口問題を考えると，人口が過密になることによる生活環境の悪化や地球上の資源の制約などから，人口の取り得る値は上限があると考えられる．人口の単位時間あたりの増加が，その時刻における総人口と，現在の人口が上限までどの程度余裕を残しているかの両方に比例するとして，人口 $N(t)$ がみたす微分方程式を求めよ．

［3］　長さ l の軽い棒の先に質量 m の小さな質点を取り付け，もう一方の端を固定して，棒が同一平面の上だけを自由に運動するようにした(図)．

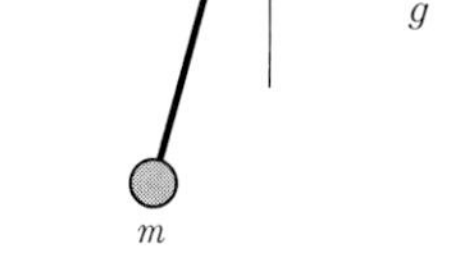

(1)　質点の振動面に平行で，水平方向の力を質点にかけた．この力は $qE_0 \sin \omega t$ で時間変化するものとしよう．棒が鉛直下方に対してなす角度を θ とするとき，θ がみたす微分方程式を求めよ．重力加速度を g とせよ．

(2)　(1)の力に加えて速度 v に比例する抵抗力 $-\gamma v$ があるときに，θ がみたす方程式を求めよ．

(3)　$|\theta| \ll 1$ のときに，(2)で求めた方程式がどのように近似されるか調べよ．

［4］　直線上を運動する質量 m の質点がある．以下の場合に対して，指定された未知の関数に対する微分方程式を求めよ．

(1)　速度に比例する抵抗力と，時間 t のみに依存する外力 $F(t)$ が働き，速度 $v(t)$ を未知の関数とする場合．

(2)　原点からの距離に比例する復元力(比例定数を k とする)と，時間 t のみに依存する外力 $F(t)$ が働き，位置 $x(t)$ を未知の関数とする場合．

1-3 微分方程式の解

1-2 節ですでに述べたように，ある現象がどのように変化していくのか知りたいとき，微分方程式を導くことは有効な手段である．微分方程式は未知の関数の変化のようすを記述する関係式である．この関係式が表す変化のようすを具体的に知るためには，導入した未知関数の形を実際に求めなくてはならない．微分方程式をみたす関数を**微分方程式の解**といい，微分方程式の解を求めることを**微分方程式を解く**という．

たとえば，1-2 節(1. 1)で挙げた微分方程式に対しては，以下の関数が微分方程式の解の例である．

$$\begin{cases} \text{方程式} \quad \dfrac{dy}{dx} = y \\ \text{解} \quad y = Ce^x \qquad (C \text{ は定数}) \end{cases} \tag{1.2a}$$

$$\begin{cases} \text{方程式} \quad \dfrac{dy}{dx} + x^2y^2 - (1+2x^3)y + x^4 + x - 1 = 0 \\ \text{解} \quad y = x + \dfrac{e^x}{(x^2-2x+2)e^x + C} \qquad (C \text{ は定数}) \end{cases} \tag{1.2b}$$

$$\begin{cases} \text{方程式} \quad m\dfrac{d^2x}{dt^2} = F(t) \\ \text{解} \quad y = x_0 + v_0 t + \dfrac{1}{m}\displaystyle\int^t dt' \int^{t'} dt'' F(t'') \\ \qquad (x_0, v_0 \text{ は定数，} F \text{ は } x \text{ によらないことに注意．}) \end{cases} \tag{1.2c}$$

この節では，微分方程式とその解の関係を例題によって示す．なお，いくつかのタイプの方程式には解を求める系統的な方法が確立されている．本書では第 2 章以下でその基本的なものを述べる．

例題 1.6　次の関数が，その下に挙げた微分方程式の解であることを確かめよ．ただし，C, C_1, C_2 は定数を表す．

(i)　$N(t) = Ce^{\mu t}$

$$\frac{dN}{dt} = \mu N \qquad (\mu \text{ は定数，例題 1.3 の式(3)})$$

(ii)　$\theta(t) = T + e^{-Kt}\left[C + \int^t q(t')e^{Kt'}dt'\right]$

$$\frac{d\theta}{dt} + K[\theta(t) - T] = q(t) \qquad (K, T \text{ は定数，例題 1.4 の式(3)})$$

(iii)
$$x(t) = \begin{cases} C_1 e^{(-\alpha+\sqrt{\alpha^2-\beta^2})t} + C_2 e^{(-\alpha-\sqrt{\alpha^2-\beta^2})t} & (\alpha^2 > \beta^2) \\ C_1 e^{-\alpha t} + C_2 t e^{-\alpha t} & (\alpha^2 = \beta^2) \\ C_1 e^{-\alpha t}\cos(\sqrt{\beta^2-\alpha^2}\,t) + C_2 e^{-\alpha t}\sin(\sqrt{\beta^2-\alpha^2}\,t) & (\alpha^2 < \beta^2) \end{cases}$$

$$\frac{d^2x}{dt^2} + 2\alpha\frac{dx}{dt} + \beta^2 x = 0 \qquad (\alpha, \beta \text{ は 0 でない定数，例題 1.5 (i) の式(2)})$$

(かっこ内にそれぞれの微分方程式が導かれた例題とそこでの式番号を示した.)

［解］　(i)　与えられた $N(t)$ を t で微分すると，

$$\frac{dN}{dt} = \frac{d(Ce^{\mu t})}{dt} = C\frac{de^{\mu t}}{dt} = C\mu e^{\mu t} = \mu N$$

よって与えられた $N(t)$ は，微分方程式 $\dfrac{dN}{dt} = \mu N$ の解であることがわかる．

(ii)　(i) と同様に，与えられた $\theta(t)$ を t で微分すると，

$$\begin{aligned} \frac{d\theta}{dt} &= \frac{d(Ce^{-Kt})}{dt} + \frac{d}{dt}\left[e^{-Kt}\int^t q(t')e^{Kt'}\,dt'\right] \\ &= -Ke^{-Kt}\left[C + \int^t q(t')e^{Kt'}\,dt'\right] + q(t) \end{aligned}$$

与えられた解を用いると，$e^{-Kt}\left[C + \int^t q(t')e^{Kt'}\,dt'\right] = \theta(t) - T$ であるから，

$$\frac{d\theta}{dt} = -K[\theta(t) - T] + q(t)$$

となり，与えられた関数は問題の微分方程式の解であることが確かめられた．

(iii)　(1)　$\alpha^2 > \beta^2$ のとき，$f_\pm(t) \equiv e^{(-\alpha\pm\sqrt{\alpha^2-\beta^2})t}$ とすると，

$$\frac{df_\pm(t)}{dt} = (-\alpha \pm \sqrt{\alpha^2-\beta^2})f_\pm(t), \qquad \frac{d^2 f_\pm(t)}{dt^2} = (2\alpha^2 - \beta^2 \mp 2\alpha\sqrt{\alpha^2-\beta^2})f_\pm(t)$$

これらを微分方程式に代入して整理すると，$\dfrac{d^2f_\pm}{dt^2}+2\alpha\dfrac{df_\pm}{dt}+\beta^2f_\pm=0$ となり，$f_\pm(t)$ はそれぞれが与えられた微分方程式の解であることがわかる．ここで $C_1f_++C_2f_-$ を題意の微分方程式に代入すると，

$$\frac{d^2(C_1f_++C_2f_-)}{dt^2}+2\alpha\frac{d(C_1f_++C_2f_-)}{dt}+\beta^2(C_1f_++C_2f_-)$$

$$=C_1\left(\frac{d^2f_+}{dt^2}+2\alpha\frac{df_+}{dt}+\beta^2f_+\right)+C_2\left(\frac{d^2f_-}{dt^2}+2\alpha\frac{df_-}{dt}+\beta^2f_-\right)=0$$

よって，$f_\pm(t)$ の1次結合も与えられた微分方程式の解となることが確かめられた．

(2)　$\alpha^2=\beta^2$ のとき，与えられた方程式は

$$\frac{d^2y}{dt^2}+2\alpha\frac{dy}{dt}+\alpha^2y=0 \qquad (*)$$

ここで，$e^{-\alpha t}$ と $te^{-\alpha t}$ の t に関する導関数を求めると，

$$\frac{de^{-\alpha t}}{dt}=-\alpha e^{-\alpha t},\qquad \frac{d^2e^{-\alpha t}}{dt^2}=\alpha^2e^{-\alpha t}$$

$$\frac{d(te^{-\alpha t})}{dt}=(1-\alpha t)e^{-\alpha t},\qquad \frac{d^2(te^{-\alpha t})}{dt^2}=-\alpha(2-\alpha t)e^{-\alpha t}$$

よって，$x(t)C_1e^{-\alpha t}+C_2te^{-\alpha t}$ を(*)に代入すると，$\dfrac{d^2x}{dt^2}+2\alpha\dfrac{dx}{dt}+\alpha^2x=0$ が確かめられる．したがって，与えられた関数は式(*)の解である．

(3)　$\alpha^2<\beta^2$ のとき，$f_c(t)\equiv e^{-\alpha t}\cos(\sqrt{\beta^2-\alpha^2}\,t)$，$f_s(t)\equiv e^{-\alpha t}\sin(\sqrt{\beta^2-\alpha^2}\,t)$ と定義する．$f_c(t), f_s(t)$ それぞれを与えられた微分方程式に代入すると，

$$\frac{d^2f_c}{dt^2}+2\alpha\frac{df_c}{dt}+\beta^2f_c=0,\qquad \frac{d^2f_s}{dt^2}+2\alpha\frac{df_s}{dt}+\beta^2f_s=0$$

よって，$f_c(t)$ と $f_s(t)$ はともに解であり，$f_c(t)$ と $f_s(t)$ の1次結合で与えられる $x(t)$ も解である．

以上，(1)～(3)により，与えられた関数が解であることが確かめられた．

Tips：　微分方程式と解の関係

微分方程式と解とは必ずしも1対1に対応しているわけではない．たとえば関数 $y=e^x$ を解にもつ微分方程式は $y'=y$ や $y''=y$ など無数に存在する．また，例題1.6に挙げた微分方程式の解のように，定数を自由に選ぶことにより，ある1つの微分方程式をみたす解も無数に存在しうる．

問　題 1-3

[1]　次に挙げる微分方程式が，かっこ内に与えられた関数を解としてもつことを確かめよ．ただし，a, C_1, C_2 は定数を表す．

(1)　$x^2y''-axy'+ay=0$　　$(y=x^a)$　　(2)　$y''=-y$　　$(y=\cos x)$

(3)　$y'=ay$　　$(y=e^{ax})$　　(4)　$y''=a^2y$　　$(y=C_1e^{ax}+C_2e^{-ax})$

(5)　$xy'=y\log y$　　$(y=e^{C_1x})$

[2]　次の各関数が，後に挙げた微分方程式の解であることを確かめよ．解に含まれる C_1, C_2 は定数とする．

(1)　$N=\dfrac{N_\infty}{1+C_1e^{-\mu N_\infty t}}$,　　$\dfrac{dN}{dt}=\mu N(N_\infty-N)$　　(μ, N_∞ は定数．問題 1-2[2])

(2)
$$\theta(t)=\begin{cases} C_1e^{(-\alpha+\beta)t}+C_2e^{(-\alpha-\beta)t}-\dfrac{\Omega_e^2}{2\alpha\Omega_g}\cos\Omega_g t & (\alpha>\Omega_g) \\ C_1e^{-\Omega_g t}+C_2te^{-\Omega_g t}-\dfrac{\Omega_e^2}{2\Omega_g^2}\cos\Omega_g t & (\alpha=\Omega_g) \\ C_1e^{-\alpha t}\cos\beta t+C_2e^{-\alpha t}\sin\beta t-\dfrac{\Omega_e^2}{2\alpha\Omega_g}\cos\Omega_g t & (\alpha<\Omega_g) \end{cases}$$

$\ddot{\theta}+2\alpha\dot{\theta}+\Omega_g^2\theta=\Omega_e^2\sin\Omega_g t$,　　$\beta\equiv\sqrt{|\alpha^2-\Omega_g^2|}$

(α, Ω_g, Ω_e は正定数．問題 1-2[3](3) で $\omega=\Omega_g$ の場合)

(3)　$v(t)=C_1e^{-\Gamma t}+e^{-\Gamma t}\displaystyle\int_{t_0}^{t}f(t')e^{\Gamma t'}dt'$

$\dot{v}(t)+\Gamma v(t)=f(t)$　　(Γ, t_0 は定数，$f(t)$ は与えられた関数．問題 1-2[4](1))

(4)　$x(t)=C_1\cos\Omega t+C_2\sin\Omega t-\dfrac{1}{\Omega}\displaystyle\int_{t_0}^{t}f(t')\sin\Omega(t'-t)dt'$

$\ddot{x}(t)+\Omega^2x(t)=f(t)$　　(Ω, t_0 は定数，$f(t)$ は与えられた関数．問題 1-2[4](2))

(以上の微分方程式は問題 1-2 で求めたものである．かっこ内に対応する問題を示した．)

[3]　微分方程式 $\dfrac{d^2x}{dt^2}+\beta^2x=f_0\sin\omega t$ (β, f_0, ω は 0 でない定数) がある．次の関数がこの微分方程式の解であることを確かめよ．

$$x(t)=\begin{cases} C_1\cos\beta t+C_2\sin\beta t+\dfrac{f_0}{\beta^2-\omega^2}\sin\omega t & (\omega\neq\beta) \\ C_1\cos\beta t+C_2\sin\beta t-\dfrac{f_0}{2\beta}t\cos\beta t & (\omega=\beta) \end{cases}\qquad (C_1,\ C_2 \text{ は定数})$$

(例題 1.5(ii)，式(3)を参照)

専門用語——英語の場合

科学の敷居の高さの1つに用語の難しさがあるとよく耳にする．たしかに専門用語は日常生活ではあまりなじみがない．これは，専門用語の多くが外国語からの翻訳であり，訳された時代の言葉と現代の日本語の間に隔たりがあるためであろう．このようなとき，外国語を調べてみると，イメージがわいてくることがあって面白い．以下に英語をいくつか挙げてみよう．

derivative——導関数．名詞としては，「派生物」という意味がある．ある関数から「導かれ」て「派生した」関数と考えると少しはイメージがわくだろうか．化学での「誘導体」，言語学での「派生語」など，いずれも同様の意味であろう．経済方面では「金融派生商品」のことで，こちらの derivative は，最近新聞の経済面などでよく見かける．

differential——微分．本来の意味は「差」である．たとえば，1変数関数 $f(x)$ の微分は $df=f(x+dx)-f(x)$ のことだから，まさに意味通りである．自動車などの「差動機」などにもこの語が使われる．

differential coefficient——微分係数．微分 df を dx で割ったものである．自然科学では coefficient は普通「係数」と訳されるが，「率」という訳語もあり，後者の方がイメージに合うことも少なくない．

integral——積分．「全体」「総体」という意味の語．微分でこまかく分けたものの和をとるというイメージによく合う．動詞は integrate で，こちらには「統合する」などの訳がつく．電気回路に詳しい人は integrated circuit (集積回路．略称 IC) という言葉におなじみだろう．

solution——解．問題などの「解決」「解釈」などという意味である．辞書には動詞 solve の古い意味として，「紐などを解く」というものが載っているが，「問題を解く」との関連が何となくわかる気がする．なお，化学では「溶液」「溶解」などの意味で使う．

1-4 微分方程式の用語

微分方程式の定義 y を変数 x の関数として，y の 1 階以上の導関数を含む関係式

$$F(x, y, y', \cdots) = 0 \tag{1.3}$$

を**微分方程式**という．ただし，(1.3) に現れる導関数は存在するものとする．式(1.3)で，x を**独立変数**，y を**従属変数**または**未知関数**という．

微分方程式の**階数**とは，その微分方程式に含まれる最も階数の高い導関数の階数を指す．また，最高階の導関数の次数を常微分方程式の**次数**と呼ぶ．

微分方程式の型 式(1.3)は独立変数が 1 個の微分方程式であるが，厳密にはこれを**常微分方程式**と呼ぶ．これに対して独立変数が 2 個以上存在する場合，すなわち多変数関数の偏導関数を含む関係式を**偏微分方程式**という．偏微分方程式は，時間 t と空間座標 x の両方に依存する量や，多次元空間の中の量を考える場合などに出現する．本書では常微分方程式のみを扱う．

常微分方程式(1.3)が従属変数 y とその導関数に関して 1 次であるとき，すなわち，$a_j(x)$ $(j=0, \cdots, n)$，$r(x)$ を与えられた関数として

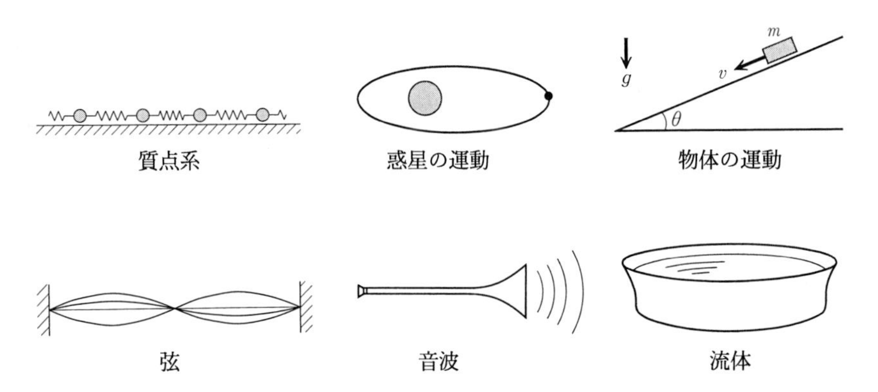

図 1-3 常微分方程式で記述される系(上段)と偏微分方程式で記述される系の例(下段)．

$$a_n(x)\frac{d^ny}{dx^n}+a_{n-1}(x)\frac{d^{n-1}y}{dx^{n-1}}+\cdots+a_0(x)y=r(x)\qquad(a_n\neq 0)\qquad(1.4)$$

であるとき，微分方程式は**線形**であるという．一方，(1.3)が，y とその導関数について 2 次以上であるときは**非線形**であるという．

n 階の微分方程式が

$$y^{(n)}=F(x,y,y',\cdots,y^{(n-1)})\qquad(1.5)$$

のように書かれているとき，最高階の導関数に関して**解けている**といい，このような微分方程式を**正規型**の微分方程式という．これに対し，最高階の導関数に関して解けていない，

$$y'^2=y$$

のようなものを**非正規型**の方程式と呼ぶ．

微分方程式の解　微分方程式をみたす関数をその微分方程式の**解**という．微分方程式の解を求めることを微分方程式を**解く**または**積分する**という．一般に，微分方程式の解は唯一とは限らない．たとえば，例題 1.6 に列挙した関数のように，x によらない定数がパラメーターとして解に含まれていることがある．このような定数を**任意定数**または**積分定数**という．任意定数は 1 つしかない場合もあれば複数個あるときもある．n 階微分方程式の解は最大限 n 個の任意定数を含むことができる．このように，n 個の任意定数を含む n 階微分方程式の解を**一般解**という．

特解と初期値問題　一般解に含まれるすべての任意定数の値を決めると，一般解があらわす解の集合の中からある特定の 1 つの解を選ぶことになる．このように，一般解の中に含まれる任意定数を特定の値に設定して得られる解を**特解**または**特殊解**という．

一般解に含まれる無数の関数から 1 つの特解を選択するには，従属変数の値に関してある条件が必要である．一般に n 階微分方程式の特解を求めるためには，独立変数の適当な値 $x=a$ における n 個の値 $y(a), y'(a), \cdots, y^{(n-1)}(a)$ を指定しなくてはならない．このような条件を**初期条件**または**初期値**と呼ぶ．初期条件をみたすような特解を求める問題を**初期値問題**という．

微分方程式の初期値問題の解がただ1つに決定されるとき，これを初期値問題における**解の一意性**という．解の一意性は必ずしも保証されているわけではない(2–5節参照)が，実際の問題で現れる微分方程式では一意性がみたされていることが多い．

解曲線　微分方程式の解をグラフに描いたものを**解曲線**または**積分曲線**という．任意定数を C_i $(i=1, 2, \cdots, n)$ とするとき，解曲線は C_i に応じていくつも得られる．このことを「C_i をパラメーターとして解曲線が族を作る」という．n 個のパラメーターをもつ族を ***n* パラメーター族**という．

微分方程式の解法　微分方程式の解を求める方法を**解法**という．そのうち，不定積分を有限回実行することで解を求める方法を**初等解法**または**求積法**とよび，特定のタイプの微分方程式に有効である．このほかに，級数を用いた級数解法，計算機を用いた数値解法などのいろいろな解法が確立されている．本書では主に求積法を扱う．

例題 1.7 次の各問の微分方程式の一般解を用いて，与えられた初期条件をみたすような特解を求めよ．ただし，C, C_1, C_2 は定数である．

(i) 微分方程式 $\dfrac{dN}{dt} = \mu N$，一般解 $N = Ce^{\mu t}$，初期条件 $N(t_0) = N_0$
(μ は定数．例題 1.3 式(3))

(ii) 微分方程式 $\dfrac{d\theta}{dt} + K[\theta(t) - T] = q(t)$,
一般解 $\theta(t) = T + e^{-Kt}\left[C + \int^t q(t')e^{Kt'}dt'\right]$,
初期条件 $\theta(t_0) = T_0$ (K, T は定数．例題 1.4 式(3))

(iii) 微分方程式 $\dfrac{d^2x}{dt^2} + 2\alpha\dfrac{dx}{dt} + \beta^2 x = 0$,

$$
一般解\quad x(t) = \begin{cases} C_1 e^{(-\alpha+\sqrt{\alpha^2-\beta^2})t} + C_2 e^{(-\alpha-\sqrt{\alpha^2-\beta^2})t} & (\alpha^2 > \beta^2) \\ C_1 e^{-\alpha t} + C_2 t e^{-\alpha t} & (\alpha^2 = \beta^2) \\ C_1 e^{-\alpha t}\cos(\sqrt{\beta^2-\alpha^2}\,t) + C_2 e^{-\alpha t}\sin(\sqrt{\beta^2-\alpha^2}\,t) & (\alpha^2 < \beta^2) \end{cases}
$$

初期条件 $x(0) = 0,\ \dot{x}(0) = v_0$ (α, β は定数．例題 1.5(i)式(2))

(ここに挙げた一般解は，例題 1.3 から例題 1.5 までの微分方程式の一般解で，例題 1.6 で列挙されたものである．各問題の後にその微分方程式が現れた例題と，そこでの式番号を示した．挙げられた解が一般解であることは例題 1.6 を参照せよ．)

［解］ (i) 与えられた一般解 $N(t) = Ce^{\mu t}$ に $t = t_0$, $N = N_0$ を代入すると，$N_0 = Ce^{\mu t_0}$．よって，$C = N_0 e^{-\mu t_0}$ となるので，これをもとの関数に代入し，次の特解を得る．

$$N(t) = N_0 e^{\mu(t-t_0)}$$

(ii) 与えられた一般解の積分の範囲を t_0 から t としても一般性を失わない．よって，

$$\theta(t) = T + e^{-Kt}\left[C + \int_{t_0}^t q(t')e^{Kt'}dt'\right] \tag{1}$$

と書ける．ここで $t = t_0$, $\theta = T_0$ を代入すると，$T_0 = T + Ce^{-Kt_0}$ を得るので，

$$C = (T_0 - T)e^{Kt_0}$$

これを(1)に代入し整理して，与えられた初期条件をみたす次の特解を得る．

$$\theta(t) = T_0 e^{-K(t-t_0)} + T[1 - e^{-K(t-t_0)}] + e^{-Kt}\int_{t_0}^t q(t')e^{Kt'}dt'$$

(iii) 与えられた一般解とその導関数に $t = 0$ を代入すると，次の表のようになる．

	$x(0)$	$\dot{x}(0)$
$\alpha^2 > \beta^2$	$C_1 + C_2$	$-\alpha(C_1+C_2) + \sqrt{\alpha^2-\beta^2}\,(C_1 - C_2)$
$\alpha^2 = \beta^2$	C_1	$-\alpha C_1 + C_2$
$\alpha^2 < \beta^2$	C_1	$-\alpha C_1 + \sqrt{\beta^2-\alpha^2}\,C_2$

与えられた初期条件を代入して，それぞれの場合で C_1, C_2 を求めると，

$$\begin{cases} C_1 = \dfrac{v_0}{2\sqrt{\alpha^2-\beta^2}}, \quad C_2 = -\dfrac{v_0}{2\sqrt{\alpha^2-\beta^2}} & (\alpha^2>\beta^2) \\ C_1 = 0, \quad C_2 = v_0 & (\alpha^2=\beta^2) \\ C_1 = 0, \quad C_2 = \dfrac{v_0}{\sqrt{\beta^2-\alpha^2}} & (\alpha^2<\beta^2) \end{cases}$$

これらの C_1, C_2 を一般解に代入すると，求めるべき特解は次のようになる．

$$x(t) = \begin{cases} \dfrac{v_0 e^{-\alpha t}}{\sqrt{\alpha^2-\beta^2}} \sinh(\sqrt{\alpha^2-\beta^2}\, t) & (\alpha^2>\beta^2) \\ v_0 t e^{-\alpha t} & (\alpha^2=\beta^2) \\ \dfrac{v_0 e^{-\alpha t}}{\sqrt{\beta^2-\alpha^2}} \sin(\sqrt{\beta^2-\alpha^2}\, t) & (\alpha^2<\beta^2) \end{cases}$$

Tips： 双曲線関数

次の関数をそれぞれ双曲線正弦，双曲線余弦，双曲線正接という．

$$\sinh x = \frac{e^x - e^{-x}}{2}, \qquad \cosh x = \frac{e^x + e^{-x}}{2}$$

$$\tanh x = \frac{\sinh x}{\cosh x} = \frac{e^x - e^{-x}}{e^x + e^{-x}}$$

おのおのシンチ，コッシュ，タンチとよばれることも多い．$x=\cosh u, y=\sinh u$ とおくと，直角双曲線の式 $x^2-y^2=1$ をみたしている．

例題 1.8　(i)　関数 $y=C(x^2+1)$ (C は定数) が微分方程式 $(x^2+1)y'=2xy$ の一般解であり，これ以外の解がないことを確かめよ．

(ii)　(i)で与えられた一般解を用いて，次の初期条件をみたす特解を求めよ．

(1)　$y(0)=1$　　　(2)　$y'(1)=-1$

(iii)　(i)の一般解の任意定数をパラメーターとする解曲線の族を描け．

［解］ (i)　関数 $y=C(x^2+1)$ に対して，

$$y' = 2Cx, \quad 2xy = 2Cx(x^2+1)$$

であるから，この関数は $(x^2+1)y'=2xy$ の解である．また，$y=C(x^2+1)$ は 1 個の任意定数をもつので，与えられた関数は 1 つの任意定数をもつ 1 階微分方程式の解，すなわち一般解である．

次に，$Y(x)$ を微分方程式 $(x^2+1)y'=2xy$ をみたす一般の関数とし，これを特解 x^2+1 で割った関数 $f(x)=\dfrac{Y(x)}{x^2+1}$ を考える．このとき，実数の x に対して $x^2+1\neq 0$ だから

$$\frac{df}{dx} = \frac{Y'(x^2+1)-2xY}{(x^2+1)^2} = 0$$

となる．したがって，このような $f(x)$ は定数しか存在せず，問題の微分方程式には $y=C(x^2+1)$ 以外の解はないことになる．

(ii)　(1)　$y=C(x^2+1)$ に $x=0$, $y=1$ を代入すると，$C=1$ を得る．よって求める特解は $y=x^2+1$ である．

(2)　$y'=2Cx$ となるから，これに $x=1$, $y'=-1$ を代入して $C=-\dfrac{1}{2}$ となる．求める特解は $y=-\dfrac{1}{2}(x^2+1)$ である．

(iii)　解曲線は放物線となる．$y=C(x^2+1)$ の C の値を変化させて解曲線を描くと，図 1–4 のようになる．

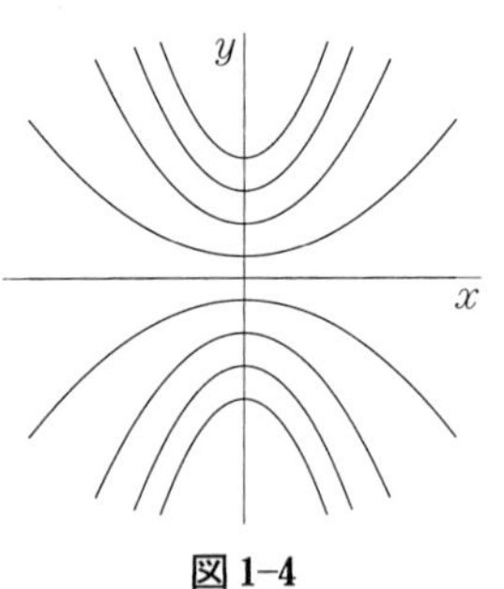

図 1–4

問 題 1-4

［1］ 次の微分方程式の階数および次数を述べよ.

(1) $y' = -y+1$　　(2) $x^2y''+yy'+2y = 0$

(3) $y''^2+xy'+y = 0$　　(4) $yy'^2+y^3+x = 0$

(5) $y^2y'+y^3+x = 0$　　(6) $x^2y''+xy'+y = x^3$

(7) $y'+(x+y)y' = 0$　　(8) $y''+2y'+3y = x$

(9) $y'' = y^2$

［2］ ［1］に挙げた微分方程式の中から正規型の方程式，線形の方程式をそれぞれ選べ.

［3］ 次に挙げる微分方程式とその解のそれぞれの組合せについて，挙げられた解が一般解であるものはどれか．ただし，C_1, C_2 を定数とする.

(1) $y''-3y'+2y = 0,\quad y = C_1e^x+e^{2x}$

(2) $y''-2y'+y = 0,\quad y = C_1e^x+C_2e^x$

(3) $y''-2y'+y = 0,\quad y = C_1e^x+C_2xe^x$

(4) $xy'+y = 0,\quad y = \dfrac{C_1}{x}$

［4］ 次の微分方程式とその一般解から，与えられた初期条件をみたすような特解を求めよ．ただし，C_1, C_2 は定数をあらわす.

(1) 微分方程式: $y' = f(x)y(x)$,　一般解: $y(x) = C_1\exp\left[\int_{x_0}^{x} f(x')dx'\right]$,
初期条件: $y(x_0) = 1$

(2) 微分方程式: $y''-3y'+2y = 0$,　一般解: $y(x) = C_1e^x+C_2e^{2x}$
初期条件: $y(0) = 0,\quad y'(0) = -1$

(3) 微分方程式: $y''+\Omega^2y = \sin\Omega x$　　(Ω は 0 でない定数),
一般解: $y(x) = C_1\cos\Omega x+C_2\sin\Omega x-\dfrac{x\cos\Omega x}{2\Omega}$,
初期条件: $y(0) = y_0,\quad y'(0) = 0$

(4) 微分方程式: $x^2y''-xy'+y = 0$,　一般解: $y(x) = C_1x+C_2x\log x$,
初期条件: $y(1) = 1,\quad y'(1) = 2$

(5) 微分方程式: $yy'+x = 0$,　一般解: $x^2+y^2 = C_1$,　初期条件: $y\left(\dfrac{1}{2}\right) = -\dfrac{\sqrt{3}}{2}$

(6) 微分方程式: $y'+\dfrac{e^{-x}}{e^x+e^{-x}}y^2-y+\dfrac{e^x}{e^x+e^{-x}}=0$,　一般解: $y(x) = \dfrac{1+C_1e^x}{1-C_1e^{-x}}$,
初期条件: $y(0) = 2$

［5］ 次に挙げた微分方程式とその一般解を用いて，与えられた初期条件をみたす特解を求めよ．ただし，一般解の中の C, C_1, C_2 は任意定数をあらわす.

(1)　微分方程式　$\dot{N}(t)=\mu N(N_\infty-N)$,　一般解 $N(t)=\dfrac{N_\infty}{1+Ce^{-\mu N_\infty t}}$

初期条件　$N(t_0)=N_0$　　(μ, N_∞ は定数．問題 1-3[2](1))

(2)　微分方程式　$\ddot{\theta}+2\alpha\dot{\theta}+\Omega_g^2\theta=\Omega_e^2\sin\Omega_g t$

$$\text{一般解}\ \theta(t)=\begin{cases} C_1e^{(-\alpha+\beta)t}+C_2e^{(-\alpha-\beta)t}-\dfrac{\Omega_e^2}{2\alpha\Omega_g}\cos\Omega_g t & (\alpha>\Omega_g) \\ C_1e^{-\Omega_g t}+C_2te^{-\Omega_g t}-\dfrac{\Omega_e^2}{2\Omega_g^2}\cos\Omega_g t & (\alpha=\Omega_g) \\ C_1e^{-\alpha t}\cos\beta t+C_2e^{-\alpha t}\sin\beta t-\dfrac{\Omega_e^2}{2\alpha\Omega_g}\cos\Omega_g t & (\alpha<\Omega_g) \end{cases}$$

$$\beta=\sqrt{|\alpha^2-\Omega_g^2|}$$

初期条件　$\theta(0)=0,\ \dot{\theta}(0)=\Omega_0$　　($\alpha, \Omega_g, \Omega_e$ は正定数．問題 1-3[2](2))

(3)　微分方程式　$\dot{v}+\Gamma v=f(t)$,　一般解　$v(t)=C_1e^{-\Gamma t}+e^{-\Gamma t}\displaystyle\int_{t_0}^{t}f(t')e^{\Gamma t'}dt'$

初期条件　$v(t_0)=V_0$　　(t_0, Γ は定数．問題 1-3[2](3))

(4)　微分方程式　$\ddot{x}+\Omega^2x=f(t)$,

一般解　$x(t)=C_1\cos\Omega t+C_2\sin\Omega t-\dfrac{1}{\Omega}\displaystyle\int_{t_0}^{t}f(t')\sin\Omega(t'-t)dt'$

初期条件　$x(t_0)=0,\ \dot{x}(t_0)=v_0$　　(t_0, Ω は定数．問題 1-3[2](4))

(これらは問題 1-3[2]に挙げた微分方程式とその一般解である．対応する問題をかっこ内に記したので参照のこと．)

[**6**]　微分方程式 $\dfrac{d^2x}{dt^2}+\beta^2x=f_0\sin\omega t$ (β, f_0, ω は正定数) の一般解は

$$x(t)=\begin{cases} C_1\cos\beta t+C_2\sin\beta t+\dfrac{f_0}{\beta^2-\omega^2}\sin\omega t & (\omega\neq\beta) \\ C_1\cos\beta t+C_2\sin\beta t-\dfrac{f_0}{2\beta}t\cos\beta t & (\omega=\beta) \end{cases}\qquad (C_1,\ C_2 \text{ は任意定数})$$

で与えられる．初期条件 $x(0)=x_0,\ \dot{x}(0)=0$ をみたす特解を求めよ．(例題 1.5(ii)参照)

Coffee Break

細菌とマルサスのモデル

「1分間に倍に増える菌があります．11時に瓶の中にこの菌が1つだけいましたが，12時に菌が瓶いっぱいになりました．菌が瓶に半分になったのは

いつでしょう」というのは，子供たちがよくやるなぞなぞ遊びの1つである．この問いが期待している答えはもちろん11時59分だが，11時30分をはじめとして，実にさまざまな答が出たと記憶している．菌が1つだったのが何時であっても，瓶がどのような大きさでも答えは変わらない．このなぞなぞの表すモデルについて考えてみよう．

時刻tにおける個体数を$N(t)$とし，時間sの経過後に個体数がa倍になるとしよう．すなわち，$N(t+s)=aN(t)$とする．ここで，sが変化するとNの増加量もそれに応じて変化すると考えられるので，$a=a(s)$である（つまり$N(t+s)=a(s)N(t)$）．この式の左辺はtとsの入れ換えに関して対称だから，右辺もそうでなくてはならない．したがってαを定数として，

$$N(t+s)=\alpha N(s)N(t) \qquad (a(s)=\alpha N(s)) \qquad (*)$$

となると考えられる．式$(*)$をsで微分してから$s=0$とおくと，微分方程式$N'(t)=\alpha N'(0)N(t)$を得る．これはマルサスのモデルを表す．すなわち，このなぞなぞでは菌の個体数は指数関数的に変化する．

しかし，菌の個体数が解析関数でなくともよいとするならば，指数関数でなくてもよいことに注意したい．下のような階段状のグラフが表す関数が，1分後に倍になるという条件をみたしていることを確かめてほしい（なお，グラフの平坦部の幅が0の極限で，これらは指数関数となる）．

筆者は小学生の頃，このようななぞなぞのトリックに引っかかって何度も悔しい思いをしたものである．このコラムのようなことを相変わらず考えているのはそのような思いが原因かもしれない．

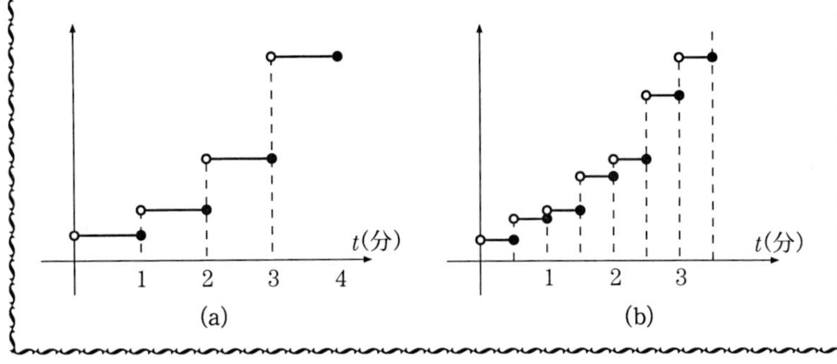

2

微分方程式の初等解法

微分方程式を導出できたら，次はそれを解かなくてはならない．求積法による解の求め方は，微積分学の基本的な応用である．初等的な微積分のテクニックを用いて簡単に解を求めることができるような微分方程式は限られているが，より複雑な微分方程式を取り扱うときの基本となるものであるから，大変重要なものである．

2-1　変数分離型方程式

1 階の微分方程式のうち，

$$\frac{dy}{dx} = X(x)Y(y) \tag{2.1}$$

のように，未知関数の導関数が x の関数 $X(x)$ と y の関数 $Y(y)$ の積で与えられるようなものを，**変数分離型**の微分方程式という．

変数分離型方程式の解　変数分離型方程式(2.1)は，x, y を左右両辺に分離した形で書くことができる．

$$\frac{dy}{Y(y)} = X(x)dx \tag{2.2}$$

両辺を積分することにより，解

$$\boxed{\int \frac{1}{Y(y)}dy = \int X(x)dx + C} \qquad (C \text{ は任意定数}) \tag{2.3}$$

を得る．解(2.3)は 1 つの任意定数を含むので一般解である．

変数分離　変数分離型の方程式を，変数 x, y を左右両辺に分離して，(2.2)のような形式に書くことを，**変数分離**という．

Tips：　dx, dy を独立した量とみなす

変数分離型方程式の解の公式(2.3)をもとの方程式(2.1)と比較すると，dx, dy をあたかも独立した変数として取り扱い，$\dfrac{dx}{Y(y)}$ を両辺にかけたものを積分したとみなすことができる．これは，$\dfrac{dy}{dx}$ が関数 y の導関数のほか，微小量 dx, dy の比という意味ももっていることを示している．

例題 2.1　次の常微分方程式の一般解を求めよ．

(i)　$y' = ay(b-y)$　　(a, b は正定数)　　　(ii)　$y' = 2x(y-x^2)+2x$

［解］ (i)　これは変数分離型の方程式である．両辺を $y(b-y)$ で割って整理すると，

$$\frac{dy}{y(b-y)} = adx$$

この式を積分して

$$\log\left|\frac{y}{y-b}\right| = abx+C' \qquad (C' \text{ は定数})$$

よって，$\dfrac{y}{y-b} = e^{abx+C'} = e^{C'}e^{abx}$ となる．これを y について解けば，

$$y = \frac{be^{C'}e^{abx}}{e^{C'}e^{abx}-1} = \frac{be^{abx}}{-e^{-C'}+e^{abx}}$$

ここで，$-e^{-C'}$ を改めて C と書くと，一般解は次のようになる

$$y = \frac{be^{abx}}{C+e^{abx}} \qquad (C \text{ は任意定数})$$

(ii)　$z=y-x^2$ とおく．$y'=z'+2x$ であるから，これを方程式に代入して，

$$z' = 2xz$$

この方程式は変数分離型だから，変数分離により，

$$\int\frac{dz}{z} = \int 2xdx+C' \qquad (C' \text{ は定数})$$

であり，積分を実行すると，

$$\log|z| = x^2+C'$$

これより $z=\pm e^{C'}e^{x^2}$ となる．定数 $\pm e^{C'}$ を改めて C と書けば $z=Ce^{x^2}$ を得る．ここで，関係式

$$y = z+x^2$$

を用いて z をもとの変数に戻すと，与えられた方程式の一般解は

$$y = x^2+Ce^{x^2} \qquad (C \text{ は任意定数})$$

Tips：　分母が 0 になったら？

式(2.2)のように変数分離するとき，$Y(y)=0$ の場合は分母が 0 になる．このような場合は式(2.1)が $\dfrac{dy}{dx}=0$ となるので，これを直接積分することにより，

$$y = C \quad (C \text{ は任意定数})$$

例題 2.2 鉛直方向に1次元運動する物体がある．この物体は質量の一部を下方に噴射しながら運動する．物体から見た噴射の相対速度 V，および重力加速度 g が一定であるとして，以下の問いに答えよ．

(i) 時刻 t での質量を $m(t)$ とし，この物体の速度 $v(t)$ がみたす微分方程式を導け．

［ヒント：ニュートンの第2法則により，単位時間あたりの運動量の変化は外力に等しいことを用いる．］

(ii) 物体の質量が図のような時間変化をするとき，v を t の関数として求めよ．また，$t=0$ で $v=0$ としたとき，$0<t<T$ での物体の運動のようすを定性的に述べよ．

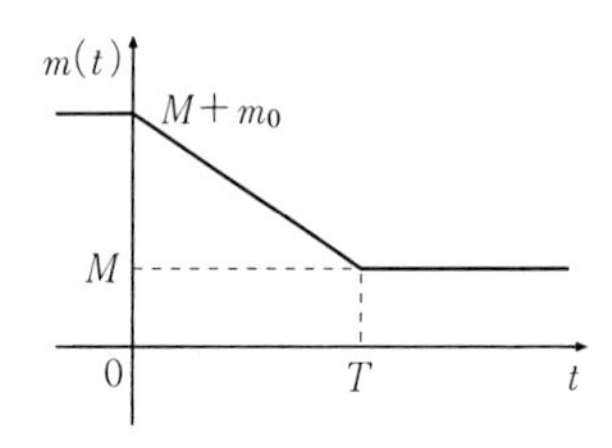

図 2-1 質量 m の時間変化．

［**解**］ (i) 時刻 t から $t+\varDelta t$ までの間に，物体が $\varDelta m$ の質量を噴出して，速度が $\varDelta v$ だけ増加したとする．時刻 $t+\varDelta t$ では物体の運動量が $(m-\varDelta m)(v+\varDelta v)$，噴出された質量がもつ運動量が $\varDelta m(v-V)$．また，時刻 t での物体の運動量は mv．以上から，高次の微小量を無視すると，この間の運動量変化は次式で与えられる．

$$(m-\varDelta m)(v+\varDelta v)+\varDelta m(v-V)-mv \cong m\varDelta v-V\varDelta m$$

ここで，$\varDelta v=\dfrac{dv}{dt}\varDelta t$, $\varDelta m=-\dfrac{dm}{dt}\varDelta t$（負符号は，質量の噴出により $m(t)$ が減少するため）であるから，単位時間あたりの運動量変化は $\dfrac{m\varDelta v-V\varDelta m}{\varDelta t}=m\dfrac{dv}{dt}+V\dfrac{dm}{dt}$．また，物体に働く外力は重力 $-mg$ のみである．よって，ニュートンの第2法則により

$$m\frac{dv}{dt}+V\frac{dm}{dt}=-mg \tag{1}$$

これが v のみたす微分方程式である．

(ii) (1)式は変数分離型であるから，変数分離を行なうと $dv=\left(-g-V\dfrac{\dot{m}}{m}\right)dt$ となる．一般解は

$$v(t)=C-gt-V\log m(t) \qquad (C \text{ は任意定数}) \tag{2}$$

ここで，図に与えられた質量 m の時間変化を式で表すと，

$$m=\begin{cases} M+\dfrac{T-t}{T}m_0 & (0\leqq t\leqq T) \\ M & (t\geqq T) \end{cases} \qquad (M, T \text{ は定数})$$

となる．この式と式(2)により，$0\leqq t\leqq T$ では $v=C-gt-V\log\left(M+\dfrac{T-t}{T}m_0\right)$．ここ

で，条件 $v(0)=0$ により C を決めると，この時間の範囲で $v(t)$ は

$$v = -gt+V\log\frac{(M+m_0)T}{(M+m_0)T-m_0t} \qquad (0\leqq t\leqq T) \tag{3}$$

また $t\geqq T$ では，C とは別の定数 C' を用いて $v=C'-gt-V\log M$．$t=T$ で v は連続だから，この式から得られる $v(T)$ と式(3)から得られる $v(T)$ とを比較することにより，$C'=V\log(M+m_0)$ を得て，

$$v = -gt+V\log\frac{M+m_0}{M} \qquad (t\geqq T) \tag{4}$$

式(3)，(4)をまとめて

$$v = \begin{cases} -gt+V\log\dfrac{(M+m_0)T}{(M+m_0)T-m_0t} & (0\leqq t\leqq T) \\ -gt+V\log\dfrac{M+m_0}{M} & (t\geqq T) \end{cases}$$

いま式(1)のような $m(t)$ の変化に対し，物体の加速度 $a\equiv\dfrac{dv}{dt}$ は次の式をみたす．

$$a = -g+\frac{m_0V}{(M+m_0)T-m_0t}, \qquad \frac{da}{dt} = \frac{m_0V}{[(M+m_0)T-m_0t]^2} > 0 \qquad (0\leqq t\leqq T)$$

ゆえに，この t の範囲では加速度は単調増加する．初速が0であるから，この範囲で

- $t=0$ における加速度 $a(0)$ が $a(0)\geqq 0$ をみたすならば，常に上昇する．
- $a(0)<0$ ならば，最初のうちは落下するが
  - 終速 $v(T)$ が $v(T)>0$ ならば，いったん落下した後上昇する．
  - $v(T)<0$ ならば，常に落下する．

ことがわかる．ここで，$a(0)=-g+\dfrac{m_0V}{(M+m_0)T}$，$v(T)=-gT+V\log\dfrac{M+m_0}{M}$ を使い，$\alpha\equiv\dfrac{gT}{V}$，$\beta\equiv\dfrac{m_0}{M+m_0}$ とすると，次のような結果を得る．

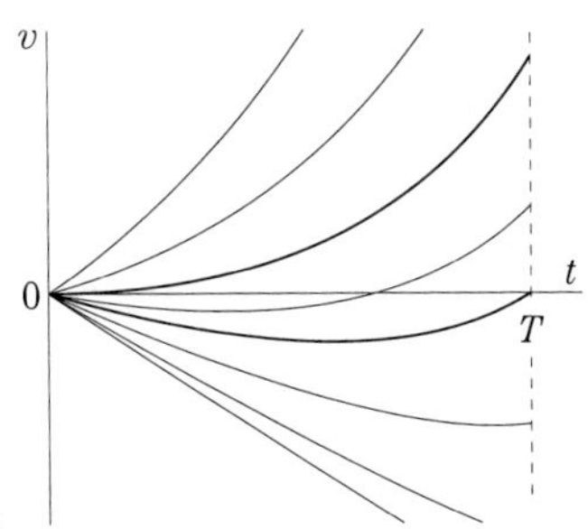

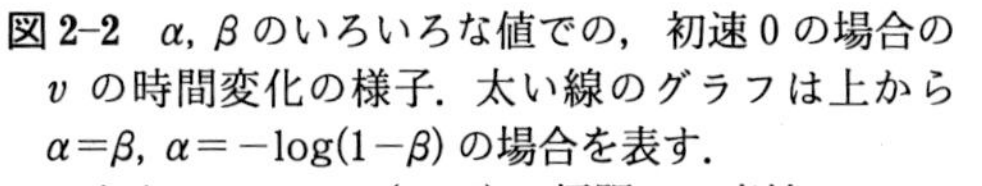

図 2–2　α, β のいろいろな値での，初速0の場合の v の時間変化の様子．太い線のグラフは上から $\alpha=\beta$，$\alpha=-\log(1-\beta)$ の場合を表す．

なお，$\alpha\gg-\log(1-\beta)$ の極限では直線 $v=-gt$ となり，この直線より下にはグラフは存在しない．

$$\begin{cases} \alpha \leqq \beta \text{ のとき} & \text{常に上昇} \\ \beta < \alpha < -\log(1-\beta) \text{ のとき} & \text{いったん落下してから上昇} \\ \alpha \geqq -\log(1-\beta) & \text{常に落下} \end{cases}$$

上記の条件を含めて v をグラフであらわすと，図 2-2 のようになる．

その記号はどんな意味？

自然科学の議論に記号や数式はつきものである．記号にはなじみにくい面もあるが，複雑で抽象的な概念を小さいスペースに凝縮した便利なもので，議論する上では欠かせない．(試しに，微分記号なしで微分方程式を扱うことを考えてみればよい.)もちろん，記号を使うには，その記号の意味するところを十分に理解しておく必要があることはいうまでもない．

さて，よく使う記号は省略形で書いたり，よりよい(と作った本人には思える)記号を考案したくなるのは人情というものである．微分を f' や $\dot{f}$ と書いたりするのはその例であろう．「d_x」や「∂_x」という記号も，よく見かける．他にも，「′」，「^」，矢印などと ∂ などを組み合わせたユニークな記号を見ることも少なくない．微分に限らず，便利な記号を考案するのは，発明に似た感覚があって，なかなか楽しいものだろう．しかし，あまりに慣例から外れた記号をつくり出しても，他人には受け入れてもらえないのがつらいところである．

筆者は，学生時代にベクトルを「$\underset{\sim}{x}$」のように書く先生に習ったことがある(こう書く人もまれにいるらしい)．見慣れぬ記号に最初は驚いたが，何度か講義を受けるうちに，それがベクトルに見えるようになったから，人間の適応力には感心する．しかし，適応力を期待し過ぎるのも考えもので，研究上の必要から一時的に記号を作り，数日議論を重ねた後，ついうっかりそれを講義などで使ったりして，けげんな顔をされることもある．

問　題 2-1

［1］　次の変数分離型常微分方程式の一般解を求めよ．$\alpha, \beta, \gamma, \delta$ は定数とする．

(1)　$y' = (\alpha+\beta x)(\gamma+\delta y)$　　(2)　$y' = \gamma x^{\alpha} y^{\beta}$

(3)　$y-\beta = \dfrac{x-\alpha}{y'}$　　(4)　$y' = 2x(1+y^2)$

(5)　$(y+xy)y' = x-xy$　　(6)　$(1+x^2)yy' = x(1+y^2)$

(7)　$4y' = \cos(x+y)+\cos(x-y)$　　(8)　$\dfrac{1+y}{1-y} = \dfrac{1-y'}{1+y'}$

［2］　次の常微分方程式の従属変数をかっこ内に示すように変換し，各方程式を変数分離型に書き改めよ．また，その方程式を解け．

(1)　$xy' = 2y-x^3$　　$(z=y+x^3)$　　(2)　$y+xy' = 3x$　　$(z=e^{xy})$

(3)　$x^3y'+y^2+2x^2y = 0$　　$(z=y/x^2)$

(4)　$y' = \left(1-2x+\dfrac{\tan y}{x^2}\right)\cos^2 y$　　$(z=\tan y+x^2)$

［3］　曲線 $y=f(x)$ に直交する直線が常に原点を通るとき，$f(x)$ を求めよ．

［4］　頂点に小さな孔があいた円錐がある．これを孔が下になるように鉛直に立て，中に液体をみたした．液面の面積が孔の面積より十分に大きいとき，孔からの液体の噴出速度は，孔から測った液面の高さの平方根に比例する(**トリチェリの法則**)．この仮定がみたされている範囲で，液面の高さの時間変化を調べよ．

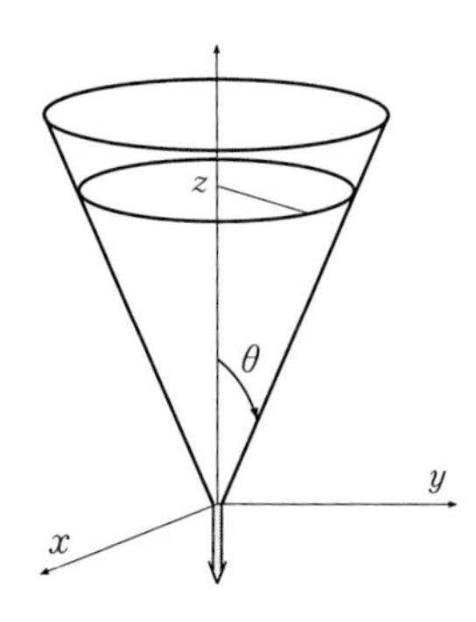

2-2 同次型方程式

同次型方程式 $f(x)$ をある関数として，1 階微分方程式が次の形であるとき，**同次型**という．

$$\frac{dy}{dx} = f\left(\frac{y}{x}\right) \tag{2.4}$$

同次型方程式の解法 同次型方程式(2.4)を解くには，新しい従属変数 $u=\dfrac{y}{x}$ を導入する．すると，$\dfrac{dy}{dx}=\dfrac{d(xu)}{dx}=x\dfrac{du}{dx}+u$ となるので，

$$\frac{du}{dx} = \frac{1}{x}[f(u)-u]$$

が得られる．この方程式は変数分離型であるから，式(2.3)により，

$$\boxed{\int \frac{du}{f(u)-u} = \log|x|+C} \qquad (C \text{ は任意定数}) \tag{2.5a}$$

この解は 1 階微分方程式の解で 1 つの任意定数を含むので，一般解である．式(2.5a)を x について解くと，

$$\boxed{x = C_1 \exp\left[\int^{y/x} \frac{du}{f(u)-u}\right]} \qquad (C_1 \text{ は任意定数}) \tag{2.5b}$$

ただし，e^{-C} を改めて C_1 とした．

同次型方程式の解曲線 同次型方程式の解曲線は原点を中心とする拡大(縮小)と反転によりお互いに移りあう(問題 2-2[2]参照)．

Tips： 同次式の定義
一般に 2 変数関数 $f(x, y)$ が n 次の同次式であるということの定義は，定数 λ に対して $f(\lambda x, \lambda y)=\lambda^n f(x, y)$ が成り立つことで，x, y の次数が整数でなくてもよい．たとえば，x^2+y^2，xy などは 2 次の同次式であるが，$x^a y^{2-a}$ もそうである．しかし，e^{xy} などは同次式でない．式(2.4)の右辺の関数がこのような意味での同次式の比であり，分母と分子が同じ次数をもつときも本文中と同様で，そのときも微分方程式の解法は同じである(問題 2-2[3]参照)．

例題 2.3 (i) 微分方程式 $(x+y-3)\dfrac{dy}{dx}+(x-y+1)=0$ を同次型方程式に直して解け．
(ii) (i)の解はどのような曲線を表しているか．

［**解**］ (i) 新しい変数 $X=x-1,\ Y=y-2$ を導入すると，与えられた方程式は

$$(X+Y)\frac{dY}{dX}+(X-Y)=0$$

となる．これは同次型の方程式であるので，$Y(X)=Xu(X)$ として整理すると，

$$\int\frac{u+1}{u^2+1}du+\int\frac{dX}{X}=0$$

これを積分して C を定数とすると，

$$\arctan u+\frac{1}{2}\log(u^2+1)+\log X=\arctan u+\log(X^2u^2+X^2)^{1/2}=C$$

$u=\dfrac{Y}{X}$ により u を消去すると，

$$\log(X^2+Y^2)^{1/2}+\arctan\left(\frac{Y}{X}\right)=C$$

が得られる．さらに X, Y をもとの変数 x, y に戻すことにより，

$$\log[(x-1)^2+(y-2)^2]^{1/2}+\arctan\left(\frac{y-2}{x-1}\right)=C$$

これが与えられた方程式の一般解である．

(ii) $X=x-1=r\cos\theta,\ Y=y-2=r\sin\theta$ とすれば，(i)で求めた解は

$$r=Ce^{-\theta}\qquad (C\text{ は定数})$$

となる．ただし，e^c を改めて C とした．この解曲線では，方位角 θ が増加するにつれて点 $(1,2)$ から測った距離が指数的に減少しており，点 $(1,2)$ から出るらせん状の曲線(**対数らせん**または**ベルヌーイらせん**)になる．

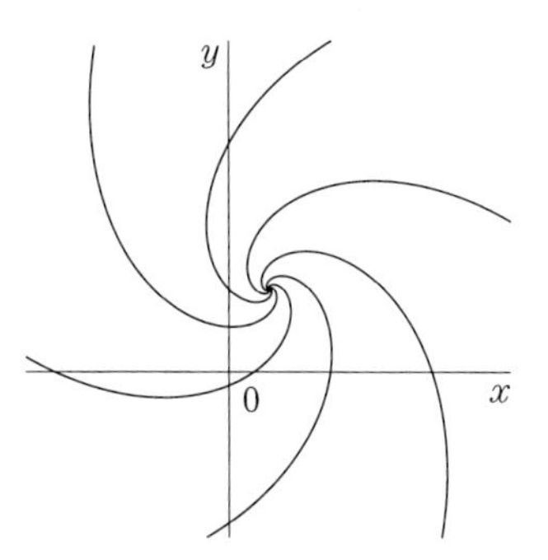

図 2-3 点 (1, 2) を中心としたベルヌーイらせん(対数らせん)．

例題 2.4 C をパラメーターとする双曲線族

$$(x-ay)(ax-y)=C\qquad (a\text{ は定数で } a\neq\pm1)\tag{1}$$

に，常に直交する曲線族を求めよ．

［解］　双曲線の方程式(1)の両辺を x で微分すると，$(1-ay')(ax-y)+(x-ay)(a-y')=0$ となる．これを整理して y' について解くと，

$$y' = \frac{2ax-(a^2+1)y}{(a^2+1)x-2ay} \tag{2}$$

双曲線(1)と直交する曲線を $y=f(x)$ とすると，式(2)で与えられる双曲線の接線の傾きと f' との積は -1 である．交点では $y=f(x)$ であることに注意して，

$$f' = -\frac{(a^2+1)x-2af}{2ax-(a^2+1)f}$$

これは同次型微分方程式である．従属変数 $u=\dfrac{f}{x}$ を導入すると，

$$xu' = -\frac{u^2-1}{u-2a/(a^2+1)}$$

$\alpha\equiv\dfrac{(a-1)^2}{2(a^2+1)}$ で定数 α を定義し，この方程式を変数分離すると，

$$\left[\frac{\alpha}{u-1}+\frac{1-\alpha}{u+1}\right]du = -\frac{dx}{x}$$

これを積分すると，C を任意定数として $\log|(u-1)^{\alpha}(u+1)^{1-\alpha}x|=C$．$u$ をもとに戻して f を y に書き改めると，

$$(y-x)^{\alpha}(y+x)^{1-\alpha} = C \qquad (C\text{ は任意定数}) \tag{3}$$

これが求める曲線の方程式で，C をパラメーターとする1パラメーター族をなす．

式(1)が表す曲線群と式(3)の表す曲線群を描くと下の図のようになる．

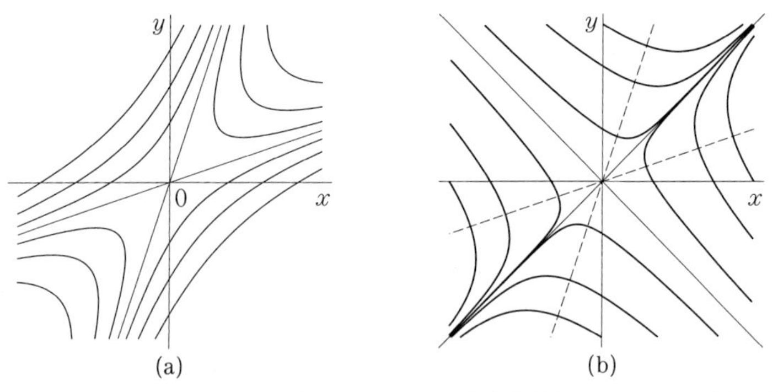

図 2-4　(a)双曲線族 $(x-ay)(ax-y)=C$ と(b)その直交曲線族．$a=3$ $(\alpha=1/5)$ の場合．(b)の破線は(a)の双曲線族の漸近線を表す．

問　題 2-2

［1］ 次の常微分方程式の一般解を求めよ．

(1) $(2x+y)y' = x-2y$　　(2) $(x^2+y^2)y' = 2xy$

(3) $xy' = xe^{y/x}+y$　　(4) $y' = \dfrac{y}{x}+\dfrac{1}{\log y-\log x}$

(5) $(2x+2y-1)y'+(-2x+6y-3) = 0$　　(6) $y' = \dfrac{y^2-2y+1}{x^2+y^2+xy+x-y+1}$

［2］ 同次型方程式の解曲線が，原点を中心とした拡大・縮小・反転によって，互いに移り合う関係にあることを示せ．

［3］ $p(x, y), q(x, y)$ を x, y についての次数の等しい同次多項式，すなわち，

$$p(x, y) = \sum_{j=0}^{n} a_j x^{n-j}y^j, \quad q(x, y) = \sum_{j=0}^{n} b_j x^{n-j}y^j$$

とするとき，微分方程式

$$y' = f\left(\frac{p(x, y)}{q(x, y)}\right) \qquad (f(x) \text{ はある関数})$$

は同次型の微分方程式に帰着できることを示せ．

また，$p(\lambda x, \lambda y)=\lambda^n p(x, y)$, $q(\lambda x, \lambda y)=\lambda^n q(x, y)$ が成り立つときはどうなるか考えよ．

［4］ 円の集合 $x^2-2px+y^2=0$ (p はパラメーター) に常に直交する曲線群を求めよ．

［5］ 曲線 $y=f(x)$ を x 軸のまわりに回転してできる曲面を反射面とする鏡がある．原点に置いた点光源から出た光が，この鏡に反射された後 x 軸に平行に進むとする．このような $f(x)$ を求めよ．

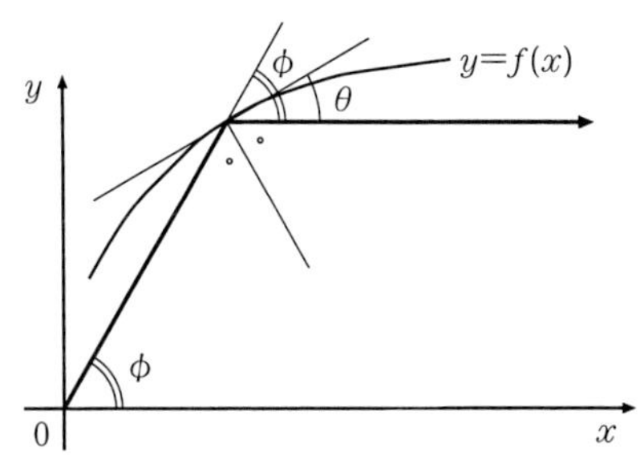

鏡面による反射．$\phi=\arctan[f(x)/x]$, $\theta=\arctan[f'(x)]$ が成り立つ．

2-3　1階線形微分方程式

線形常微分方程式　未知関数とその導関数が1次の関係にある微分方程式

$$\frac{dy}{dx}+p(x)y = r(x) \tag{2.6}$$

を1階**線形常微分方程式**という．このうち，$r(x)=0$ であるものを**斉次**または**同次方程式**，そうでないものを**非斉次**または**非同次方程式**という．$r(x)$ は**非斉次項**または**非同次項**という．

斉次方程式の一般解　斉次の1階線形常微分方程式 $y'+p(x)y=0$ を考えると，これは変数分離型であるから，一般解は

$$y = Cy_0(x), \quad y_0(x) \equiv \exp\left[-\int^x p(x')dx'\right] \qquad (C \text{ は任意定数}) \tag{2.7}$$

非斉次方程式の一般解と定数変化法　非斉次方程式，すなわち $r(x)\neq 0$ の場合，式(2.6)の一般解は，斉次方程式の解(2.7)に現れる積分定数 C を関数 $A(x)$ に置き換え，

$$y = A(x)y_0(x)$$

として求める．この関数を与えられた方程式(2.6)に代入して，式(2.7)で定められる $y_0(x)$ を用いると，

$$A' = \frac{r(x)}{y_0(x)}$$

よって1階線形常微分方程式(2.6)の一般解は，

$$\boxed{\begin{aligned} y(x) &= Cy_0(x)+y_0(x)\int^x \frac{r(x')}{y_0(x')}dx' \\ y_0(x) &\equiv \exp\left[-\int^x p(x')\,dx'\right] \end{aligned}} \qquad (C \text{ は任意定数}) \tag{2.8}$$

このように，解に含まれる定数を関数に置き直して他の解を求める方法を**定数変化法**と呼ぶ．

一般解(2.8)のうち，任意定数を含む第1項を**斉次解**(**同次解**)または**余関数・補関数**などと呼び，第2項を**特解**という．線形常微分方程式の一般解は，余関数と特解の和で書くことができる．

非斉次方程式に対する解の重ね合わせ　関数 $y_1(x), y_2(x)$ がそれぞれ

$$y'+p(x)y = r_1(x)$$

$$y'+p(x)y = r_2(x)$$

の特解であるとすると，関数 y_1+y_2 は，方程式

$$y'+p(x)y = r_1(x)+r_2(x)$$

の特解になっている．

線形微分方程式に関連した特別な形の微分方程式　以下に1階線形方程式に関連して取り扱うことができる方程式を挙げる．

(I)　**ベルヌーイの微分方程式**

k を定数，$p(x), q(x)$ を与えられた関数として，

$$y'+p(x)y+q(x)y^k = 0 \quad (k \neq 0, 1) \tag{2.9}$$

を**ベルヌーイの方程式**という．(2.9)はこのままでは非線形であるが，$u=y^{1-k}$ という従属変数を導入することによって，次のような線形方程式になる．

$$u'+(1-k)p(x)u+(1-k)q(x) = 0 \tag{2.10}$$

このように非線形方程式を線形方程式に変形することを**線形化**という．

(II)　**リッカチの微分方程式**

$p(x), q(x), r(x)$ を与えられた関数として，

$$y'+p(x)y^2+q(x)y+r(x) = 0 \tag{2.11}$$

を**リッカチの方程式**という．この方程式の特解 $y=y_1(x)$ を1つ求めることができたとする．このとき，$y=y_1(x)+u(x)$ という変換により，式(2.11)は u を未知関数とするベルヌーイの方程式

$$u'+[2y_1p(x)+q(x)]u+p(x)u^2 = 0 \tag{2.12}$$

になる．一般に，リッカチの方程式は変数係数の2階線形微分方程式に帰着できる．詳細は4–3節を参照せよ．

例題 2.5　線形常微分方程式

$$y'+y = x+e^x \tag{1}$$

の一般解を求めよ．

［解］　まず，与えられた微分方程式の余関数を求める．(1)式の非斉次項を除いて得られる斉次方程式は $y'+y=0$ である．この方程式の一般解が求めるべき余関数で，

$$y = Ce^{-x} \qquad (C\text{ は定数})$$

ここで定数変化法により，C を関数 $A(x)$ と改めて，式(1)に代入すると

$$y'+y = A'e^{-x}-Ae^{-x}+Ae^{-x} = A'e^{-x} = x+e^x$$

これを A' について解けば $A'=xe^x+e^{2x}$ となるので，積分して

$$A = \int^x (x'e^{x'}+e^{2x'})dx' = (x-1)e^x+\frac{e^{2x}}{2}+C \qquad (C\text{ は定数})$$

よって，与えられた方程式の一般解は

$$y = Ce^{-x}+\frac{e^x}{2}+x-1 \qquad (C\text{ は任意定数})$$

［別解］　この方程式の余関数は，すでに求めたように $y=Ce^{-x}$．一般解はこれに特解を加えて得られるので，特解を求めればよい．いま式(1)の非斉次項は x と e^x の 2 つの部分からなる．したがって，解の重ね合わせにより，式(1)の特解は，2 つの微分方程式

$$y'+y = x, \qquad y'+y = e^x$$

の特解を求めて足しあわせたものである．

まず，$y'+y=x$ の特解を求めるために，解を $y=ax+b$ (a, b は定数) と仮定する．これを代入して x の各次数の係数を比べ，$a=1$，$b=-1$．よって特解は $y=x-1$．

同様に $y'+y=e^x$ の特解は，$y=ce^x$ (c は定数) と仮定して計算すると，$y=\dfrac{e^x}{2}$．

よって解の重ね合わせから，(1)の特解は $y=(x-1)+\dfrac{e^x}{2}$．一般解はこれに余関数を加えて

$$y = Ce^{-x}+\frac{e^x}{2}+x-1 \qquad (C\text{ は任意定数})$$

この別解ように解の形を仮定して特解を求める方法を**代入法**という(3-5 節参照)．

問　題 2–3

［1］　次の線形常微分方程式の一般解を求めよ．ただし，a, b は定数とする（(11) は線形ではないが，変数変換により線形となる）．

(1)　$y' - 2y = 0$　　(2)　$y' + x^n y = 0$　（n は整数で，$n \neq -1$）

(3)　$y' - (\log x)y = 0$　　(4)　$(1-x^4)y' + (1-x^2)y = 0$

(5)　$y' - 2y = e^x$　　(6)　$y' - 2y = e^{2x}$

(7)　$y' - 2y = 2x^2$　　(8)　$y' + ay = b$

(9)　$y' + \dfrac{1}{x}y = \dfrac{\sin x}{x}$　　(10)　$y' + \dfrac{a}{x}y = x^b$

(11)　$3y^2y' - y^3 = x^3 - 4x^2 + 2$　（$z = y^3$ とする）

(12)　$(1+x^2)y' + x\sqrt{1+x^2}\,y = 2xe^{\sqrt{1+x^2}}\sqrt{1+x^2}$　（$t = \sqrt{1+x^2}$ とする）

［2］　$m(t)$ を与えられた関数，V, g, γ を定数とし，次のような微分方程式を考える．

$$m(t)\dot{v}(t) + V\dot{m}(t) = -m(t)g - \gamma v(t)$$

(1)　この方程式の一般解を求めよ．

(2)　$m(t)$ が図に与えられるような時間変化をするとき，初期条件 $v(0) = 0$ をみたす解を $0 \leqq t \leqq T$ の範囲で求めよ．

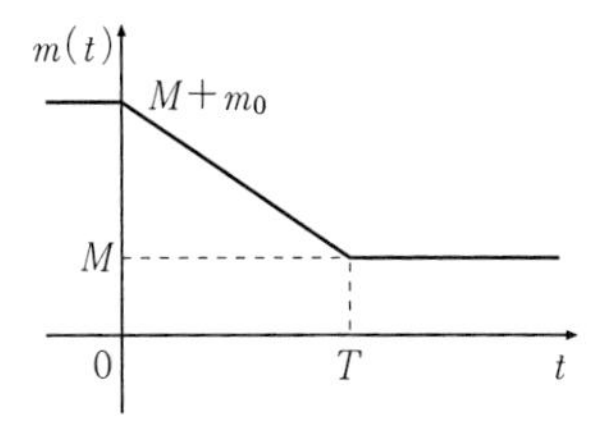

［3］　次に挙げる微分方程式の一般解を求めよ．かっこ内に関数が与えられているときは，それが特解であることを確かめた上で一般解を求めよ．

(1)　$2y' + \dfrac{x^3}{y} - y = 0$　　(2)　$y' + e^x y^3 - \dfrac{y}{x} = 0$

(3)　$y' = x^5 y + x^2 y^5$　　(4)　$y' = y\dfrac{\sin x}{\cos^2 x} + y^2\dfrac{\sin x}{\cos^3 x}$

(5)　$y' + x^2y^2 + (1-2x^4)y + x^6 - x^2 - 2x = 0$　（$y = x^2$）

(6)　$y' + (1 + xe^{-ax})y^2 - 2e^{ax}y + e^{2ax} - (x+a)e^{ax} = 0$　（$y = e^{ax}$）

［4］　(1)　ベルヌーイの微分方程式

$$y' + p(x)y + q(x)y^k = 0$$

（$p(x), q(x)$ は与えられた関数，k は定数．ただし，$k \neq 0, 1$）

の一般解を求めよ．

(2)　関数 $y = y_1(x)$ をリッカチの微分方程式

$$y'+P(x)y^2+Q(x)y+R(x) = 0 \qquad (P(x), Q(x), R(x)\text{ は与えられた関数})$$

の 1 つの解とする．この方程式をベルヌーイの方程式に書き改めよ．

［5］ リッカチの微分方程式の 1 つの例として，$y'+ay^2=bx^c$ (a, b, c は 0 でない定数) を考える．これについて以下の問いに答えよ．

(1) $y=f(x)z(x)+g(x)$ で新しい従属変数 z を導入し，z が $z'+\alpha\dfrac{z^2}{x^2}=\beta x^\gamma$ の形の微分方程式をみたすようにする．このような f と g を求めよ．

(2) (1) で求めた z の微分方程式が，同次型になって解ける条件を調べよ．

(3) (1) で求めた z の方程式を変換 $y_1=\dfrac{1}{z}$, $x_1=x^{\mu_1}$ ($\mu_1\neq 0$) で変形する．この手続きで求められた方程式が，もとの方程式と同様の

$$\frac{dy_1}{dx_1}+a_1y_1^2 = b_1x^{c_1} \qquad (a_1, b_1, c_1\text{ は定数})$$

という形になるための条件と，そのときの a_1, b_1, c_1 を求めよ．

また，この方程式が解けるための c に関する条件を求めよ．

［ヒント：(2) で求めたように同次型方程式になる場合のほか，a_1, b_1, c_1 のいずれかが 0 でも変数分離型の微分方程式となって解を求められる.］

(4) 以上の手続きを繰り返すと，与えられた方程式の一般解が求められるような一連の c の値があると考えられる．そのような c を求めよ．

2–4 完全微分型方程式

全微分　$\Phi(x, y)$ を 2 変数 x, y の関数として，

$$d\Phi \equiv \frac{\partial \Phi}{\partial x}dx+\frac{\partial \Phi}{\partial y}dy \tag{2.13}$$

と書くとき，これを $\Phi=\Phi(x, y)$ の**全微分**という．また，偏導関数を成分とするベクトル $\left(\frac{\partial \Phi}{\partial x}, \frac{\partial \Phi}{\partial y}\right)$ を Φ の**勾配**という．

完全微分型方程式　関係式

$$P(x,y)dx+Q(x,y)dy = 0 \tag{2.14a}$$

の左辺が，ある関数 $\Phi(x, y)$ の全微分になっているとき，つまり，

$$P(x,y) = \frac{\partial \Phi}{\partial x}, \qquad Q(x,y) = \frac{\partial \Phi}{\partial y} \tag{2.14b}$$

のとき，方程式(2.14a)を**完全微分型**の微分方程式という．

方程式(2.14a)が完全微分型であるための必要十分条件は，

$$\frac{\partial P}{\partial y} = \frac{\partial Q}{\partial x} \tag{2.15}$$

完全微分型方程式の解　微分方程式(2.14a)が完全微分型であるとき，つまり(2.14b)が成り立つとき，(2.13)により $d\Phi=0$ となる．これを積分することによって(2.14)の解が求められ，

$$\Phi = C \qquad (C \text{ は任意定数}) \tag{2.16}$$

具体的に Φ を求めるには，式(2.14b)を積分して

$$\Phi(x,y) = \int_a^x P(x',y)dx'+Y(y) = \int_b^y Q(x,y')dy'+X(x) \qquad (a, b \text{ は定数})$$

ただし，X, Y はそれぞれ x, y の任意関数である．この式が矛盾なく成立するように条件(2.15)を用いて X, Y を決定すれば，次の式を得る．

$$\begin{aligned}\Phi(x,y) &= \int_a^x P(x',y)dx' + \int_b^y Q(a,y')dy' + \Phi_0 \\ &= \int_a^x P(x',b)dx' + \int_b^y Q(x,y')dy' + \Phi_0\end{aligned} \quad \begin{pmatrix} a, b \text{ は定数} \\ \Phi_0 \text{ は積分定数}\end{pmatrix} \tag{2.17}$$

(2.16)，(2.17)をまとめ，定数 $C-\Phi_0$ を改めて C とすれば，完全微分型方程式(2.14)の一般解は

$$\boxed{\int_a^x P(x',y)dx' + \int_b^y Q(a,y')dy' = \int_a^x P(x',b)dx' + \int_b^y Q(x,y')dy' = C} \tag{2.18}$$

(C は任意定数)

積分因子　方程式(2.14a)が完全微分型ではなくても，ある関数 $\mu(x,y)$ をこの両辺にかけて得られる方程式

$$\mu(x,y)P(x,y)dx + \mu(x,y)Q(x,y)dy = 0 \tag{2.19}$$

が完全微分型になる場合がある．このような $\mu(x,y)$ を**積分因子**という．

$\mu(x,y)$ が積分因子であるための条件は，

$$\frac{\partial(\mu P)}{\partial y} = \frac{\partial(\mu Q)}{\partial x} \tag{2.20}$$

である．μ は一意的に決まるわけではなく，式(2.20)をみたすものの中から1つ選びさえすればよい．しかし，一般に式(2.20)を解いて積分因子を求めるのは難しく，さまざまな試行を重ねる必要がある(例題2.7参照)．

Tips：　積分因子を予想する

積分因子を計算するための一般的な処方は存在しないが，その形を予想することはできる．たとえば，式(2.20)を変形すると，

$$Q_x - P_y = \frac{\mu_y}{\mu}P - \frac{\mu_x}{\mu}Q$$

となる．このとき，左辺の量 $Q_x - P_y$ が $f(y)P$ の形であれば，積分因子 μ は y だけの関数としてよく，$\mu_y = f(y)\mu$ を解いて求められる．$Q_x - P_y = g(x)Q$ ならば同様に $\mu_x = g(x)\mu$ を解いて求める．(例題2.7参照)

例題 2.6　微分方程式 $(3x^2+3y^2)dx+6xydy=0$ の一般解を求めよ.

［解］ $P(x, y)\equiv 3x^2+3y^2$, $Q(x, y)\equiv 6xy$ とすると，$P_y=6y$, $Q_x=6y$ で両者は等しく，与えられた微分方程式は完全微分型である．ここで，$P=\Phi_x$, $Q=\Phi_y$ とおいて積分すると，X, Y をそれぞれ x, y の関数として

$$P=\Phi_x \text{ より } \Phi=x^3+3xy^2+Y(y), \qquad Q=\Phi_y \text{ より } \Phi=3xy^2+X(x)$$

よって，$X-x^3=Y$．ここで $X(x)-x^3$ は x の関数，$Y(y)$ は y の関数なので，各辺は同じ定数である．したがって，

$$X=x^3+C, \qquad Y=C \qquad (C \text{ は定数})$$

以上により，$\Phi=x^3+3xy^2+C$．一般解は $\Phi=0$ で与えられ，$-C$ を C と改めれば

$$x^3+3xy^2=C \qquad (C \text{ は任意定数})$$

［別解］ 前記のように，与えられた微分方程式は完全微分型である．よって，

$$\frac{\partial\Phi}{\partial x}=3x^3+3y^2, \qquad \frac{\partial\Phi}{\partial y}=3xy^2 \tag{1}$$

とすれば，一般解は $\Phi=C$ (C は任意定数) となる．第1式を積分すると，

$$\Phi=\int^x (3x'^2+3y^2)dx'=x^3+3xy^2+Y(y) \qquad (Y(y) \text{ は } y \text{ だけの関数})$$

これを式(1)の第2式に代入すると，$6xy+\dfrac{dY}{dy}=6xy$ となるので，$Y(y)$ は定数である．以上により，与えられた微分方程式の一般解は

$$x^3+3xy^2=C \qquad (C \text{ は任意定数})$$

例題 2.7　次の微分方程式の積分因子を求め，完全微分型にして解け．

(i)　$3xydx+(x^2+y^2)dy=0$　　(ii)　$e^x\cosh ydx+\cosh x\sinh ydy=0$

(iii)　$(y^3+x^2y)dx+(4x^3-6xy^2)dy=0$

［解］ 微分方程式 $Pdx+Qdy=0$ の積分因子を $\mu(x, y)$ とすると，条件 $(\mu P)_y=(\mu Q)_x$ が成り立つ．これを変形して

$$\frac{\mu_y}{\mu}P-\frac{\mu_x}{\mu}Q=Q_x-P_y \tag{1}$$

式(1)の右辺を計算して P, Q と比較すれば，積分因子の形を予測できる．

(i)　$P\equiv 3xy$, $Q\equiv x^2+y^2$ とすると，$Q_x-P_y=-x=-\dfrac{P}{3y}$．したがって μ が y のみに依存するものと仮定して，$\dfrac{\mu_y}{\mu}=-\dfrac{1}{3y}$．これをみたす μ を1つ選んで $\mu=y^{-1/3}$．この因

子を与えられた方程式にかけると，

$$3xy^{2/3}dx+\left(\frac{x^2}{y^{1/3}}+y^{5/3}\right)dy=0$$

これは完全微分型だから，一般解は

$$4x^2y^{2/3}+y^{8/3}=C \qquad (C \text{ は任意定数})$$

(ii)　(i) と同様にすると，$Q_x-P_y=-\cosh x \sinh y=-Q$．よって式(1)より，$\mu$ は x だけの関数と仮定できる．そのとき $\mu_x=\mu$ となり，これをみたす μ を1つ選ぶと $\mu=e^x$．この積分因子をかければ，与えられた方程式は

$$e^{2x}\cosh y dx+e^x \cosh x \sinh y dy=0$$

これは完全微分型であり，積分すると，一般解は次のようになる．

$$(e^{2x}+1)\cosh y=C \qquad (C \text{ は任意定数})$$

(iii)　(i), (ii) と同様に，$Q_x-P_y=11x^2-9y^2$．ここで積分因子を $\mu=x^my^n$ と仮定すると，$\dfrac{\mu_x}{\mu}=\dfrac{m}{x}$，$\dfrac{\mu_y}{\mu}=\dfrac{n}{y}$．これらを式(1)に代入して整理すると，$(n-4m)x^2+(6m+n)y^2=11x^2-9y^2$．両辺の x^2, y^2 の係数をそれぞれ比較すると，$m=-2$, $n=3$ となるから，積分因子は $\mu=\dfrac{y^3}{x^2}$．これを与えられた方程式の両辺にかければ

$$\left(\frac{y^6}{x^2}+y^4\right)dx+\left(4xy^3-\frac{6y^5}{x}\right)dy=0$$

となる．この式を積分して一般解を求めると，

$$xy^4-\frac{y^6}{x}=C \qquad (C \text{ は任意定数})$$

問　題 2-4

[1]　次の微分方程式が完全微分型であることを確かめ，一般解を求めよ．

(1)　$\cos x dx+\sin y dy=0$

(2)　$[(x+y+1)e^x+e^y]dx+[e^x+(x-y-1)e^y]dy=0$

(3)　$(2y^{3/2}-3x^{1/2}y)dx+(3xy^{1/2}-2x^{3/2})dy=0$

(4)　$e^x[\cos(x+y)-\sin(x+y)]dx-e^x\sin(x+y)dy=0$

(5)　$(2e^{2x}+e^{x-y})dx-(2e^{2y}+e^{x-y})dy=0$

(6)　$(2x-3y+2)dx+(-3x+4y-4)dy=0$

[2]　次の微分方程式の積分因子を求め，一般解を導け．

(1)　$\left(y^2+\dfrac{5x^2}{y}\right)dx+xydy=0$　　(2)　$\left(\dfrac{4x^2}{y}+7x\right)dx+\left(\dfrac{7x^2}{y}+6x\right)dy=0$

(3)　$(1+y^2)dx+2ydy = 0$　　　(4)　$\sin x \tan y dx - \cos x dy = 0$

(5)　$(x \sin y - xy \sin x)dx + (x^2 \cos y + x \cos x)dy = 0$

(6)　$(e^{x+y} \cos y + \cos x)dx - (e^{x+y} \sin y + \sin x)dy = 0$

［**3**］　変数分離型微分方程式 $\dfrac{dy}{dx}=X(x)Y(y)$ $(Y(y) \neq 0)$ の積分因子の1つが $\dfrac{1}{Y(y)}$ で与えられることを示せ.

［**4**］　微分方程式 $P(x, y)dx + Q(x, y)dy = 0$ が完全微分型であるとする．この方程式の一般解が次の式で与えられることを示せ.

$$\int_a^x P(x', y)dx + \int_b^y Q(a, y')dy' = \int_a^x P(x', b)dx + \int_b^y Q(x, y')dy' = C$$

［**5**］　温度 T，体積 V の一定量の気体に熱 δQ が加えられた結果，温度が dT 上昇し，体積が dV 増加したとする．このとき，$\delta Q = CdT + pdV$ の関係式が成り立つ(熱力学第1法則)．ただし，C は気体の定積熱容量，p は気体の圧力である．C が定数で，粒子数にボルツマン定数をかけたものを K と書くことにして，以下の問いに答えよ.

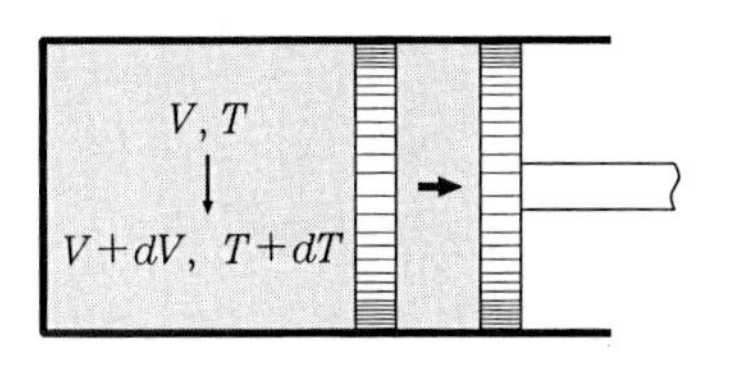

(1)　気体が理想気体の状態方程式 $pV=KT$ (K は定数) に従って断熱変化($\delta Q=0$)するとき，V と T の関係を求めよ.

(2)　気体がファンデルワールスの状態方程式 $\left(p+\dfrac{a}{V^2}\right)(V-b)=KT$ (a, b, K は定数) に従うときはどうか.

［**6**］　直線上を運動する質量 m の物体がある．この物体の位置を x，運動量を p とし，x にのみ依存する力 F がはたらいているものとしよう.

(1)　この物体が運動して，Δt の時間のうちに，運動量が dp，位置が dx だけ変化したとする．このとき dx と dp の関係を求めよ.

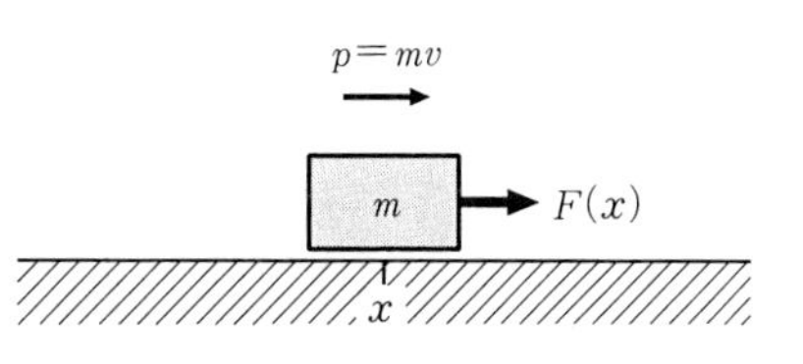

(2)　(1)で求めた方程式の積分因子を計算し，一般解を求めよ．また，得られた解の物理的意味を考えよ.

(3)　k を定数として，$F=-kx$ (フックの法則)，$F(x)=-\dfrac{k}{x^2}$ (万有引力) の場合に，それぞれ一般解の具体的な形を求めよ.

2-5　非正規型方程式

非正規型方程式　一般に，y' について解けていない 1 階の微分方程式を 1 階の**非正規型**の微分方程式という．たとえば，

$$y'^2 = y \tag{2.21a}$$

$$y = xy' + e^{y'} \tag{2.21b}$$

などは，非正規型微分方程式の例である．

次の 2 つの用語は常微分方程式一般に対するものである．

一意性条件　常微分方程式 $y'=f(x,y)$ の解が初期条件 $y(0)=A$ の下で一意的に決まるためには，$f(x,y)$ は何らかの条件をみたさなくてはならない．この条件のことを**一意性条件**という．

特異解　一般解に含まれていない特解のことを**特異解**という．

クレローの方程式

$$y = xp + f(p), \qquad p \equiv \frac{dy}{dx} \tag{2.22}$$

の型の方程式を**クレローの方程式**という．この方程式の一般解は，

$$y = Cx + f(C) \qquad (C \text{ は任意定数}) \tag{2.23a}$$

また，クレローの微分方程式(2.22)は，次式で与えられる特異解をもつ．

$$y = f(p) - p\frac{df}{dp}, \qquad x = \frac{df}{dp} \qquad (p \text{ はパラメーター}) \tag{2.23b}$$

ラグランジュの方程式　微分方程式

$$y = xh(p) + f(p), \qquad p \equiv \frac{dy}{dx} \tag{2.24}$$

を**ラグランジュの方程式**または**ダランベールの方程式**という．ラグランジュの方程式の一般解は，次の通りである．

$$y = xh(p) + f(p), \tag{2.25a}$$

$$x = \frac{1}{\mu(p)[p - h(p)]}\left[\int^p f'(p')\mu(p')dp' + C\right], \tag{2.25b}$$

$$\mu(p) = \exp\left[-\int\frac{dp}{p-h(p)}\right] \tag{2.25c}$$

また，$p_0=h(p_0)$ となる p_0 があるならば，次のような特異解が存在する．

$$y = p_0x+f(p_0) \tag{2.25d}$$

包絡線　パラメーター c を持つ曲線 C

$$C\colon f(x,y;c) = 0 \tag{2.26}$$

を考える．この曲線に含まれるパラメーターをいろいろと変化させるとき，曲線の集合(曲線族)が得られる．この曲線族を $\{C|f(x, y, c)=0\}$ または単に $\{C\}$ と表す．

曲線族 $\{C\}$ に属する任意の曲線 Γ が，ある曲線 Γ_0 と共有点をもち，かつその点で Γ_0 と Γ が接しているとき，Γ_0 を曲線族 $\{C\}$ の**包絡線**という．

ある曲線族 $\{C|f(x, y; c)=0\}$ の包絡線が存在するならば，それをパラメーター表示すると，次のようになる．

$$f(x,y;c) = 0, \quad \frac{\partial}{\partial c}f(x,y;c) = 0 \tag{2.27}$$

例題 2.8　次の微分方程式の一般解と特異解を求めよ．

(i)　$y'^2+2xy'-x^2-4y=0$　　　(ii)　$y=(y'^2-2y'+2)(x-1)+2$

［解］　(i)　左辺を変形して，$(y'+x)^2-4\left(y+\dfrac{x^2}{2}\right)=0$．ここで，$y+\dfrac{x^2}{2}=z$ とおくと，

$$z'^2=4z \tag{1}$$

これを z' について解き，変数分離すると $\dfrac{dz}{2\sqrt{z}}=\pm dx$ となるので，式(1)の一般解は $z=(x-C)^2$．したがって，与えられた微分方程式の一般解は

$$y=\frac{x^2}{2}-2Cx+C^2 \tag{2}$$

また，(1)は特異解として $z=0$ をもつが，これに対応する解は，

$$y=-\frac{x^2}{2} \tag{3}$$

以上により，与えられた方程式の解は，式(2), (3)である．特異解(3)は一般解(2)に含まれていないことを確認しよう．

(ii)　$y'=p$ として両辺を x で微分すると，

$$p=p^2-2p+2+(x-1)(2p-2)\frac{dp}{dx}$$

これを dx, dp に分離した形式で書くと，

$$(p^2-3p+2)dx+[2(p-1)x-2(p-1)]dp=0 \tag{4}$$

dx の係数を P，dp の係数を Q とすると，$P_p-Q_x=-1\neq0$ となり，式(4)は完全微分型ではない．そこで積分因子 μ を求める．いま，μ を p だけの関数であるとすれば，

$$\frac{\mu'}{\mu}=-\frac{P_p-Q_x}{P}=\frac{1}{(p-1)(p-2)}$$

となるから，$\mu=\dfrac{p-2}{p-1}$．このとき式(4)は，$(p-2)^2dx+2(p-2)(x-1)dp$ となり，積分して $(p-2)^2(x-1)=C$．これを x について解き，与えられた方程式に代入し，$y'=p$ を用いれば，p をパラメーターとする一般解が求められ，

$$x=\frac{C}{(p-2)^2}+1,\quad y=\frac{C(p^2-2p+2)}{(p-2)^2}+2\qquad (C\text{ は任意定数})$$

パラメーター p を消去すると，

$$y-2=(x-1)\left[1+\left(1\pm\sqrt{\frac{C}{x-1}}\right)^2\right]$$

特異解は，$P=0$ となる $p=1,2$ のうち，一般解で C をどのように選んでも得られない次の関数である．

$$y = x+1 \qquad (p=1)$$

なお，$p=2$ に相当する $y=2x$ は，一般解において $C=0$ として得られる．

Tips：　正しい解になっているか，確認しよう

微分方程式を解いたと思って平然と間違った答を書いている人がいる．

(1) まず，その答を実際に微分方程式に代入して解となっているか確かめよう．

(2) 次に，積分定数が正しい数だけ含まれているか数えてみよう．

この2つのことは簡単にできる．余裕のある人は，

(3) その解がどのような意味を持っているのかを考えてみよう．

ここまで来ると，微分方程式を勉強する楽しさを経験できるだろう．

問　題2-5

［1］ 次の非正規型微分方程式を解け．

(1) $y'^2-4y+2=0$　　(2) $y'^3=y$

(3) $y'^3-4y'y^2=0$　　(4) $y'^3-2xy'^2-yy'+2xy=0$

(5) $y'^3-2xy'^2-y^2y'+2xy^2=0$

［2］ 次の微分方程式を解け．ただし，$p=y'$ で，a は実定数とする．

(1) $y=xp+p(p-1)$　　(2) $y=xp+p\log|p|-p$

(3) $y=xp+\log|\cos p|$　　(4) $y=xp-\cosh p$

(5) $y=\dfrac{a}{a-1}xp+\log|p|$　　(6) $y=2xp+3p^2$

(7) $y=\dfrac{xp}{2}+p^3$

［3］ $y=(x-a)^2+2a$ (a は実定数) で表される曲線族の包絡線を求めよ．

［4］ 平面上の曲線 $y=f(x)$ の接線が x 軸，y 軸と交わる交点をそれぞれ P, Q とする．次のような条件が成り立つとき，$f(x)$ を求めよ．

(1) 原点と P, Q を頂点とする 3 角形の面積が常に一定であるとき．

(2) Q を通り，x 軸と P で接する円の半径が一定であるとき．

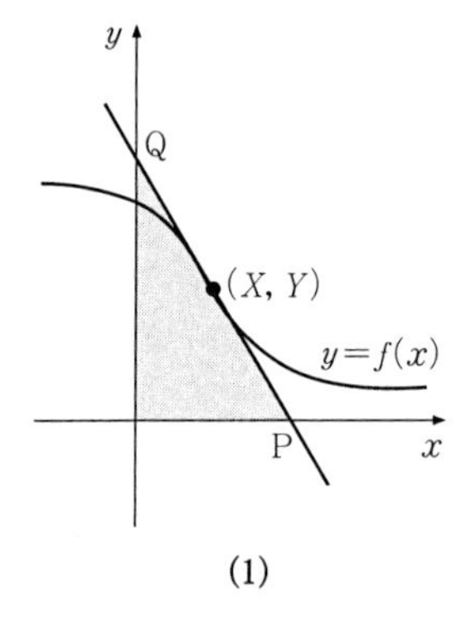

(1)

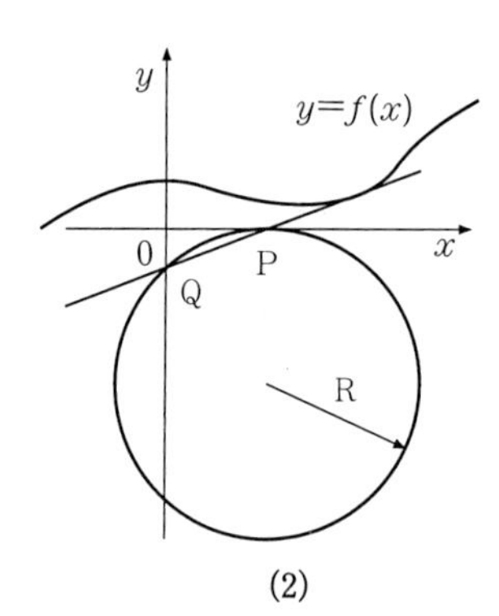

(2)

ラグランジュ

ニュートン(Newton, Isaac: 1642–1727)とライプニッツ(Leibniz, Gottfried Wilhelm: 1646–1716)により微積分法が開拓されて以来，18世紀には解析学を用いた数学が普及し，数多くの研究者によって実り多い業績が世に送り出された．ラグランジュ(Lagrange, Joseph Louis: 1736–1813)も解析学で数々の業績を残した数学者である．彼はフランス人とイタリア人の血を引く資産家の子としてトリノで生まれた．彼の少年時代，父親は投機のため財産を使い果たしてしまったが，このため彼は数学に打ち込むことになった．

偉大な数学者には幼少時に古典に興味を引かれていた人が多いが，彼もその1人であった．数学に方向転換したのは，ニュートンの友人ハレー(Halley, Edmund: 1656–1742，ハレー彗星の研究などで有名)の論文に接したためである．数年を経ずして解析学を身につけ，トリノ王立砲術学校の教官となった．トリノ時代には，後にトリノ科学学士院となる研究会を組織したり，ベルリン学士院の外国人会員に選ばれたりした．天文学の研究で1764, 66年にフランス科学学士院から賞を得た．1766年にはベルリンに招かれ，学士院の数学・物理学の主任として20年あまり活躍した．1789年にパリに移り，高等師範学校，高等工芸学校の教授として研究生活を続けた．

彼の業績は植物学・医学や形而上学などにもわたるが，解析学や数係数方程式の解法など数学への寄与は群を抜いている．また『解析力学』(1788)を著すなど，物理学へも多大な貢献がある．ラグランジュ関数は解析力学の出発点である．変わったところでは，メートル法制定委員会の委員長として，その完成に指導的な役割を果たした．メートル法に12進法でなく10進法が採用されているのは彼のおかげであると伝えられている．

彼は思慮深く控え目な性格で，多くの人の尊敬を集めていた．フランス滞在期間には大革命を経験している．革命の混乱で命を失った科学者も多い中，77歳の長命を全うした．

3

定数係数の
2階線形微分方程式

ニュートンの運動方程式，電気回路の方程式など，微分方程式を実際に使う場面では，2 階の線形微分方程式がよく現れる．したがって，2 階の線形微分方程式を正確に扱うことは応用上大変重要なことである．それだけではなく，2 階の方程式は一般の高階線形方程式に見られる特徴的な性質をもつから，線形微分方程式の一般的性質を理解する典型としても重要である．本章では，解法の確立した定数係数の場合を取り扱うことにしよう．

3-1 斉次方程式と標準形

p, q は定数，$r(x)$ は与えられた関数とする．このとき，微分方程式

$$\frac{d^2y}{dx^2}+p\frac{dy}{dx}+qy = r(x) \tag{3.1}$$

を**定数係数の 2 階線形常微分方程式**という．$r(x)$ が恒等的に 0 の場合の方程式

$$\frac{d^2y}{dx^2}+p\frac{dy}{dx}+qy = 0 \qquad (p, q \text{ は定数}) \tag{3.2}$$

を**斉次方程式**，そうでない場合を**非斉次方程式**ということなどは，1 階の場合と同様である(2-3 節参照)．

標準形　2 階の線形常微分方程式の**標準形**とは，未知変数に関する 1 階微分の項がない斉次方程式のことで，次式で与えられるものである．

$$y''+qy = 0 \tag{3.3}$$

標準形への変換　斉次線形方程式(3.2)は，従属変数の変換

$$y = e^{-px/2}z(x) \tag{3.4}$$

を行なうことにより，標準形

$$z''+\left(q-\frac{p^2}{4}\right)z = 0 \tag{3.5}$$

に変換される(問題 3-1[2]参照)．

標準形方程式の一般解　標準形方程式(3.3)の一般解は，

$q = \lambda^2 > 0$ の場合	$y = C_1\cos\lambda x+C_2\sin\lambda x$	
$q = -\lambda^2 < 0$ の場合	$y = C_1e^{\lambda x}+C_2e^{-\lambda x}$	(C_1, C_2 は定数)　(3.6)
$q = 0$ の場合	$y = C_1+C_2x$	

で与えられる(例題 3.1 および問題 3-1[1]参照)．この公式は，複素指数関数を用いて統一的に記述することができる．このような取り扱い，および関連項目については，3-2 節および 3-3 節で述べる．

例題 3.1　次の標準形方程式の一般解を求めよ．

$$\frac{d^2y}{dt^2}+\omega^2 y = 0 \qquad (\omega \text{ は正の定数}) \tag{1}$$

［解］　この問題は非常に基本的である．今までに学んだ方法によって解いてみよう．

方程式の形から，$y=\cos\omega t$ は式(1)の解の1つであることがわかる．定数変化法により，$y=A(t)\cos\omega t$ として(1)に代入し，整理すると，

$$\frac{d^2A}{dt^2}\cos\omega t-2\omega\frac{dA}{dt}\sin\omega t = 0$$

この式は $\dfrac{dA}{dt}$ に関する1階線形微分方程式だから，これを解くと

$$\frac{dA}{dt} = \frac{C}{\cos^2\omega t} \qquad (C \text{ は任意定数})$$

この式の両辺をさらに t で積分して $A(t)$ を求め，$C=\omega C_2$ とすると，

$$A(t) = C_1+C_2\tan\omega t \qquad (C_1, C_2 \text{ は任意定数})$$

ここで，$y=A(t)\cos\omega t$ であったから，方程式(1)の解

$$y = C_1\cos\omega t+C_2\sin\omega t \qquad (C_1, C_2 \text{ は任意定数})$$

を得る．これは2階の方程式の解で，しかも任意定数を2つ含むから一般解である．

［別解］　方程式(1)の両辺に $2\dfrac{dy}{dt}$ をかけ，$2\dfrac{dy}{dt}\dfrac{d^2y}{dt^2}=\dfrac{d}{dt}\left(\dfrac{dy}{dt}\right)^2$，$2y\dfrac{dy}{dt}=\dfrac{d(y^2)}{dt}$ に注意すると，式(1)は次のようになる．

$$\frac{d}{dt}\left[\left(\frac{dy}{dt}\right)^2+\omega^2y^2\right] = 0 \tag{2}$$

式(2)の両辺を t で積分して $\dot{y}^2=c-\omega^2y^2$ (c は定数)．ここで，y は実数の関数であるから，$c=B^2>0$ でなくてはならない．このとき $\dot{y}=\pm\sqrt{B^2-y^2}$ となるので，変数分離して，$\dfrac{dy}{\sqrt{B^2-\omega^2y^2}}=\pm dt$．さらに $z=\dfrac{\omega y}{B}$ と変数変換して両辺を積分すれば，

$$z = \pm\sin(\omega t+D) \qquad (D \text{ は任意定数})$$

が得られる．従属変数 z を y に戻し，$\pm\dfrac{B}{\omega}$ を改めて C とおくと，

$$y = C\sin(\omega t+D) \qquad (C, D \text{ は任意定数}) \tag{3}$$

さらに，三角関数の加法公式を用いて $\sin(\omega t+D)$ を分解し，$C_1=C\sin D$，$C_2=C\cos D$ とすれば，次の一般解を得る．

$$y = C_1\cos\omega t+C_2\sin\omega t \qquad (C_1, C_2 \text{ は任意定数})$$

Tips： 解法の違いの意味

例題 3.1 において，式(1)は，質量 m，バネ定数 k の 1 次元調和振動子の運動方程式 $m\ddot{x}+kx=0$ と同じである．このとき，式(3)で C は振幅，D は初期位相を表す．第 1 の方法は平面波の振幅の変調を考えたことになっており，別解の方法はエネルギー一定の式(2)を積分したことに相当する．

例題 3.2 次の方程式を標準形に書き改め，一般解を求めよ．

(i) $y''+6y'+7y=0$ (ii) $y''-2y'+y=0$

［解］ (i) 新しい従属変数 z を $y=e^{-3x}z$ で導入すると，$y'=e^{-3x}(z'-3z)$，$y''=e^{-3x}(z''-6z'+9z)$ となる．よって，与えられた微分方程式を z を用いて書くと，標準形

$$z''-2z=0$$

に改められる．この方程式の一般解は

$$z=C_1e^{-\sqrt{2}x}+C_2e^{\sqrt{2}x} \qquad (C_1, C_2\ \text{は任意定数})$$

ここで z を y に戻すと，与えられた方程式の一般解が得られ，

$$y=C_1e^{-(3-\sqrt{2})x}+C_2e^{-(3+\sqrt{2})x} \qquad (C_1, C_2\ \text{は任意定数})$$

(ii) $y=e^xz$ とすると，$y'=e^x(z'+z)$，$y''=e^x(z''+2z'+z)$ であるから，与えられた微分方程式を書き改めて

$$z''=0$$

を得る．よって，求めるべき一般解は，

$$z=C_1+C_2x, \quad y=(C_1+C_2x)e^x \qquad (C_1,\ C_2\ \text{は任意定数})$$

Tips： よく使う役に立つ関係式

関数 y の m 階微分の n 乗 $(y^{(m)})^n$ と $(m+1)$ 回微分 $y^{(m+1)}$ の積の項は

$$(n+1)y^{(m+1)}(y^{(m)})^n=\frac{d(y^{(m)})^{n+1}}{dx}$$

と変形される．この式は，微分方程式を解く際広い範囲で用いられる．例題 3.1 の別解 $(m=1,\ n=2)$ では，この関係を利用して積分し，微分方程式の階数を下げた．同様の方法は 1 階の微分方程式においても，ベルヌイの方程式(第 2 章)の解法で用いられている．そこでは，非線形項 y^k の処理(線形化)のために用いられている(式(2.9)で $m=0,\ n=-k$ に相当)．

問　題 3–1

［1］ k を定数とするとき，方程式 $y''-k^2y=0$ の一般解が

$$y=\begin{cases} C_1e^{kx}+C_2e^{-kx} & (k\neq 0 \text{ のとき．} C_1, C_2 \text{ は任意定数}) \\ C_1+C_2x & (k=0 \text{ のとき．} C_1, C_2 \text{ は任意定数}) \end{cases}$$

で与えられることを示せ．

［ヒント：例題 3.1 を参照せよ．］

［2］ $y=f(x)z(x)$ とすることにより，定数係数の線形微分方程式

$$\frac{d^2y}{dx^2}+p\frac{dy}{dx}+qy=0 \qquad (p, q \text{ は定数})$$

を標準形

$$\frac{d^2z}{dx^2}+az=0 \qquad (a \text{ は定数})$$

に直すための従属変数の変換が，$y=e^{-px/2}z(x)$ で与えられることを導け．また，このとき a, p, q の間に成り立つ関係を求めよ．

［3］ 次に挙げる斉次方程式を標準形に直せ．

(1)　$y''+2y'+3y=0$　　　(2)　$y''-3y'+3y=0$

(3)　$y''-3y'+2y=0$　　　(4)　$2y''-y'-y=0$

(5)　$y''-5y'+6y=0$　　　(6)　$9y''-6y'+y=0$

［4］ ［3］で標準形に直した方程式の一般解を求めよ．

［ヒント：公式(3.6)を用いること．］

［5］ x 軸上の点 $x=a$ と $x=-a$ $(a>0)$ にそれぞれ Q の電荷が固定されている．これらからクーロン力を受けながら，電荷 q をもつ質点が x 軸上を運動している．運動する質点の位置 $u(t)$ が $|u|\ll a$ をみたしているとして，この質点の運動のようすを調べよ．ただし，距離 R だけ離れた電荷 q_1, q_2 の間に働くクーロン力は $\dfrac{q_1q_2}{R^2}$ であるとする．

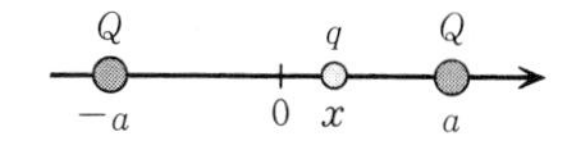

3-2 斉次方程式と指数関数解

標準形方程式の複素指数関数解 3-1節の公式(3.6)によれば，標準形方程式(3.3)の一般解は，x の1次式と三角関数・指数関数を用いて，完全に表される．この解は，オイラーの公式(第1章公式(I)1)

$$e^{ix} = \cos x + i \sin x \tag{3.7}$$

を用いると，複素数の指数関数を用いて統一的に記述できる．ここで，μ を

・$q>0$ のときは $\mu=\sqrt{q}\,i=\sqrt{-q}$ と定義し，三角関数を指数関数に直す．

・$q\leqq 0$ のときは $\mu=\sqrt{|q|}=\sqrt{-q}$ と定義する．

このとき，(3.3)の一般解は次のようにまとめられる(問題3-2[1]参照)．

$$\boxed{\begin{array}{ll} q \neq 0 \text{ の場合} & y = C_1e^{\mu x}+C_2e^{-\mu x} \\ q = 0 \text{ の場合} & y = C_1+C_2x \end{array}} \quad (\mu\equiv\sqrt{-q}) \tag{3.8}$$

斉次方程式の指数関数解と特性方程式 3-1節で述べたように，任意の斉次方程式(3.2)は，変数変換(3.4)により標準形に変形される．解の公式(3.6)とあわせて考えると，任意の斉次方程式は $e^{\lambda x}$ (λ は定数) という形の解をもつことがわかる．そこで $y=e^{\lambda x}$ を式(3.2)に代入すると，λ に関する2次方程式

$$\lambda^2+p\lambda+q = 0 \tag{3.9}$$

が得られる．2階線形微分方程式(3.2)に対し，2次方程式(3.9)を**特性方程式**という．λ を方程式(3.9)の解とするとき，関数 $e^{\lambda x}$ はつねに式(3.2)の解であり，一般に複素数の値をもつ指数関数である．

斉次方程式の一般解 斉次方程式

$$y''+py'+qy = 0 \tag{3.10}$$

の一般解は，その特性方程式の解と関係づけることができる．すなわち，特性方程式(3.9)が2つの異なる解(複素数解を含む)をもつ場合それらを λ_1, λ_2 とし，重根をもつ場合それを λ とすると，斉次方程式(3.10)の一般解は

$$\boxed{\begin{array}{ll} p^2-4q \neq 0 \text{ の場合} & y = C_1e^{\lambda_1 x}+C_2e^{\lambda_2 x} \\ p^2-4q = 0 \text{ の場合} & y = (C_1+C_2x)e^{\lambda x} \end{array}} \quad (C_1, C_2 \text{ は定数}) \qquad (3.11)$$

で与えられる．また，一般解の他には解は存在しない(例題3.3参照)．

君の名は？？

外国人の名前を日本語で書くとき，迷うことがある．たとえば，第2章で出てきた「リッカチ」(“Riccati” と綴る)は，「リカッチ」と書く人もいる．(個人的には「リカッチ」なら “Ricatti” なのではないかと思うが，あいにく筆者は彼本人ではないからよくわからない．) 非常に有名な人，英語圏の人はあまり問題がないようであるが，戦前に刊行された本に「黒船を率いたペルリ提督」という記述を見つけたこともある．確かにそのように聞こえないこともないから，書いた人の聴覚も，重要な要素なのだろう．

非英語圏の人(とくに，ラテン文字以外の字を用いる国の人)になると，いったん英語で記されてから日本語に入って来ることがあり，事態はいっそう複雑になる．「パーク」さんだと思ったのが「朴」さんだったという経験もある．その人の出身(と思われる)言語風に読みならわせばいいのかというと，実は移民の子孫で，本人は英語風に発音していたりすることもある．

また，綴りの方も一筋縄ではいかない．たとえば，スラブ系の人の姓の最後によく現れる “-ский” の例で，“-sky”, “-ski”, “-skii” などを見たことがある．“Chebyshev” と “Tchebyscheff” が同じ「チェビシェフ」の綴りとして流通している現状は，戸惑いを禁じ得ない．また最近では，旧ソ連から他国に移った研究者で，ソ連時代と微妙に異なる綴りを用いている人もいるようだ．こういう例にも，論文の検索のときなどに不便な思いをする．

例題 3.3　微分方程式

$$y''+py'+qy=0 \qquad (p, q \text{ は定数}) \tag{1}$$

の特性方程式

$$\lambda^2+p\lambda+q=0 \tag{2}$$

の解の 1 つを λ_1 とする．このとき，$y=f(x)e^{\lambda_1 x}$ とおくことにより，一般解が

$$\begin{array}{lll} p^2-4q \neq 0 \text{ の場合} & y=C_1e^{\lambda_1 x}+C_2e^{\lambda_2 x} & \\ p^2-4q = 0 \text{ の場合} & y=(C_1+C_2x)e^{\lambda_1 x} & \end{array} \quad (C_1, C_2 \text{ は任意定数}) \tag{3}$$

で与えられることを示せ．ただし，λ_2 は式(2)の解のうち λ_1 ではない方とする．また，一般解に含まれない解が存在するかどうか検討せよ．

［解］　$y=f(x)e^{\lambda_1 x}$ を方程式(1)に代入すると，

$$y''+py'+qy=e^{\lambda_1 x}f''+e^{\lambda_1 x}(2\lambda_1+p)f'+e^{\lambda_1 x}(\lambda_1^2+p\lambda_1+q)f \tag{4}$$

ここで λ_1 は(2)の解であるから，右辺の最後の項は 0．したがって，(4)の右辺を 0 とおいて全体を $e^{\lambda_1 x}$ で割ると，f に関する次の方程式を得る．

$$f''+(2\lambda_1+p)f'=0 \tag{5}$$

(I)　$p^2-4q\neq 0$ の場合．

この場合，特性方程式(2)は異なる 2 つの解をもつ．(2)のもう一方の解が λ_2 であるから，2 次方程式の解と係数の関係を用いて $\lambda_1+\lambda_2=-p$．よって $2\lambda_1+p=\lambda_1-\lambda_2$ が得られ，f に関する方程式(5)は次のようになる．

$$f''+(\lambda_1-\lambda_2)f'=0$$

これは f' に関して 1 階の微分方程式である．$\lambda_1\neq\lambda_2$ に注意してその一般解を求め，さらにもう一度 x で積分すると，

$$f=C_1+C_2e^{(\lambda_2-\lambda_1)x} \qquad (C_1, C_2 \text{ は任意定数})$$

斉次方程式(1)の一般解は $y=e^{\lambda_1 x}f$ で与えられるので，

$$y=C_1e^{\lambda_1 x}+C_2e^{\lambda_2 x} \qquad (C_1, C_2 \text{ は任意定数})$$

(II)　$p^2-4q=0$ の場合．

この場合は，(2)が重根 λ_1 をもつので，解と係数の関係を用いて，$2\lambda_1+p=0$．よって，f に対する方程式(5)は，

$$f''=0$$

これを解いて，$f=C_1+C_2x$ (C_1, C_2 は定数)．したがって，(1)の一般解は

$$y=(C_1+C_2x)e^{\lambda_1 x} \qquad (C_1, C_2 \text{ は任意定数})$$

(I), (II)により，斉次方程式(1)の一般解は(3)で与えられることがわかった．また，

以上ではすべて同値な変形を用いたから，これ以外の解は存在しない(特異解は存在しない).

Tips：　応用範囲の広い定数変化法

この問題のように，1つの解 y_1 がわかっているとき $y=f(x)y_1(x)$ とおいて $f(x)$ を求める方法(定数変化法)はすでに何度か出てきた．この方法は微分方程式の基本的な取り扱い方法として，非常によく利用される．自分でいろいろな問題に応用し，取り扱いに習熟しておきたい.

例題 3.4　コンデンサー，抵抗，コイルの両端にかかる電圧と電流の関係は，図3–1で与えられる.

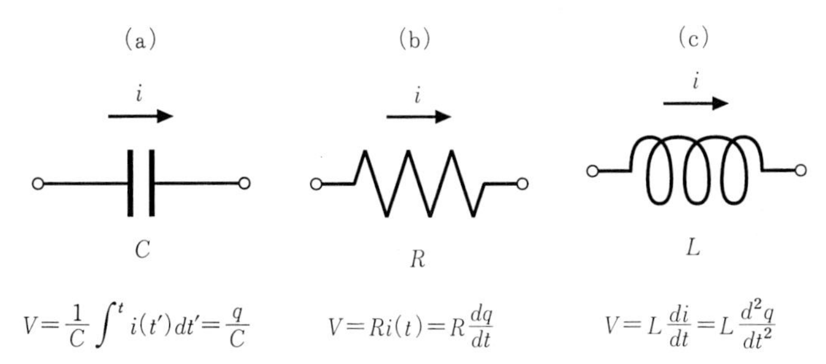

$$V=\frac{1}{C}\int^t i(t')dt'=\frac{q}{C} \qquad V=Ri(t)=R\frac{dq}{dt} \qquad V=L\frac{di}{dt}=L\frac{d^2q}{dt^2}$$

図 3–1　(a) コンデンサー，(b) 抵抗，(c) コイルの両端に現れる電位差

これらの素子を図3–2のように接続して回路を作った．このとき，コンデンサー C にたまる電荷 $q(t)$ がみたす微分方程式を導き，その一般解を求めよ.

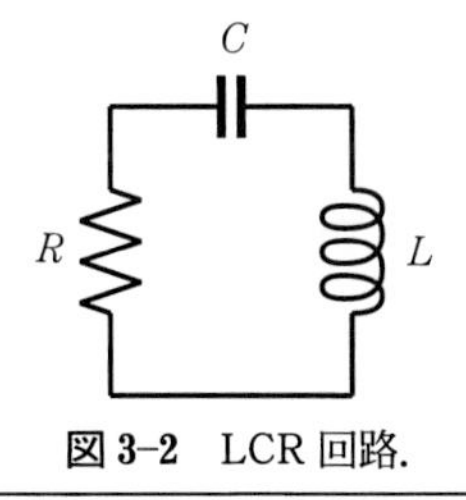

図 3–2　LCR 回路.

［解］ 回路を流れる電流は $i(t)=\dfrac{dq}{dt}$. また，各素子の両端の電位差は $L\dfrac{di}{dt}$, Ri, $\dfrac{q}{C}$ である．上図の回路を一周することは，これらの電位差を足し合わせることに相当する．よって，q のみたす微分方程式は，

$$L\frac{d^2q}{dt^2}+R\frac{dq}{dt}+\frac{1}{C}q=0 \tag{1}$$

これは，定数係数の2階斉次線形微分方程式で，その特性方程式は

$$\lambda^2+\frac{R}{L}\lambda+\frac{1}{LC}=0$$

L, R, C の値により特性方程式の解は2実根や重根や複素数根になり，それに応じて式(1)の解は次のように場合分けされる．以下，C_1, C_2 を任意定数とする．

(I)　$4L<R^2C$ の場合．特性方程式は異なる2つの解

$$\lambda=-\alpha\pm\beta \qquad \left(\alpha\equiv\frac{R}{2L},\ \beta\equiv\frac{R}{2L}\sqrt{1-\frac{4L}{R^2C}}\right)$$

をもつ．よって微分方程式(1)の一般解は，

$$q(t)=C_1e^{(-\alpha+\beta)t}+C_2e^{(-\alpha-\beta)t}$$

(II)　$4L=R^2C$ の場合．特性方程式は重根 $\lambda=-\dfrac{R}{2L}$ をもつ．よって(1)の一般解は

$$y=C_1e^{-Rt/2L}+C_2te^{-Rt/2L}$$

(III)　$4L>R^2C$ の場合．特性方程式の解は

$$\lambda=-\alpha\pm i\beta \qquad \left(\alpha\equiv\frac{R}{2L},\ \beta\equiv\frac{R}{2L}\sqrt{\frac{4L}{R^2C}-1}\right)$$

であるから，一般解は $C_1e^{(-\alpha+i\beta)t}+C_2e^{(-\alpha-i\beta)t}$. ここで，オイラーの公式 $e^{\pm i\beta t}=\cos\beta t\pm i\sin\beta t$ を用いる．そして，$C_1+C_2, i(C_1-C_2)$ を改めて C_1, C_2 と書くと，

$$q(t)=e^{-\alpha t}(C_1\cos\beta t+C_2\sin\beta t)$$

以上をまとめると，与えられた回路を記述する微分方程式の一般解は，

$$q(t)=\begin{cases} C_1e^{(-\alpha+\beta)t}+C_2e^{(-\alpha-\beta)t} & (4L<R^2C) \\ C_1e^{-\alpha t}+C_2te^{-\alpha t} & (4L=R^2C) \\ e^{-\alpha t}(C_1\cos\beta t+C_2\sin\beta t) & (4L>R^2C) \end{cases}$$

$$\alpha\equiv\frac{R}{2L},\quad \beta\equiv\frac{R}{2L}\sqrt{\left|1-\frac{4L}{R^2C}\right|}$$

問　題 3-2

［1］　標準形の線形微分方程式

$$y''+qy = 0$$

で$\mu\equiv\sqrt{|q|}$ $(q\leqq 0)$, $\sqrt{q}\,i$ $(q>0)$ とし，複素指数関数を用いた解の公式

$$q \neq 0 \text{ の場合} \quad y = A_1 e^{\mu x}+A_2 e^{-\mu x}$$
$$q = 0 \text{ の場合} \quad y = A_1+A_2 x \qquad (A_1, A_2 \text{ は定数})$$

をオイラーの公式を用いて変形すると，公式

$$q = \lambda^2 > 0 \text{ の場合} \quad y = C_1\cos\lambda x+C_2\sin\lambda x$$
$$q = -\lambda^2 < 0 \text{ の場合} \quad y = C_1 e^{\lambda x}+C_2 e^{-\lambda x} \qquad (C_1, C_2 \text{ は定数})$$
$$q = 0 \text{ の場合} \quad y = C_1+C_2 x$$

に一致することを示せ．A_1, A_2 と C_1, C_2 の間の関係を求め，解が実数であるために A_1, A_2 がどのような条件をみたさなくてはならないか調べよ．

［2］　次の斉次方程式の一般解を求めよ．

(1)　$y''-4y'-5y = 0$　　(2)　$y''-4y'+4y = 0$

(3)　$y''-4y'+5y = 0$　　(4)　$y''+2y'-8y = 0$

(5)　$y''+3y'+2y = 0$　　(6)　$2y''-5y'+3y = 0$

(7)　$2y''-4y'+3y = 0$

［3］　一般解が $y=C_1 e^{\lambda_1 x}+C_2 e^{\lambda_2 x}$ で表される 2 階の微分方程式を導け．また一般解が $y=(C_1+C_2 x)e^{\lambda x}$ であるときの方程式も求めよ．

［4］　一端を固定された長さ l の軽い棒がある．この棒の他方の端に質量 m の質点が取り付けられていて，棒と質点は水平面と角度 α をなす滑らかな斜面の上を，微小な角度で振動する．速度に比例する抵抗力が質点に働くとき，質点の運動を調べよ．

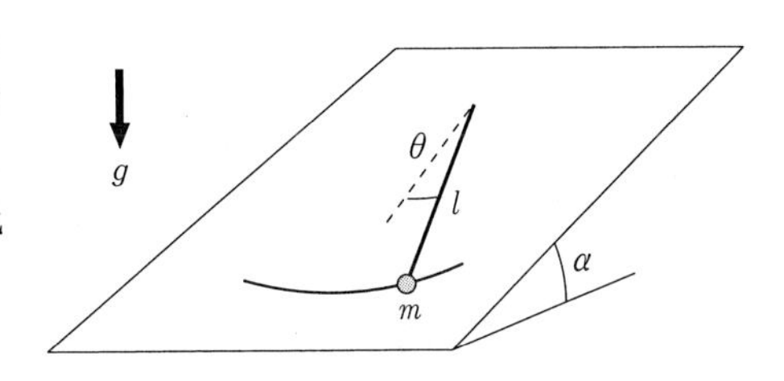

3–3　2階斉次方程式の基本解

1次独立・1次従属　　2つの関数 $u_1(x), u_2(x)$ に対し，関係式

$$C_1u_1(x)+C_2u_2(x) = 0 \qquad (C_1, C_2 \text{ は定数})$$

が恒等的に成り立つのが $C_1=C_2=0$ に限るとき，$u_1(x)$ と $u_2(x)$ は**1次独立**であるといい，そうでないときは**1次従属**であるという．

斉次方程式とその一般的な性質　　斉次方程式

$$\frac{d^2y}{dx^2}+p\frac{dy}{dx}+qy = 0 \qquad (p, q \text{ は定数}) \tag{3.12}$$

は次のような性質をもつ．

(I)　方程式(3.12)の解全体は，線形空間を構成する．

(II)　方程式(3.12)の解 $y_1(x), y_2(x)$ について次の3つの項目は同値である．

(i)　y_1, y_2 は1次独立

(ii)　ある x に対して $W(x) \equiv \begin{vmatrix} y_1(x) & y_2(x) \\ y'_1(x) & y'_2(x) \end{vmatrix} \neq 0$

(iii)　すべての x に対して $W(x) \neq 0$

(III)　解の構成する線形空間の次元は2.

上記項目(II)の(ii), (iii)で現れる関数 $W(x)$ は，**ロンスキアン**と呼ばれる重要な量である．ロンスキアンの一般的な性質等は4–2節で述べる．

基本解　　上記の性質(I)～(III)により，斉次線形方程式の一般解は，任意に選んだ2つの1次独立な特解の1次結合を用いて表されることが示される．このように互いに1次独立な2つの解の集合を**解の基本系**，解の基本系をつくるそれぞれの解を**基本解**と呼ぶ．一般に，基本解のとり方は一意的ではない．

解の一意性　　微分方程式(3.12)をみたすような解で，ある初期条件

$$y(x_0) = A, \quad y'(x_0) = B$$

をみたすものはただ1つしか存在しない(より一般的な，変数係数の場合が4–2節の例題4.4で議論されているので，そちらを参照のこと)．

例題 3.5　次の各問に挙げた線形微分方程式の基本解を求めよ．また，初期条件

$$y(0)=0, \quad y'(0)=1$$

をみたすような特解も求めよ．

(i)　$y''-4y'-5y=0$　　(ii)　$y''-4y'+4y=0$　　(iii)　$y''-4y'+5y=0$

［解］ (i)　この微分方程式の特性方程式は，

$$k^2-4k-5=(k+1)(k-5)=0$$

で与えられる．この解は $k=-1, 5$ となるから，与えられた微分方程式の基本解は

$$y=e^{-x}, \quad y=e^{5x}$$

また，一般解は $y=C_1e^{-x}+C_2e^{5x}$ (C_1, C_2 は任意定数) で表される．初期条件より

$$y(0)=C_1+C_2=0, \quad y'(0)=-C_1+5C_2=1$$

したがって，$C_1=-\dfrac{1}{6}$, $C_2=\dfrac{1}{6}$ を得る．以上から，求めるべき特解は

$$y(x)=\frac{1}{6}(-e^{-x}+e^{5x})=\frac{e^{2x}}{3}\sinh(3x)$$

(ii)　この微分方程式の特性方程式は

$$k^2-4k+4=(k-2)^2=0$$

であり，重根 $k=2$ をもつ．よって与えられた方程式の基本解は

$$y=e^{2x}, \quad y=xe^{2x}$$

これらを用いて，一般解は $y=C_1e^{2x}+C_2xe^{2x}$ (C_1, C_2 は任意定数)．これを微分すれば，$y'=2C_1e^{2x}+C_2(1+2x)e^{2x}$ となるので

$$y(0)=C_1, \quad y'(0)=2C_1+C_2$$

初期条件により $C_1=0$, $C_2=1$ を得る．求めるべき特解は $y=xe^{2x}$.

(iii)　与えられた微分方程式の特性方程式は

$$k^2-4k+5=0$$

この方程式の解は $k=2\pm i$. したがって，与えられた微分方程式の基本解は

$$y=e^{2x}\sin x, \quad y=e^{2x}\cos x$$

これから，一般解は $y=C_1e^{2x}\sin x+C_2e^{2x}\cos x$ (C_1, C_2 は任意定数)．これを微分すれば，$y'=(2C_1-C_2)\sin x+(2C_2+C_1)\cos x$ となるので，初期条件から

$$y(0)=C_2=0, \quad y'(0)=2C_2+C_1=1$$

よって $C_2=0$, $C_1=1$ を得る．以上により，求める特解は $y=e^{2x}\sin x$.

問　題 3–3

[1]　次に挙げる2つの関数の組が1次独立であることを定義に基づいて示せ．

(1)　$e^x,\quad xe^x$　　(2)　$e^x,\quad e^{2x}$

(3)　$x^2+2x+5,\quad 2x^2+2x+3$　　(4)　$\cos ax,\quad \sin bx$　　(a, b は正定数)

(5)　$x^3,\quad |x|^3$

[2]　次の線形微分方程式の基本解を求めよ．

(1)　$y''+y'+y=0$　　(2)　$y''+y'-6y=0$

(3)　$y''+y'+\dfrac{1}{4}=0$　　(4)　$2y''+3y'+y=0$

(5)　$3y''-2y'+y=0$　　(6)　$3y''-4\sqrt{6}\,y'+8y=0$

[3]　基本解が次の関数であるような，定数係数の2階斉次線形微分方程式を求めよ．

(1)　$e^{3x},\quad e^{-x}$　　(2)　$e^x\cosh 2x,\quad e^x\sinh 2x$

(3)　$e^{-x}\cos x,\quad e^{-x}\sin x$　　(4)　$e^{2x},\quad xe^{2x}$

[4]　[2]の各方程式に対して，次の条件をみたす基本解 $y_1(x), y_2(x)$ を求めよ．

(a)　$y_1(0)=1,\ y'_1(0)=0,\ y_2(0)=0,\ y'_2(0)=1$

(b)　$y_1(0)=1,\ y'_1(0)=1,\ y_2(0)=1,\ y'_2(0)=-1$

[5]　微分方程式 $L\dfrac{d^2q}{dt^2}+R\dfrac{dq}{dt}+\dfrac{1}{C}q=0$ の基本解 $q_1(t), q_2(t)$ を，次のような初期条件をみたす解と定義する．

(i)　$q_1(0)=Q_0,\quad \dot{q}_1(0)=0$　　(ii)　$q_2(0)=0,\quad \dot{q}_2(0)=I_0$

このような基本解 $q_1(t), q_2(t)$ を求め，図示せよ．

[ヒント：例題3.4を参照のこと]

[6]　定数係数の斉次線形微分方程式

$$\frac{d^2y}{dx^2}+p\frac{dy}{dx}+qy=0 \qquad (p, q \text{ は定数})$$

の2つの解を y_1, y_2 とするとき，以下の各項目が互いに同値であることを示せ．

(i)　y_1, y_2 は1次独立

(ii)　ある x に対して，$W(x)\equiv\begin{vmatrix} y_1(x) & y_2(x) \\ y'_1(x) & y'_2(x) \end{vmatrix}\neq 0$

(iii)　すべての x に対して $W(x)\neq 0$

3-4 非斉次方程式の解

一般解と特解 この節では，非斉次項 $r(x)$ をもつ，次のような線形微分方程式を考えよう．

$$\frac{d^2y}{dx^2}+p\frac{dy}{dx}+qy=r(x) \qquad (p, q \text{ は定数}) \tag{3.13}$$

この方程式の特解を $y_0(x)$ とし，対応する斉次方程式

$$\frac{d^2y}{dx^2}+p\frac{dy}{dx}+qy=0 \tag{3.14}$$

の基本解を $y_1(x), y_2(x)$ とすると，(3.13)の一般解は次のようになる．

$$y=y_0(x)+C_1y_1(x)+C_2y_2(x) \tag{3.15a}$$

$y_1(x)$ や $y_2(x)$ の求め方はすでに学んだから，特解 $y_0(x)$ が求められれば(3.13)の一般解がわかることになる．ここで $y_0(x)$ は，y_1, y_2 を用いて

$$\boxed{\begin{aligned} y_0(x) &= \int^x G(x,x')r(x')dx' \\ G(x,x') &\equiv \frac{[y_2(x)y_1(x')-y_1(x)y_2(x')]e^{px'}}{y_1(0)y'_2(0)-y_2(0)y'_1(0)} \end{aligned}} \tag{3.15b}$$

で与えられる(例題3.7)．以上をまとめると，1階の微分方程式の場合と同様，非斉次方程式の一般解は対応する斉次方程式の一般解(**余関数**)に特解を加えたもので与えられる．一般解以外の解は存在しない．

解の重ね合わせ $f_1(x), f_2(x)$ がそれぞれ微分方程式

$$f''_1+pf'_1+qf_1=r_1(x), \qquad f''_2+pf'_2+qf_2=r_2(x) \tag{3.16a}$$

をみたすとき，関数 $y=f_1+f_2$ は，次の非斉次方程式の特解である．

$$y''+py'+qy=r_1(x)+r_2(x) \tag{3.16b}$$

例題 3.6 次の非斉次方程式の特解を求めよ.

(i) $y''-2y'-3y=e^x$ (ii) $y''-2y'-3y=e^{3x}$

(iii) $y''-2y'-3y=e^x+e^{3x}+\sin x$

［解］ 微分方程式 $y''+py'+qy=r(x)$ の特解を $y_0(x)$ とする. $r(x)=0$ として得られる斉次方程式の基本解 $y_1(x), y_2(x)$ がわかっているとき, $y_0(x)$ は公式

$$y_0(x)=\int^x G(x,x')r(x')dx',\quad G(x,x')\equiv\frac{[y_2(x)y_1(x')-y_1(x)y_2(x')]e^{px'}}{y_1(0)y_2'(0)-y_2(0)y_1'(0)} \tag{1}$$

によって求めることができる(式(3.15)を参照).

(i) 斉次方程式 $y''-2y'-3y=0$ の特性方程式は, $\lambda^2-2\lambda-3=0$ で, 解は $\lambda=-1,3$. よって斉次方程式の基本解は

$$y_1(x)\equiv e^{-x},\quad y_2(x)\equiv e^{3x} \tag{2}$$

このとき,

$$y_1(x)y_2'(x)-y_2(x)y_1'(x)=4e^{2x}$$
$$y_2(x)y_1(x')-y_1(x)y_2(x')=e^{3x}e^{-x'}-e^{-x}e^{3x'}$$

また, (1)の第2式での $e^{px'}$ は $e^{-2x'}$ となるから, $G(x,x')$ は

$$G(x,x')=\frac{(e^{3x}e^{-x'}-e^{-x}e^{3x'})e^{-2x'}}{4} \tag{3}$$

この式と $r(x')=e^{x'}$ を式(1)の第1式に代入して, 特解は次のようになる.

$$y(x)=\int^x\frac{(e^{3x}e^{-x'}-e^{-x}e^{3x'})e^{-2x'}}{4}e^{x'}dx'=-\frac{e^x}{4}$$

(ii) 対応する斉次方程式は(i)と同じで, その基本解は(2)の y_1, y_2 である. したがって, $G(x,x')$ は(3)で与えられる. $r(x')=e^{3x'}$ であるから, 特解は,

$$y(x)=\int^x\frac{(e^{3x}e^{-x'}-e^{-x}e^{3x'})e^{-2x'}}{4}e^{3x'}dx'=\frac{(4x-1)e^{3x}}{16}$$

(iii) (ii)と同様に, この方程式に対応する斉次方程式の基本解は(2)である. また非斉次項は, (i), (ii)の方程式の非斉次項に $\sin x$ を加えたものである. よって, 解の重ね合わせの定理から, (i), (ii)で求めた2つの特解に

$$y''-2y'-3y=\sin x \tag{4}$$

の特解を加えれば, 求めるべき特解となる. (3)と $r(x')=\sin x'$ を(1)に代入し,

$$y(x)=\int^x\frac{(e^{3x}e^{-x'}-e^{-x}e^{3x'})e^{-2x'}}{4}\sin x'dx'=-\frac{1}{5}\sin x+\frac{1}{10}\cos x$$

これが(4)の特解である. 以上により, 与えられた方程式の特解は,

$$y = -\frac{e^{-x}}{4}+\frac{(4x-1)e^{3x}}{16}-\frac{1}{5}\sin x+\frac{1}{10}\cos x$$

Tips： 特解を求めるには重ね合わせの定理を活用せよ

実際に微分方程式を解くとき，公式(3.15)を暗記するのが精いっぱいなのか，いつも非斉次項をひとまとめにして扱っている人をよく見かける．場合に応じて重ね合わせの定理を用いれば，簡単に特解を求めることができる．余裕をもって問題を眺められるようになったならば，式(3.16)を積極的に活用したい．

例題 3.7 定数係数の一般の 2 階線形微分方程式

$$\frac{d^2y}{dx^2}+p\frac{dy}{dx}+qy = r(x) \qquad (p, q \text{ は定数，} r(x) \text{ は与えられた関数}) \tag{1}$$

の一般解が次式で与えられることを示せ．

$$y_0(x) = C_1y_1(x)+C_2y_2(x)+\int^x G(x,x')r(x')dx' \qquad (C_1, C_2 \text{ は任意定数})$$

$$G(x,x') \equiv \frac{[y_2(x)y_1(x')-y_1(x)y_2(x')]e^{px'}}{y_1(0)y'_2(0)-y_2(0)y'_1(0)}$$

ただし y_1, y_2 は(1)で $r(x)=0$ として得られる微分方程式の基本解で，互いに 1 次独立であるとする．

［解］ 微分方程式(1)の解を $y=A_1(x)y_1(x)+A_2(x)y_2(x)$ と表して $A_1(x), A_2(x)$ を決定することにより解を求める(**定数変化法**)．これらの係数 A_1, A_2 に対して条件

$$A'_1(x)y_1(x)+A'_2(x)y_2(x) = 0 \tag{2a}$$

を課し，y', y'' を求めると，

$$y' = A_1y'_1+A_2y'_2$$
$$y'' = A'_1y'_1+A''_2y'_2+A_1y''_1+A_2y''_2$$

これを(1)の左辺に代入し，$y''_1+py'_1+qy_1=0$, $y''_2+py'_2+qy_2=0$ を使えば，$y''+py'+qy=A'_1y'_1+A'_2y'_2$ となる．よって，与えられた方程式(1)は

$$A'_1(x)y'_1(x)+A'_2(x)y'_2(x) = r(x) \tag{2b}$$

と変形される．いま y_1, y_2 は 1 次独立であるから，$y'_1(x)y_2(x)-y_1(x)y'_2(x)\neq 0$．したがって(2)を A'_1, A'_2 に関する連立方程式とみなせば，それは解をもち，

$$\begin{pmatrix} A'_1(x) \\ A'_2(x) \end{pmatrix} = \frac{1}{y_1(x)y'_2(x) - y'_1(x)y_2(x)} \begin{pmatrix} -y_2(x)r(x) \\ y_1(x)r(x) \end{pmatrix} \tag{3}$$

ここで，$y_1y'_2 - y'_1y_2$ を微分して(1)を用いると，

$$\frac{d}{dx}[y_1(x)y'_2(x) - y'_1(x)y_2(x)] = y_1(x)y''_2(x) - y''_1(x)y_2(x) = -p[y_1(x)y'_2(x) - y'_1(x)y_2(x)]$$

が成り立つので，これを $y_1(x)y'_2(x) - y'_1(x)y_2(x)$ について解くと，

$$y_1(x)y'_2(x) - y'_1(x)y_2(x) = [y_1(0)y'_2(0) - y'_1(0)y_2(0)]e^{-px}$$

これを(3)に代入して積分すれば A_1, A_2 が求められる.

$$\begin{pmatrix} A_1(x) \\ A_2(x) \end{pmatrix} = \begin{pmatrix} C_1 + \displaystyle\int^x \frac{-y_2(x')r(x')e^{px'}}{y_1(0)y'_2(0) - y'_1(0)y_2(0)} dx' \\ C_2 + \displaystyle\int^x \frac{y_1(x')r(x')e^{px'}}{y_1(0)y'_2(0) - y'_1(0)y_2(0)} dx' \end{pmatrix} \quad (C_1, C_2 \text{ は定数})$$

この結果と $y = A_1(x)y_1(x) + A_2(x)y_2(x)$ とより，方程式(1)の解は

$$y(x) = C_1y_1(x) + C_2y_2(x) + \int^x \frac{[y_2(x)y_1(x') - y_1(x)y_2(x')]r(x')e^{px'}}{y_1(0)y'_2(0) - y'_1(0)y_2(0)} dx'$$

この解は任意定数を2つ含むので一般解である.

以上から，与えられた関数が微分方程式(1)の一般解であることが確かめられた.

問 題 3-4

[1] 次の非斉次線形方程式の一般解を求めよ.

(1) $y''+y'+y = e^x$　　(2) $y''-2y'+5y = e^x \cos 2x$

(3) $y''+5y'+6y = \cos x$　　(4) $y''+6y'+5y = e^{5x}$

(5) $y''+4y'+4y = x^2+x$　　(6) $y''-2y'+y = xe^x$

[2] α が $\alpha^2+p\alpha+q=0$ (ただし, p, q は定数) をみたすとき, 線形微分方程式 $y''+py'+qy=e^{\alpha x}$ の特解を求めよ.

[ヒント: $y=f(x)e^{\alpha x}$ として p^2-4q が 0 の場合と 0 でない場合に分けてみよ.]

[3] $r(x)$ を与えられた関数, λ_1, λ_2 を 2 次方程式 $\lambda^2+p\lambda+q=0$ (p, q は定数) の 2 つの解とする. このとき, 関数

$$y(x) = \begin{cases} \dfrac{e^{\lambda_1 x}}{\lambda_1-\lambda_2}\displaystyle\int^x e^{-\lambda_1 x'}r(x')dx' + \dfrac{e^{\lambda_2 x}}{\lambda_2-\lambda_1}\displaystyle\int^x e^{-\lambda_2 x'}r(x')dx' & (p^2-4q \neq 0) \\ e^{\lambda x}\left[x\displaystyle\int^x e^{-\lambda x'}r(x')dx' - \displaystyle\int^x x'e^{-\lambda x'}r(x')dx'\right] & (p^2-4q=0,\ \lambda_1=\lambda_2=\lambda) \end{cases}$$

が, 線形微分方程式 $y''+py'+qy=r(x)$ の解であることを確かめよ.

[4] 図で表されるような電気回路を考える.

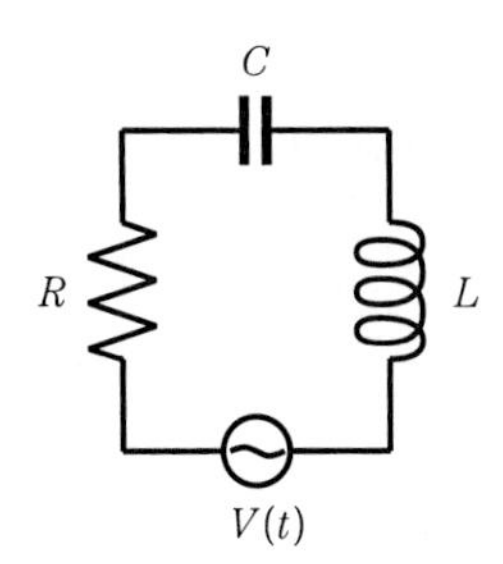

電源電圧が (1), (2) のように挙げられる場合に, 初期条件

$$q(0) = 0, \quad \dot{q}(0) = I_0$$

のもとで電荷 $q(t)$ を求めよ.

(1) 定電圧 $V(t) = V_0$　(V_0 は定数)

(2) 交流電圧 $V(t) = V_0 \sin \omega_0 t$　(V_0, ω_0 は定数)

3-5　非斉次方程式の解法——代入法

非斉次線形方程式(3.1)の特解は，公式(3.15b)で与えられている．しかし，非斉次項$r(x)$の形によっては，特解の形を適当に仮定して，与えられた方程式に代入することにより，その特解を求めた方が簡単な場合がある．この方法を**代入法**という．以下にその典型的な場合を挙げる．

(I)　$r(x)$がn次多項式である場合.

特解をn次多項式

$$y = a_n x^n + a_{n-1}x^{n-1} + \cdots + a_1 x + a_0 \qquad (a_j\ (j=1, \cdots, n)\ \text{は定数})$$

と仮定し，その係数a_jを順次決定して特解を得る．

(II)　$r(x) = Ae^{kx}$ (A は定数，$k^2+pk+q \neq 0$) の場合.

特解を次のようにおいて与えられた方程式に代入し，定数aを決定する．

$$y = ae^{kx} \qquad (a\ \text{は定数})$$

(III)　$r(x) = Ae^{kx}$ (A は定数，$k^2+pk+q=0$) の場合.

求めるべき特解は

$$y = axe^{kx} \qquad (a\ \text{は定数})$$

と置くことにより，求められることがある．より一般に，

$$r(x) = A(x)e^{kx} \qquad (k^2+pk+q=0)$$

の場合は，

$$y = f(x)e^{kx}$$

として$f(x)$に関する微分方程式を導き，それを解いて特解を求める．

(IV)　$r(x) = e^{\alpha x}(A\sin\beta x + B\cos\beta x)$ (A, B は定数，$(\alpha \pm i\beta)^2 + p(\alpha \pm i\beta) + q \neq 0$) の場合.

このとき特解は次のようにおくとよい．

$$y = e^{\alpha x}(a\sin\beta x + b\cos\beta x) \qquad (a, b\ \text{は定数})$$

なお，上記のα, βに関する条件は，“$\alpha^2-\beta^2+p\alpha+q \neq 0$ または $2(\alpha+p)\beta \neq 0$”と同値である．

例題 3.8 次の微分方程式の特解を，解の形を仮定すること(代入法)により求めよ．

(i) $y''-2y'+y=x^2+4e^{-x}$ (ii) $y''-y'-6y=-5e^{3x}$

(iii) $y''-4y'+4y=2e^{2x}$

［解］ (i) この方程式の非斉次項は x^2 と e^{-x} の 2 つの部分からなるので，解の重ね合わせにより，次の 2 つの微分方程式の特解の和がこの方程式の特解となる．

$$y''-2y'+y=x^2 \tag{1}$$

$$y''-2y'+y=4e^{-x} \tag{2}$$

(1)の非斉次項は 2 次の多項式(単項式)だから，その特解を $y=\alpha x^2+\beta x+\gamma$ (α,β,γ は定数) と仮定する．これを(1)に代入すると，

$$\alpha x^2+(\beta-4\alpha)x+(\gamma-2\beta+2\alpha)=x^2$$

この式の x の同じ次数の項の係数を比較して

$$\alpha=1,\quad \beta=4,\quad \gamma=6$$

次に式(2)において，非斉次項 e^{-x} は斉次微分方程式 $y''-2y'+y=0$ をみたさない．よって，式(2)の特解を $y=\delta e^{-x}$ (δ は定数) と仮定する．その結果

$$y''-2y'+y=4\delta e^{-x}=4e^{-x}$$

となり，$\delta=1$．以上により，与えられた方程式の特解は，

$$y=x^2+4x+6+e^{-x}$$

(ii) $y=e^{3x}$ は，斉次方程式 $y''-y'-6y=0$ の解であるから，与えられた微分方程式の特解を $y=\alpha xe^{3x}$ (α は定数) とすると，

$$\alpha[(9xe^{3x}+6e^{3x})-(3xe^{3x}+e^{3x})-6xe^{3x}]=5\alpha e^{3x}=-5e^{3x}$$

したがって $\alpha=-1$ となり，求めるべき特解は，$y=-xe^{3x}$.

(iii) 非斉次項は $y''-4y'+4=0$ の解で，しかもこの斉次方程式の特性方程式は重根をもつ．ここで，特解を $y=f(x)e^{2x}$ と仮定し，与えられた微分方程式に代入すると，$f''(x)e^{2x}=2e^{2x}$ となるから，

$$f''(x)=2$$

これを解くと，$f=x^2+C_1x+C_2$ (C_1, C_2 は定数)．特解を求めるには，C_1 と C_2 を適当に，たとえば $C_1=C_2=0$ と選んで $y=f(x)e^{2x}$ に代入すると，$y=x^2e^{2x}$.

なお，この場合 C_1, C_2 を残した解は一般解である．

問　題 3–5

［1］ 以下の非斉次方程式の特解を代入法によって求めよ．

(1) $y''-7y'+12y = 4x$　　(2) $y''-7y'+12y = e^x$

(3) $y''-7y'+12y = e^{3x}$　　(4) $y''+4y'-5y = x+e^x$

(5) $y''+4y'-5y = \cos x+\sin x$　　(6) $y''+6y'+9y = e^x$

(7) $y''-6y'+9y = e^{3x}$　　(8) $y''+\omega^2 y = A\cos\Omega x$

(9) $y''+2y'+y = e^{-x}+xe^x$　　(10) $y''+2\alpha y'+(\alpha^2+\beta^2)y = e^{-\alpha x}\cos\beta x$

［2］ 関数 $r(x)$ は，恒等的には0ではなく，

$$y''+py'+qy = 0 \qquad (p, q \text{ は定数})$$

をみたすとする．微分方程式 $y''+py'+qy=r(x)$ の特解を，$y=r(x)f(x)$ と仮定することにより求めよ．

［3］ 滑らかな直線上を運動する質量 m の質点がある．この質点に，フックの法則に従うバネ(バネ定数 k)を取り付けて運動させた．バネが自然の長さのとき質点は $x=0$ にあるとする．質点に電荷 q を与え，振動する電場 $E(t)=E_0\cos\Omega t$ の中に置いたときの，質点の位置 x を時刻 t の関数として求めよ．ただし，初期条件として，

$$x(0) = x_0, \quad \dot{x}(0) = 0$$

を採用する．

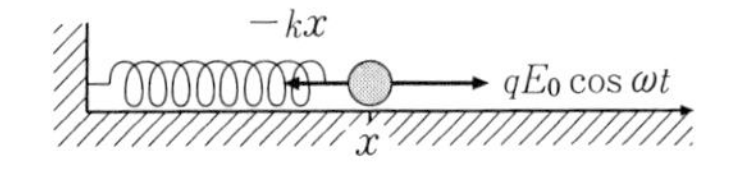

> **Tips：　臨機応変——代入法がだめなら定数変化法で**
> 代入法を用いるためには，特解の形の予想が重要である．非斉次項が多項式などのような場合は簡単だが，非斉次項が余関数を含むような形になると怪しくなってくる人が多い．ましてや斉次方程式の特性方程式が重根をもつようなときは解を求められず，「解なし」などと苦しまぎれの答をしてくる人も出てくる．基本的には，線形方程式には必ず解があることに注意し，代入法がうまくいかなかったら定数変化法を用いるなど臨機応変な対応が望ましい．代入法はあくまでも簡便に特解を求めるためにあるので，ここで苦しんでいては本末転倒である．

ラグランジュに大きな影響を与えた人たち

ダランベールとオイラー

公私にわたってラグランジュの力になった人物として，まずダランベール (D'Alembert, Jean le Rond: 1717–1783) を挙げるべきであろう．ラグランジュは若い頃の無理がたたり，あまり丈夫ではなかったが，ダランベールはそのような彼の健康を気遣い，生活上のさまざまな助言を与えている．学問の上でも力となり，若いラグランジュを励まし，研究中の難問に関する有益な議論や示唆を行なっている．もう1人挙げるとすれば，オイラー (Euler, Leonhard: 1707–1783) であろう．ラグランジュが19歳のときに彼に数篇の論文を送ったところ，その価値を認め，研究を続けるように激励した．後にラグランジュはオイラーが長年考え続けた難問の解決方法を書き送ったが，オイラーはラグランジュが発表するまで自身の発表を差し控えたうえ，後に公刊した著作の中で，ラグランジュの寄与の重要性について述べている．ラグランジュをベルリンの学士院に推薦したのもオイラーであり，ラグランジュに大きな影響を与えたといえる．このように，一流の研究者の間の交流にはある種の「フェアプレーの精神」を垣間見ることがある．こうした良い人間関係に磨かれた精神活動が素晴らしい仕事への原動力となるのであろう．

ダランベールについて簡単に述べよう．身分が高い人物の私生児で，パリのある小聖堂近くに捨てられていたのを，庶民夫婦によって育てられた．実父からの学資で教育を受けたが，小さい頃から才能を認められていた．研究では，応用的な問題，特に流体・空気力学・3体問題に関心を持ち続けた．『動力学論』(1743) では剛体の力学を静力学に帰着させる方法（ダランベールの原理），振動弦の理論 (1747) では波動方程式の一般解を導いている．また極限の概念を導入するなど，基本的な問題に関する研究もある．1755年にはフランス科学学士院終身幹事となり，社交界でも活躍したが，養親に対する恩を忘れず誇りをもって実の親のように接していたという．

変数係数の 2階線形微分方程式

本章では，係数が関数であるような2階の線形微分方程式(変数係数の方程式)を扱う．定数係数の場合とは異なり，このような方程式の解は，常に求積法によって求められるわけではない．しかし，応用問題を扱う上で変数係数の微分方程式を避けては通れない．たとえば，偏微分方程式から得られる線形常微分方程式などはその典型であり，古くから研究の対象となってきた．変数係数の方程式を取り扱う場合の有力な方法である級数解法もまじえて，基本的な問題を考えていきたい．

4-1 斉次方程式と基本解

与えられた関数 $p(x), q(x)$ に対して，2階の微分方程式

$$y''+p(x)y'+q(x)y = 0 \tag{4.1}$$

を考える．これは変数係数の斉次2階線形常微分方程式である．

標準形　方程式(4.1)のうち，$p(x)$ が恒等的に0であるもの，すなわち

$$y''+q(x)y = 0 \tag{4.2}$$

を**標準形**という．標準形でない斉次方程式(4.1)を標準形に直すには，

$$y = u(x)\exp\left[-\frac{1}{2}\int^{x}p(x')dx'\right] \tag{4.3a}$$

とするとよい．そのとき，新しい従属変数 u がみたす標準形方程式は

$$u''+Q(x)u = 0 \tag{4.3b}$$

$$Q(x) = q(x)-\frac{p(x)^2}{4}-\frac{p'(x)}{2} \tag{4.3c}$$

となる(問題4-1[2]参照)．

斉次方程式の解の基本的性質　斉次方程式(4.1)の解は以下の諸性質をみたす．

(I)　$y_1(x)$ が解であれば，その定数倍 $Cy_1(x)$ も解である．

(II)　$y_1(x), y_2(x)$ が解であれば，その1次結合 $C_1y_1(x)+C_2y_2(x)$ も解である．

(III)　一般解は，互いに他の定数倍で表されない2つの解 y_1, y_2 の1次結合で表される．

基本解　斉次方程式の一般解を構成する2つの1次独立な解を**基本解**という．斉次方程式(4.1)を解くことは，その基本解を求めることである．

階数低下法(定数変化法)　斉次方程式(4.1)の解のうち1つの解 $y_1(x)$ が既知であるとき，すなわち関数 y_1 が

$$y_1''+p(x)y_1'+q(x)y_1 = 0 \tag{4.4a}$$

をみたすとき，

$$y = y_1(x)z(x) \tag{4.4b}$$

として(4.1)に代入すると，$z'(x)$ が従属変数となる1階の常微分方程式を得る．この方程式を解いて z を求めれば，(4.1)の一般解を導出することができる．

このように，1つの解 $y_1(x)$ にかかる係数を関数に改めて別の解を導く方法を**定数変化法**，定数変化法のような手段で階数の低い方程式を導く方法を**ダランベールの階数低下法**という(問題4–1[3](2))．

例題 4.1 関数 $y_1=x^2$ が微分方程式

$$x^2y''-3xy'+4y = 0 \tag{1}$$

の解であることを確かめよ．また，定数変化法を用いて y_1 とは独立な解を求めよ．

［解］ 与えられた y_1 に対して $y_1'=2x$, $y_1''=2$ であるから，方程式(1)の左辺に $y=y_1(x)$ を代入すると，0になる．よって関数 $y=y_1(x)$ は(1)の解である．

いま，$f(x)$ をある関数とし，求める一般解を $y=f(x)y_1(x)=f(x)x^2$ と表す．

$$y' = x^2f'+2xf, \qquad y'' = x^2f''+4xf'+2f$$

であるから，これらを方程式(1)に代入し，整理すると，$xf''+f'=0$ を得る．この方程式の一般解は

$$f' = \frac{C_1}{x} \qquad (C_1\text{ は任意定数})$$

$$f = C_1\log x+C_2 \qquad (C_1, C_2\text{ は任意定数})$$

と求められる．したがって，$y=f(x)x^2$ により，式(1)の一般解は

$$y = C_1x^2+C_2x^2\log x \qquad (C_1, C_2\text{ は任意定数}) \tag{2}$$

一般解(2)の中から $y_1(x)$ とは独立な解を選ぶには，$C_1=0$, $C_2=1$ として

$$y = x^2\log x$$

($C_2\neq 0$ となるように選べば(2)の $y(x)$ と $y_1(x)$ とは1次独立となる．)

問　題 4-1

［1］　次の変数係数の 2 階線形微分方程式が，かっこ内の関数を解としてもつことを確かめよ．また，定数変化法を用いてもう 1 つの基本解を求めよ．

(1)　$y''+4xy'+(4x^2+2)y=0 \qquad (y=e^{-x^2})$

(2)　$y''+2\tan xy'+(1+2\tan^2 x)y=0 \qquad (y=\cos x)$

(3)　$y''+3\tan xy'+(1+3\tan^2 x)y=0 \qquad (y=\cos x)$

(4)　$y''+\left(\dfrac{1}{x}-2\right)y'-\left(\dfrac{1}{x}-1\right)y=0 \qquad (y=e^x)$

(5)　$y''+(\tan x-2)y'-(\tan x-1)y=0 \qquad (y=e^x)$

(6)　$y''-\dfrac{2}{x}y'+\left(1+\dfrac{2}{x^2}\right)y=0 \qquad (y=x\cos x)$

(7)　$(1-x^2)y''-2xy'+2y=0 \qquad (y=x)$

(8)　$x^2y''+(1-a-b)xy'+aby=0 \qquad (y=x^a,\, x>0)$

［2］　$y(x)$ は変数係数の線形微分方程式

$$y''+p(x)y'+q(x)y=0$$

をみたすとする．$y=a(x)u(x)$ としたとき，$u(x)$ が標準形の線形常微分方程式をみたすように $a(x)$ を求めよ．

［3］　斉次微分方程式 $y''+p(x)y'+q(x)y=0$ がある．

(1)　関数 $y_1(x), y_2(x)$ がこの方程式の解であるとき，$C_1y_1(x)+C_2y_2(x)$ (C_1, C_2 は定数) も解であることを示せ．

(2)　関数 $y_1(x)$ がこの方程式の解であるとする．$y(x)=z(x)y_1(x)$ とおくことにより，この方程式の一般解を求めよ．

［4］　互いに他の定数倍では表されない関数 $y_1(x), y_2(x)$ がある．これらの 1 次結合を一般解としてもつ 2 階線形常微分方程式を導け．

4–2　ロンスキアン

ロンスキアンの定義と性質　この節では少なくとも1階の導関数が存在するような関数を取り扱う．関数$f(x), g(x)$があるとき，行列式

$$W(f,g) = \begin{vmatrix} f & g \\ f' & g' \end{vmatrix} = fg'-gf' \tag{4.5}$$

を**ロンスキアン**または**ロンスキー行列式**という．

ロンスキアンは以下のような性質をもつ．ただし，Cは定数，f, g, hはxの関数で，少なくとも1階の導関数が存在するものとする．

(I)　$W(f,f)=0$

(II)　$W(f,g)=-W(g,f)$

(III)　$W(f,g\pm h)=W(f,g)\pm W(f,h)$

(IV)　$W(f,Cg)=CW(f,g)$

(V)　$W(f,gh)=hW(f,g)+fgh'=gW(f,h)+fg'h$

(VI)　関数f, gが1次従属ならば$W(f,g)=0$

(VII)　関数f, gが解析関数で$W(f,g)=0$ならばf, gは1次従属

性質(VI)の対偶を取ることにより次の性質が成り立つことがわかる．

(VI′)　$W(f,g)\neq 0$ならば，関数f, gは1次独立

一般には(VI), (VI′)の逆は，必ずしも真であるとは限らない．1次独立な関数の組であってもロンスキアンを計算すると0になる場合もあり得る．

Tips：　ロンスキアンが0なら1次従属か？

ある関数の組に対してロンスキアンが0であるからと言って，それらが1次従属であるとは必ずしもいえない．たとえば1次独立な関数x^3と$|x|^3$のロンスキアンは0になる．n個の関数のロンスキアンの計算には$n-1$階までの導関数が存在しさえすればよいことが重要である．ただし，2つの解析関数f, gのロンスキアンが0であるならば，微分方程式$f'g=g'f$から$f=Cg$を得て，両者は1次従属となる．

斉次方程式の解とロンスキアン　斉次方程式 $y''+p(x)y'+q(x)=0$ の任意の2つの解 $y_1(x), y_2(x)$ について，次の性質が成り立つ．

(I)　$W(y_1, y_2)=C\exp\left[-\int p(x)dx\right]$　　(C は定数)

(II)　$W(y_1, y_2)$ は決して0にならないか，恒等的に0であるかのいずれか

また，斉次方程式の一般解は，2つの基本解の1次結合で表されるから，次に挙げるような解の一意性が成り立つ(例題4.3参照)．

(III)　ある1つの x の値 $x=x_0$ において，$y(x)$ および $y'(x)$ の値を決めると，斉次方程式(4.1)の解はただ1つだけ定まる

すでに前項で述べたように，一般にロンスキアンが0であるかどうかと関数の1次独立性は同値ではない．しかし，斉次線形方程式(4.1)の解だけを考えるならば，次に述べるように同値となる(例題4.4参照)．

(IV)　$y_1(x)$ と $y_2(x)$ が方程式(4.1)の解であるとき，両者が1次従属であることと $W(y_1, y_2)=0$ は同値であり，また両者が1次独立であることと $W(y_1, y_2)\neq 0$ であることも同値である

これと上記(II)をあわせて考えると，(4.1)の解は，常に1次独立か常に1次従属かのいずれかであることになる．

非斉次方程式の解の一意性　非斉次項を含む2階線形微分方程式

$$y''+p(x)y'+q(x)y = r(x) \tag{4.6}$$

の一般解を考えよう．この方程式の特解を $Y(x)$，この方程式で右辺を0に変えた方程式の基本解を $y_1(x), y_2(x)$ とすると，(4.6)の一般解は次のようになる．

$$y(x) = Y(x)+C_1y_1+C_2y_2 \qquad (C_1, C_2 \text{ は任意定数}) \tag{4.7}$$

すなわち，定数係数の場合と同様に，非斉次方程式の一般解は，斉次方程式の一般解に非斉次方程式の特解を加えたものである．なお，一般解以外に解は存在しないことも確かめられる(問題4-2[3]参照)．

非斉次方程式の特解　一般の線形微分方程式(4.6)を解くには，

(1)　非斉次項を消して得られる斉次方程式の一般解(**余関数**)を求める．

(2)　方程式(4.6)の特解を求める．

の2つのステップが必要になる．斉次方程式の基本解 y_1, y_2 がわかっている場

合，(4.6)の特解は次の公式で与えられる．

$$\boxed{\begin{aligned} y(x) &= Y(x)+C_1y_1(x)+C_2y_2(x) \\ Y(x) &= \int^x G(x,x')r(x')dx \\ G(x,x') &= \frac{y_2(x)y_1(x')-y_1(x)y_2(x')}{W(y_1(x'),y_2(x'))} \end{aligned}} \tag{4.8}$$

(C_1, C_2 は任意定数，$y_1(x), y_2(x)$ は斉次方程式の基本解)

この公式は，第3章で述べた定数係数の線形方程式の場合と同様にして，定数変化法を用いて導くことができる(例題3.7，問題4-2[3]参照)．以上により，第1のステップである，斉次方程式の基本解を求めることができれば，非斉次線形微分方程式の一般解を求められることになる．

例題 4.2 次の線形方程式の特解 $Y(x)$ を求めよ．ただし，かっこ内の関数は，非斉次項を 0 として得られる方程式の基本解である．

(i) $y''-\dfrac{2}{x}y'+\left(\dfrac{2}{x^2}-1\right)y = x \qquad (y_1=xe^x,\ y_2=xe^{-x})$

(ii) $y''-\dfrac{1}{x}y'-4x^2y = 4xe^{x^2} \qquad (y_1=e^{x^2},\ y_2=e^{-x^2})$

(iii) $y''+\dfrac{1}{x}y' = 9x \qquad (y_1=1,\ y_2=\log x)$

［解］ 微分方程式 $y''+p(x)y'+q(x)y=0$ の基本解を $y_1(x), y_2(x)$ とするとき，$y''+p(x)y'+q(x)y=r(x)$ の特解 $Y(x)$ は，次の式で与えられる（公式(4.8)参照）．

$$Y(x) = \int^x G(x,x')r(x')dx, \quad G(x,x') \equiv \frac{y_2(x)y_1(x')-y_1(x)y_2(x')}{W(y_1(x'),y_2(x'))} \tag{1}$$

(i) $y_1=xe^x$, $y_2=xe^{-x}$ のロンスキアン $W(y_1,y_2)$ を計算すると，

$$W(y_1,y_2) = xe^x(xe^{-x})'-(xe^x)'xe^{-x} = xe^x(e^{-x}-xe^{-x})-(e^x+xe^x)xe^{-x} = -2x^2$$

よって，公式(1)中の $G(x,x')$ は，

$$G(x,x') = \frac{xe^{-x}x'e^{x'}-xe^xx'e^{-x'}}{-2x'^2} = \frac{xe^x}{2}\frac{e^{-x'}}{x'}-\frac{xe^{-x}}{2}\frac{e^{x'}}{x'}$$

これを式(1)に代入すると，特解は次のようになる．

$$Y(x) = \int^x G(x,x')r(x')dx' = \frac{xe^x}{2}\int^x\frac{e^{-x'}}{x'}x'dx'-\frac{xe^{-x}}{2}\int^x\frac{e^{x'}}{x'}x'dx' = -x$$

(ii) (i)と同様に，ロンスキアンと $G(x,x')$ を計算すると，

$$W(y_1(x'),y_2(x')) = e^{x'^2}(e^{-x'^2})'-(e^{x'^2})'e^{-x'^2} = -4x'$$

$$G(x,x') = \frac{e^{-x^2}e^{x'^2}-e^{x^2}e^{-x'^2}}{-4x'} = e^{x^2}\frac{e^{-x'^2}}{4x'}-e^{-x^2}\frac{e^{x'^2}}{4x'}$$

よって特解は，$Y(x) = e^{x^2}\displaystyle\int^x dx'-e^{-x^2}\int^x e^{2x'^2}dx' = xe^{x^2}-e^{-x^2}\int^x e^{2x'^2}dx'$

(iii) (i), (ii)と同様にして，

$$W(y_1(x'),y_2(x')) = 1(\log x')'-(1)'\log x' = \frac{1}{x'}$$

$$G(x,x') = \frac{\log x\cdot 1-1\cdot\log x'}{1/x'} = (\log x)x'-x'\log x'$$

となるから，特解は，

$$Y(x) = \log x\int^x 9x'^2dx'-\int^x 9x'^2\log x'dx' = x^3$$

例題 4.3 斉次方程式

$$y''+p(x)y'+q(x)y = 0 \tag{1}$$

がある．初期条件

$$y(x_0) = A, \qquad y'(x_0) = B \qquad (\text{ただし}\ A, B\ \text{は定数}) \tag{2}$$

をみたすような(1)の解は一意的に決まることを示せ．

［解］ 与えられた方程式(1)の1つの解を $y_1(x)$ とし，$y=f(x)y_1(x)$ として f を求めると，方程式(1)の任意の解は次のように表すことができる(問題 4-1[3](2))

$$y = C_1y_1(x)+C_2y_2(x) \qquad (C_1, C_2\ \text{は任意定数}) \tag{3}$$

$$y_2(x) = y_1(x)\int^x dx'\frac{1}{y_1(x')^2}\exp\left[-\int^{x'}p(x'')dx''\right]$$

式(3)とその両辺を1回微分した式に $x=x_0$ を代入し，それらを C_1, C_2 に対する連立方程式とみなすと，

$$\begin{pmatrix} y_1(x_0) & y_2(x_0) \\ y_1'(x_0) & y_2'(x_0) \end{pmatrix}\begin{pmatrix} C_1 \\ C_2 \end{pmatrix} = \begin{pmatrix} y(x_0) \\ y'(x_0) \end{pmatrix} \tag{4}$$

(4)式中の行列の行列式は $y_1(x_0)y_2'(x_0)-y_1'(x_0)y_2(x_0)$ で，これは y_1, y_1 のロンスキアン $W(y_1, y_1)$ に $x=x_0$ を代入したものである．ここで，

$$W(y_1(x), y_2(x)) = y_1y_2'-y_1'y_2 = \exp\left[-\int^x p(x')dx'\right]$$

これはどのような x に対しても0にならないことは明らかである．よって，(4)式の左辺の行列は正則行列である．このとき，C_1, C_2 は

$$C_1 = \frac{y(x_0)y_2'(x_0)-y_2(x_0)y'(x_0)}{y_1(x_0)y_2'(x_0)-y_2(x_0)y_1'(x_0)}, \qquad C_2 = \frac{y_1(x_0)y'(x_0)-y(x_0)y_1'(x_0)}{y_1(x_0)y_2'(x_0)-y_2(x_0)y_1'(x_0)} \tag{5}$$

と一意的に決定される．すなわち，(1)の解は，条件(2)の下でただ1つだけ存在する．

Tips： 斉次方程式の解の一意性

斉次方程式の一般解は $C_1y_1+C_2y_2$ の形で与えられるから，任意定数 C_1, C_2 を決めると解が一意的に決まる．初期条件 $y(x_0), y'(x_0)$ を与えると，C_1, C_2 に関する連立方程式が得られるので，これらの定数が決まり，解が唯一に決定される(上記例題4.3参照)．なお，$y(x_0)=0$, $y'(x_0)=0$ をみたす解は $y=0$ に限られることに注意しておこう．一般に斉次 n 階線形微分方程式で $y^{(j)}(x_0)=0$ $(j=0, 1, \cdots, n-1)$ ならば，解は $y=0$ となる．

例題 4.4 関数 $y_1(x), y_2(x)$ を $y''+p(x)y'+q(x)y=0$ の2つの解とする.

(i) $y_1(x), y_2(x)$ のロンスキアンが次の関係をみたすことを示せ:

$$W(y_1(x), y_2(x)) = C\exp\left[-\int^x p(x')dx'\right] \qquad (C\text{ は定数})$$

(ii) y_1, y_2 が1次従属であることと $W(y_1, y_2)=0$ が同値であることを示せ. ただし, ある初期条件をみたす解が一意的であることを用いよ.

［解］ (i) $W(y_1, y_2)$ を x で微分すると,

$$\frac{dW}{dx} = \frac{d}{dx}\begin{vmatrix} y_1 & y_2 \\ y_1' & y_2' \end{vmatrix} = \begin{vmatrix} y_1' & y_2' \\ y_1' & y_2' \end{vmatrix} + \begin{vmatrix} y_1 & y_2 \\ y_1'' & y_2'' \end{vmatrix} = \begin{vmatrix} y_1 & y_2 \\ y_1'' & y_2'' \end{vmatrix}$$

y_1, y_2 は方程式 $y''+p(x)y'+q(x)y=0$ をみたすから,

$$\frac{dW}{dx} = \begin{vmatrix} y_1 & y_2 \\ -py_1'-qy_1 & -py_2'-qy_2 \end{vmatrix} = -p\begin{vmatrix} y_1 & y_2 \\ y_1' & y_2' \end{vmatrix} - q\begin{vmatrix} y_1 & y_2 \\ y_1 & y_2 \end{vmatrix} = -p(x)W$$

この微分方程式を解いて, $W(y_1, y_2)=C\exp\left[-\int^x p(x')dx'\right]$ (C は定数).

(ii) y_1, y_2 が1次従属ならば, 定義により $W(y_1, y_2)=0$ である. したがって, $W(y_1, y_2)=0$ であるときに両者が1次従属であることを示せばよい. いま, x をある値 $x=x_0$ に固定すると, $W(y_1, y_2)|_{x=x_0}=0$. このとき, a, b を変数とする連立1次方程式

$$\begin{cases} y_1(x_0)a+y_2(x_0)b = 0 \\ y_1'(x_0)a+y_2'(x_0)b = 0 \end{cases} \tag{1}$$

は, $(a, b)=(0, 0)$ 以外の解をもつ. このような a, b を用いて関数 $y(x)=ay_1(x)+by_2(x)$ を作ると, これは与えられた斉次線形微分方程式の解であり, しかも(1)から, 初期条件 $y(x_0)=0$, $y'(x_0)=0$ をみたす. 解の一意性から, この初期条件をみたす解は $y(x)=0$ しかないので, $y(x)=ay_1(x)+by_2(x)=0$ (a, b の少なくとも一方は零でない).

すなわち, 定義により y_1, y_2 は1次従属である. 以上により, y_1, y_2 が1次従属であることと $W(y_1, y_2)=0$ は同値である.

Tips: 斉次方程式とロンスキアン

ロンスキアンが0であることと関数が1次従属であることは同値ではない. しかし, 例題4.4(ii)によると, 斉次線形方程式 $y''+p(x)y'+q(x)y=0$ の解だけを考えるならば, 同値となる. また, (i)と(ii)をあわせて, 斉次方程式の解は, 常に1次独立か常に1次従属かのいずれかであることがわかる.

問　題 4–2

［1］　次の関数の組のロンスキアン $W(y_1, y_2)$ を計算せよ．ただし，a, b は定数，n は整数をあらわす．

(1)　$y_1 = e^{ax},\quad y_2 = e^{bx}$　　(2)　$y_1 = e^{ax},\quad y_2 = xe^{bx}$

(3)　$y_1 = \cos(x^n),\quad y_2 = \sin(x^n)$　　(4)　$y_1 = x^n,\quad y_2 = x^n \log x$

(5)　$y_1 = \cos x,\quad y_2 = \cos 2x$　　(6)　$y_1 = x^a,\quad y_2 = x^b$

［2］　(1)　関数 $y(x)$ と $f(x)y(x)$ のロンスキアンを計算せよ．

(2)　次の 2 つの関数のロンスキアンを，定義に基づいて直接計算して求めよ．

$$y(x) = y_1(x), \quad y(x) = y_1(x)\int^x dx' \frac{1}{y_1(x')^2}\exp\left[-\int^{x'} p(x'')dx''\right]$$

［3］　関数 y_1, y_2 を微分方程式 $y''+p(x)y'+q(x)y=0$ の互いに 1 次独立な解，$Y(x)$ を非斉次方程式 $y''+p(x)y'+q(x)y=r(x)$ の特解とする．

(1)　非斉次方程式の一般解が $Y(x)+C_1y_1(x)+C_2y_2(x)$ で与えられることを示せ．

(2)　$y(x)=A_1(x)y_1(x)+A_2(x)y_2(x)$ とおくことによって $Y(x)$ を求めよ．

［ヒント：第 3–4 節の例題 3.7 を参照］．

［4］　次の微分方程式に対し，かっこ内の関数が斉次方程式の解の基本系であることを確かめ，特解を求めよ．

(1)　$y''+3\tan xy'+(1+3\tan^2 x)y = 1 \qquad (y_1=\cos x,\ y_2=\sin 2x)$

(2)　$y''-2\left(1+\dfrac{1}{x}\right)y'+\left(1+\dfrac{2}{x}+\dfrac{2}{x^2}\right)y = x^2-3x \qquad (y_1=xe^x,\ y_2=x^2e^x)$

(3)　$(1-2x)y''+2y'+(2x-3)y = (2x-1)^2 \qquad (y_1=e^x,\ y_2=xe^{-x})$

(4)　$y''-4xy'-2(1-2x^2)y = 4e^{x^2} \qquad (y_1=e^{x^2},\ y_2=xe^{x^2})$

(5)　$y''-\dfrac{1}{x}y'+4x^2y = 8x^2e^{-x^2} \qquad (y_1=\cos(x^2),\ y_2=\sin(x^2))$

(6)　$y''-\dfrac{2}{x}y'+\left(1+\dfrac{2}{x^2}\right)y = x\tan x \qquad (y_1=x\cos x,\ y_2=x\sin x)$

(7)　$y''-\dfrac{1}{x}y' = x\log x \qquad (y_1=1,\ y_2=x^2)$

(8)　$y''+(\tan x-2)y'+(1-\tan x)y = e^x\sin(2x) \qquad (y_1=e^x,\ y_2=e^x\sin x)$

4-3　特別な型の微分方程式

オイラーの方程式(その1)　　p, q を与えられた定数，$r(x)$ を与えられた関数として，次の微分方程式を**オイラーの方程式**という．

$$x^2y''+pxy'+qy = r(x) \tag{4.9}$$

オイラーの方程式の一般解は，x の正負に応じて変数変換

$$x = \pm e^t, \quad t = \log|x| \tag{4.10}$$

を行なうことによって求めることができる．(4.10)によると，(4.9)は

$$\frac{d^2y}{dt^2}+(p-1)\frac{dy}{dt}+qy = r(\pm e^t) \tag{4.11}$$

と変形される．これは t を独立変数とする定数係数の線形微分方程式であるので，第3章で述べた手順に従って一般解を求めることができる．

オイラーの方程式(その2)　　斉次のオイラーの方程式($r(x)=0$)の基本解を，変数変換せずに求めてみよう．式(4.11)は定数係数の線形方程式であるから，特性方程式が重根をもつような特別な場合を除き，$e^{kt}=x^k$ (k は定数)の形の基本解をもつ(3-2節参照)．そこで，最初から $y=x^k$ と仮定して(4.9)に代入し，k を計算できれば，式(4.10)を使わないで解を求めることができる．このとき，k は次の2次方程式

$$k^2+(p-1)k+qk = 0 \tag{4.12}$$

をみたす．この方程式の解を k_1, k_2 と書くと，(4.9)の斉次方程式の基本解は

$$y = x^{k_1}, \quad y = x^{k_2} \tag{4.13}$$

以上のような方法を用いるには，次に挙げる点に十分注意する必要がある．

(I)　$x<0$ のとき．$x^{\frac{1}{2}}$ などのように，負の x に対して特別の注意が必要となる場合がある．このときは，変換(4.10)にならって $|x|^k$ などと解釈する．

(II)　式(4.13)が重根をもつとき．この場合は $y=x^k$ のタイプの解は1つしか求められない．もう一方の基本解は定数変化法を用いて求める．

(III)　(4.12)が複素数解 $k=R\pm iI$ (R, I は実数)をもつとき．この解をその

まま式(4.13)に代入すると，基本解 $x^{R\pm iI}$ を得る．この解には複素数乗が含まれているので，実数の関数に書き直す必要がある．式(4.10)を用いると，

$$
\begin{aligned}
x^{R+iI} &= \pm\exp[(R+iI)\log|x|] \\
x^{R-iI} &= \pm\exp[(R-iI)\log|x|]
\end{aligned}
\tag{4.14}
$$

$\exp[\pm iI\log|x|]$ をオイラーの公式を用いて書き直し，解 $C_1x^{R+iI}+C_2x^{R-iI}$ (C_1, C_2 は定数) が実数の関数になるように変換すると，基本解は

$$
x^R\cos(I\log|x|), \quad x^R\sin(I\log|x|) \tag{4.15}
$$

なお，複素数乗の厳密な取り扱いは，「理工系の数学入門コース」第5巻の『複素関数』を参照せよ．

オイラーの方程式に関連した方程式　変数変換(4.10)を用いると，

$$
x^2\frac{d^2y}{dx^2} = \frac{d^2y}{dt^2}-\frac{dy}{dt}, \quad x\frac{dy}{dx} = \frac{dy}{dt}
$$

となるので，

$$
F(y, xy', x^2y'') = 0 \tag{4.16}
$$

の型の方程式を同じ変数変換によって解くことができる場合がある．

リッカチの方程式　リッカチの微分方程式

$$
\frac{dy}{dx}+p(x)y^2+q(x)y+r(x) = 0 \qquad (p(x)\neq 0) \tag{4.17a}
$$

は，変数係数の2階線形微分方程式に帰着される．いま，変数変換

$$
y(x) = \frac{u'(x)}{p(x)u(x)} \tag{4.17b}
$$

によって新しい従属変数 u を導入すると，(4.17a)は次のようになる．

$$
\frac{d^2u}{dx^2}+\left[q(x)-\frac{p'(x)}{p(x)}\right]\frac{du}{dx}+p(x)r(x)u = 0 \tag{4.17c}
$$

標準形に直す方法　関数 $p(x), q(x)$ の形によっては，微分方程式

$$
y''+p(x)y'+q(x)y = 0 \tag{4.18}
$$

は，標準形に変換することによってうまく解ける場合がある．このような変換には従属変数の変換と独立変数の変換がある．

(I)　従属変数の変換．これはすでに4-1節で述べた．変換

$$y = u(x)\exp\left[-\frac{1}{2}\int^{x} p(x')dx'\right] \tag{4.19a}$$

を用いることにより，方程式(4.18)は次のように標準形になる．

$$\frac{d^2u}{dx^2}+\left[q(x)-\frac{p(x)^2}{4}-\frac{p'(x)}{2}\right]u = 0 \tag{4.19b}$$

(II)　独立変数の変換．オイラーの微分方程式に対して変数変換(4.10)を導入したのと同様に，x から新しい独立変数 t に変換する．変数 t を

$$\frac{dt}{dx} = \exp\left[-\int^{x} p(x')dx'\right] \tag{4.20a}$$

をみたすように選ぶと，微分方程式(4.1)は次のようになる．

$$\frac{d^2y}{dt^2}+q(x(t))\exp\left[2\int^{x(t)} p(x')dx'\right]y = 0 \tag{4.20b}$$

これは標準形の方程式である．(4.20a)を積分するときに積分定数の任意性が残るが，座標 t の平行移動に相当するので，適当なものを選んでよい．なお，(4.20b)では，x は(4.20a)を通して t に依存していることに注意しよう．

Tips：　経験を積む

この節で挙げたような特別な方法で解を求められる微分方程式は，慣れないうちは，なぜそのような方法でうまく解けるのかと疑問を抱くことが多いであろう．しかし，任意の方程式を一般的に取り扱う公式のようなものはなく，個別に問題を解いて経験していくしかない．そのような経験を通して，たとえば『$x^n y^{(n)}$ の形の項だけからなる微分方程式は，$t=\log|x|$ という変数変換でうまく扱えるのではないか』などと考えられるようになれば，しめたものである．

例題 4.5　次に挙げるオイラーの微分方程式を解け．

(i)　$x^2y''-6y=0$　　　　(ii)　$x^2y''+5xy'+4y=0$

(iii)　$x^2y''-3xy'+5y=0$

［解］ (i)　$y=x^k$ として，与えられた微分方程式に代入すると，

$$x^k(k^2-k-6)=0$$

となるから $k=-2,3$ を得る．よって，一般解は

$$y=C_1x^3+\frac{C_2}{x^2}\qquad (C_1, C_2 \text{ は任意定数})$$

(ii)　(i) と同様に $y=x^k$ と仮定して，$x^k(k^2+4k+4)=0$ となる．これは重根 $k=-2$ をもつので，1 つの解 $y=\dfrac{1}{x^2}$ を得る．これに 1 次独立な解を求めるために $y=\dfrac{f(x)}{x^2}$ とおき，与えられた方程式に代入すると，

$$xf''(x)+f'(x)=0$$

これを解いて，$f(x)=C_1+C_2\log|x|$ (C_1, C_2 は任意定数) となるから，与えられた方程式の一般解は次のようになる．

$$y=C_1\frac{1}{x^2}+C_2\frac{\log|x|}{x^2}\qquad (C_1, C_2 \text{ は任意定数})$$

(iii)　(i), (ii) と同様にすると，2 次方程式 $x^k(k^2-4k+5)=0$ を得る．これは，共役な複素数解 $k=2\pm i$ をもつ．よって，与えられた方程式の一般解は $y=A_1x^{2+i}+A_2x^{2-i}$ (A_1, A_2 は定数) となる．ここで

$$x^{2\pm i}=|x|^2e^{\pm i\log|x|}=x^2[\cos(\log|x|)\pm i\sin(\log|x|)]$$

であるから，新しい定数 $C_1=A_1+A_2$, $C_2=(A_1-A_2)i$ を定義すると，一般解は

$$y=C_1x^2\cos(\log|x|)+C_2x^2\sin(\log|x|)\qquad (C_1, C_2 \text{ は任意定数})$$

Tips：　微分方程式の特異点

例題 4.5 (i) では，基本解の 1 つを C_1x^3 と書いた．しかし厳密な見方からすると，これはあまり正確ではない．たとえば，$x\geqq 0$ で $y=ax^3$, $x<0$ で $y=bx^3$ となる関数も，(i) の方程式の解である．この理由は，(i) の方程式で $x=0$ の場合，y'' の係数も y' の係数も 0 となり，解曲線の接線方向が決まらないからである．このような点を，方程式の特異点 (4–5 節参照) という．

例題 4.6 次の微分方程式を解け.

(i) $xy'+y^2-3y+2=0$ (ii) $y''-2(x+1)y'+(x+1)^2y=0$

(iii) $xy''-y'+4x^3y=4x^3$

［解］ (i) これはリッカチの方程式だから，$y=\dfrac{xu'(x)}{u(x)}$ とする．このとき，

$$xy'=x\frac{u'}{u}+\frac{x^2u''}{u}-\frac{x^2u'^2}{u^2}$$

であるから，与えられた方程式はオイラーの方程式

$$x^2u''-2xu'+2u=0$$

に変換される．この方程式の一般解は $u=x^k$ とおいて求められ，

$$u=C_1x+C_2x^2 \qquad (C_1, C_2 \text{は任意定数})$$

この解を $y=\dfrac{xu'(x)}{u(x)}$ に代入し，$C=\dfrac{C_2}{C_1}$ で C を定義すると，求めるべき一般解は

$$y=\frac{1+2Cx}{1+Cx} \qquad (C \text{は任意定数})$$

(ii) 従属変数を $y=u(x)\exp\left[\int^x(x'+1)dx'\right]=u(x)\exp\left(\dfrac{x^2}{2}+x\right)$ と変換する．このとき，与えられた方程式は次のようになる．

$$u''+u=0$$

これは定数係数の線形微分方程式で，一般解 $u=C_1\cos x+C_2\sin x$ (C_1, C_2 は定数)をもつ．よって，u を y に戻せば，求めるべき一般解は次のようになる．

$$\exp\left(\frac{x^2}{2}+x\right)(C_1\cos x+C_2\sin x) \qquad (C_1, C_2 \text{は任意定数})$$

(iii) 関係式 $\dfrac{dt}{dx}=\exp\left[\int^x\dfrac{dx'}{x'}\right]$ をみたす t を使って独立変数を変換し，与えられた微分方程式を標準形にする．積分定数を適当に選び，そのような t を1つ求めると

$$t=\int^x dx'\exp\left[\int^{x'}\frac{dx''}{x''}\right]=x^2$$

このとき，微分方程式は，$\dfrac{d^2y}{dt^2}+y=1$ と変換される．この方程式の一般解は，

$$y=1+C_1\cos t+C_2\sin t \qquad (C_1, C_2 \text{は任意定数})$$

したがって，もとの方程式の一般解は，$t=x^2$ を用いて

$$y=1+C_1\cos x^2+C_2\sin x^2 \qquad (C_1, C_2 \text{は任意定数})$$

問　題 4-3

［1］ 次に挙げる微分方程式の一般解を求めよ．

(1) $x^2y''-xy'+y = 2x+6x\log x$　　(2) $x^2y''+3xy'+10y = 0$

(3) $2x^2y''+3xy'-y = 2x$　　(4) $x^2y'+y^2-3xy+2x^2 = 0$

(5) $xyy''-2yy'+xy'^2 = 0$

(6) $y''-\cot xy'+\sin^2 xy = 0$　　(独立変数を変換)

(7) $9y''+6\tan xy'+4\tan^2 xy = 3\sqrt[3]{\cos x}$　　(従属変数を変換)

(8) $(1+x^2)^2y''+2x(1+x^2)y'+y = 0$　　(独立変数または従属変数を変換)

［2］ (1) 独立変数を変数変換して，斉次のオイラーの微分方程式

$$x^2y''+pxy'+qy = 0 \qquad (p, q \text{ は定数}) \tag{*}$$

を定数係数の線形微分方程式に変形せよ．

(2) $p=1-2\mu,\ q=\mu^2$ であるとき，(*)の基本解が $x^\mu, x^\mu\log|x|$ であることを示せ．

(3) $k^2+(p-1)k+q=0$ が複素数解 $k=R+iI$ をもつとき，(*)の基本解を求めよ．

［3］ (1) リッカチの方程式 $y'+p(x)y^2+q(x)y+r(x)=0$ を線形微分方程式に直せ．

(2) 微分方程式 $y''+p(x)y'+q(x)y=0$ の独立変数を変換し，標準形方程式にせよ．

［4］ (1) 一般解が $y=\dfrac{f_1(x)+Cf_2(x)}{f_3(x)+Cf_4(x)}$ で与えられる微分方程式はリッカチの方程式であること，およびその逆を示せ．

(2) リッカチの方程式の4つの解を y_1, y_2, y_3, y_4 とする．このとき，非調和比と呼ばれる量 $(y_1, y_2, y_3, y_4)\equiv\dfrac{y_1-y_3}{y_1-y_4}\cdot\dfrac{y_2-y_4}{y_2-y_3}$ が定数であることを示せ．

(3) リッカチの方程式の解を $y=\dfrac{g_1(x)+g_2(x)z(x)}{g_3(x)+g_4(x)z(x)}$ としたとき，$z(x)$ もリッカチの方程式をみたすことを示せ．g_1, g_2, g_3, g_4 は，$g_1g_4-g_2g_3\neq 0$ をみたす関数とする．

［5］ ラプラスの方程式 $\dfrac{\partial^2 u}{\partial x^2}+\dfrac{\partial^2 u}{\partial y^2}=0$ を極座標 (r, θ) $(x=r\cos\theta,\ y=r\sin\theta)$ を用いて書き直し，$u(x, y)=R(r)\Theta(\theta)$ とおくと，次のようになる．

$$r^2\frac{d^2R}{dr^2}+r\frac{dR}{dr}-\mu^2R = 0, \qquad \frac{d^2\Theta}{d\theta^2} = -\mu^2\Theta \qquad (\mu \text{ は定数})$$

(これを偏微分方程式の変数分離という)．$r=0$ で u が有限で，条件 $\Theta(\theta+2\pi)=\Theta(\theta)$ が成り立つとして，この方程式の一般解を求めよ．

4-4 整級数展開

整級数とその性質 xの整数次の項からなる級数

$$c_0+c_1x+c_2x^2+\cdots = \sum_{n=0}^{\infty} c_n x^n \qquad (c_0, c_1, \cdots \text{ は定数}) \tag{4.21}$$

を**整級数**または**べき級数**という．整級数は，次に挙げる性質をもつ．

(I) x_0を定数とする．整級数(4.21)は，

・$x=x_0$で収束すれば，$|x|<|x_0|$となるすべてのxで<u>絶対収束</u>する．

・$x=x_0$で発散すれば，$|x|>|x_0|$となるすべてのxで発散する．

(II) (4.21)に対して**収束半径**と呼ばれる定数ρ $(0\leqq\rho\leqq+\infty)$が存在し，

・$|x|<\rho$で(4.21)は絶対収束．

・$|x|>\rho$で(4.21)は発散．

・$|x|=\rho$では(4.21)の収束・発散は場合による．

(III) もし極限値

$$\kappa = \lim_{n\to\infty} \sqrt[n]{|c_n|} \quad \text{または} \quad \kappa = \lim_{n\to\infty} \left|\frac{c_{n+1}}{c_n}\right| \tag{4.22}$$

のいずれかが存在するとき，収束半径は$\rho=\dfrac{1}{\kappa}$で与えられる．

(IV) 収束半径内における整級数の微分・積分は，式(4.21)の項別微分・項別積分によって与えられる．すなわち，$|x|<\rho$に対して

$$\frac{d}{dx}\sum_{n=0}^{\infty} c_n x^n = \sum_{n=0}^{\infty} nc_n x^{n-1} = \sum_{n=0}^{\infty} (n+1)c_{n+1}x^n \tag{4.23a}$$

$$\int_0^x \left(\sum_{n=0}^{\infty} c_n x'^n\right)dx' = \sum_{n=0}^{\infty} c_n \int_0^x x'^n dx' = \sum_{n=0}^{\infty} \frac{c_n}{n+1}x^{n+1} \tag{4.23b}$$

形式解 微分方程式

$$\frac{d^2y}{dx}+p(x)\frac{dy}{dx}+q(x)y = 0 \tag{4.24}$$

の解を(4.21)の形の整級数で表してみよう．(4.24)に

$$y = \sum_{n=0}^{\infty} c_n x^n \qquad (c_n \text{ は定数}) \tag{4.25}$$

を代入し，x の同じ次数の項の係数を比較すると，c_n のみたす漸化式が得られる．この漸化式が矛盾なく解けて，すべての c_n を決定することができれば，(4.24)の級数解が求められる．このような解を**形式解**という．

形式解が意味をもつのは，解として求めた級数が収束するときである．このとき形式解は**解析的**であるという．

正則点と解析解　　x_0 を定数としたとき，微分方程式(4.24)の $p(x), q(x)$ がそれぞれ

$$p(x) = \sum_{n=0}^{\infty} p_n(x-x_0)^n, \quad q(x) = \sum_{n=0}^{\infty} q_n(x-x_0)^n \qquad (p_n, q_n \text{ は定数}) \tag{4.26}$$

のように整級数展開できるならば，$x=x_0$ を微分方程式(4.24)の**正則点**または**正常点**という．$x=x_0$ が(4.24)の正則点であるとき，この方程式は

$$y(x) = \sum_{n=0}^{\infty} c_n(x-x_0)^n \qquad (c_n \text{ は定数}) \tag{4.27}$$

の形の解析的な解をもつ．

Tips：　$x=\rho$ での収束・発散は？

べき級数 $\sum_{n=0}^{\infty} c_n x^n$ の収束半径を ρ とする．性質(II)で述べたように，$|x|=\rho$ のとき(x が実数なら $x=\pm\rho$)は個別に考える必要がある．たとえば，$\sum_{n=1}^{\infty} \dfrac{x^n}{n}$ は収束半径が1である．よって $|x|<1$ で絶対収束．$|x|>1$ で発散する．$|x|=1$ の場合は $x=1$ で発散，$x=-1$ で条件収束する．

また，$\sum_{n=0}^{\infty} c_n(x-a)^n$ のような形の級数に対しても収束・発散に関して同様の議論を行なうことができる．

発散　不明　絶対収束　不明　発散
$-\rho$　0　ρ　x

例題 4.7　次の微分方程式の一般解を，整級数を用いて求め，解の収束半径を調べよ．

(i)　$(x^2-2x+1)y''+(x-1)y'-y=0$　　　(ii)　$y''-2xy'+4y=0$

［解］　$y=\sum_{n=0}^{\infty}c_nx^n$ とすると，次の式が成り立つ．

$$y'=\sum_{n=0}^{\infty}nc_nx^{n-1}=\sum_{n=0}^{\infty}(n+1)c_{n+1}x^n$$

$$y''=\sum_{n=0}^{\infty}n(n-1)c_nx^{n-2}=\sum_{n=0}^{\infty}n(n+1)c_{n+1}x^{n-1}=\sum_{n=0}^{\infty}(n+1)(n+2)c_{n+2}x^n$$

(i)　$y=\sum_{n=0}^{\infty}c_nx^n$ として，与えられた方程式に代入し，整理すると，

$$\sum_{n=0}^{\infty}(n+1)[(n+2)c_{n+2}-(2n+1)c_{n+1}+(n-1)c_n]x^n=0$$

これより，c_n に関する漸化式

$$2c_2-c_1-c_0=0$$
$$c_3-c_2=0$$
$$(n+2)c_{n+2}-(2n+1)c_{n+1}+(n-1)c_n=0 \qquad (n\geqq 2)$$

が得られる．この漸化式を解くと，

$$c_2=\frac{c_0+c_1}{2}, \quad c_n=c_2 \qquad (n\geqq 3) \tag{1}$$

(1)をもとの級数に代入し，$C_1\equiv\dfrac{c_0-c_1}{2}$, $C_2\equiv\dfrac{c_0+c_1}{2}$ とすると，求めるべき一般解は

$$y=c_0+c_1x+\frac{c_0+c_1}{2}\sum_{n=2}^{\infty}x^n=C_1(1-x)+C_2\sum_{n=0}^{\infty}x^n \qquad (C_1, C_2 \text{ は任意定数}) \tag{2}$$

いま，(1)により $\dfrac{c_{n+1}}{c_n}=1\ (n\geqq 2)$ だから，この級数解の収束半径は $\rho=1$．つまりこの級数解は $|x|<1$ で意味をもつ．

なお，(2)で無限和をまとめると $\dfrac{1}{1-x}$ となるが，この関数は級数 $\sum_{n=0}^{\infty}x^n$ が収束しない領域 $|x|>1$ でも解であることに注意しよう．

(ii)　(i)と同様に整級数の形の解を仮定して方程式に代入すると，

$$\sum_{n=0}^{\infty}x^n[(n+1)(n+2)c_{n+2}-2(n-2)c_n]=0$$

x の各次数の係数を0とすれば，c_n に対する漸化式は

$$c_{n+2}=\frac{2(n-2)c_n}{(n+1)(n+2)} \qquad (n\geqq 0) \tag{3}$$

n が偶数のとき，$c_2=-2c_0$，$c_4=0$ を得るので，逐次 c_n を求めると，

$$c_2 = -2c_0, \quad c_{2m} = 0 \qquad (m \geqq 2)$$

また，n が奇数 $2m-1$ $(m \geqq 1)$ の場合，

$$\begin{aligned} c_{2m+1} &= \frac{2(2m-3)}{(2m+1)\cdot 2m} c_{2m-1} \\ &= \frac{2^m(2m-3)(2m-5)\cdots 1\cdot(-1)}{(2m+1)(2m)\cdots 3\cdot 2} c_1 = \frac{-c_1}{m!(4m^2-1)} \qquad (m \geqq 1) \end{aligned} \tag{4}$$

$0!=1$ と定義すると，$m=0$ の場合も(4)は矛盾なく成立する．以上の結果を級数に代入し，c_0，$-c_1$ を改めて C_1, C_2 と書くと，

$$y = C_1(1-2x^2)+C_2 \sum_{m=0}^{\infty} \frac{x^{2m+1}}{m!(4m^2-1)}$$

が一般解として得られる．この解の x の奇数次の項からなる級数(係数 C_2 のかかった部分)の収束半径 ρ は，c_n に関する漸化式(3)から求められる．

$$\frac{1}{\rho} = \lim_{n\to\infty} \left| \frac{c_{n+2}}{c_n} \right| = \lim_{n\to\infty} \frac{2(n-2)}{(n+1)(n+2)} = 0$$

を用いると，$\rho=\infty$ となることがわかる．

例題 4.8 微分方程式

$$(1-x^2)y''-2xy'+\mu y = 0 \tag{1}$$

が多項式の解をもつために定数 μ がみたすべき条件を求めよ．

［解］ y を次のように整級数で表して，式(1)に代入する．

$$y = \sum_{n=0}^{\infty} c_n x^n \tag{2}$$

いま，(2)を微分すると，

$$y' = \sum_{n=1}^{\infty} c_n n x^{n-1} = \sum_{n=0}^{\infty} c_{n+1}(n+1)x^n$$

$$y'' = \sum_{n=2}^{\infty} c_n n(n-1)x^{n-2} = \sum_{n=0}^{\infty} c_{n+2}(n+1)(n+2)x^n$$

であるから，x の各次数についてまとめれば，

$$\sum_{n=0}^{\infty} \{(n+1)(n+2)c_{n+2}+[\mu-n(n+1)]c_n\}x^n = 0$$

この式が恒等的に成り立つから，x の各次数の係数を 0 とおいて，

$$c_{n+2} = \frac{n(n+1)-\mu}{(n+1)(n+2)} c_n \qquad (n \geqq 0)$$

この漸化式によると，n がある整数 n_0 のときに $c_{n_0}=0$ となった場合には，c_{n_0+2j} (j は正整数) はすべて0となり，式(2)の級数は有限級数，つまり多項式になる．そのためには，

$$\mu = m(m+1) \qquad (m \text{ は 0 以上の整数})$$

であればよい．これが μ のみたすべき条件で，このとき，与えられた方程式は m 次の多項式解をもつ．

Tips：　多項式以外の解はないのか

例題4.8では，多項式解をもつ条件を求めたが，この条件が成り立つからといって，多項式解以外の解がないわけではない．式(1)は，**ルジャンドルの微分方程式**と呼ばれており，$\mu=m(m+1)$ のときの多項式解は，**ルジャンドルの多項式**と命名されている．しかし(1)は2階の微分方程式だから，これとは独立な解がある．これは，**第2種のルジャンドル関数**と呼ばれるもので，多項式ではなく，$x\to\pm1$ で対数的に発散する．

実際の応用で，線形方程式の多項式解を使うことがよくある．この場合，解の有界性や2乗可積分性などを仮定して，多項式でない解を捨てているわけである．

問　題 4–4

［1］　次の微分方程式の一般解を $x=0$ のまわりの整級数を用いて求め，その解が解析的な範囲を調べよ．

(1)　$2y' = -y+1+x$　　　(2)　$xy' = 2y+x^3-x$

(3)　$(1-x^2)y''-xy'+4y = 0$　　　(4)　$(3-2x^2)y''-4xy'+4y = 0$

(5)　$x^2y''+(2x^2-x)y'-2xy = 0$

(6)　$(1-x^2)^2y''-2x(1-x^2)y'+(5-6x^2)y = 0$

［ヒント：標準形に直してから級数展開せよ．］

［2］　k が0または正整数のとき，微分方程式 $xy''+(a+1-x)y'+ky=0$ が多項式解をもつことを示せ．また $x=0$ のまわりでの整級数を使って，$k=0,1,2$ のときに実際にその多項式解を求めよ．ただし，a は負の整数ではないとする．

4–5　確定特異点

確定特異点　　2階線形微分方程式

$$\frac{d^2y}{dx^2}+p(x)\frac{dy}{dx}+q(x)y = 0 \tag{4.28}$$

において，$x=x_0$ が $p(x), q(x)$ のいずれかの特異点であるとき，x_0 を(4.28)の**特異点**という．いま，$x=x_0$ で解析的な(すなわち，整級数展開できる)関数

$$P(x) = \sum_{n=0}^{\infty} P_n(x-x_0)^n, \qquad Q(x) = \sum_{n=0}^{\infty} Q_n(x-x_0)^n \tag{4.29}$$

を考えよう．$x=x_0$ が(4.28)の特異点で，しかも $p(x), q(x)$ がこれらを用いて

$$p(x) = \frac{P(x)}{x-x_0}, \qquad q(x) = \frac{Q(x)}{(x-x_0)^2} \tag{4.30}$$

と書けるとする．このとき，$x=x_0$ を(4.28)の**確定特異点**という．確定特異点でない特異点を**不確定特異点**という．

$x=\infty$ での特異性の判定は，独立変数 x のかわりに $s=x^{-1}$ を用いて行なう．もし $s=0$ が確定特異点であるならば，$x=\infty$ が確定特異点となる．正則点や不確定特異点も同様にして判定する．

確定特異点における級数展開　　確定特異点においては，解が解析的でなくなることがある．これを解の**特異性**という．確定特異点における級数解を求めるには，整級数展開(4.27)のかわりに

$$y(x) = (x-x_0)^k \sum_{n=0}^{\infty} c_n(x-x_0)^n \qquad (c_0 \neq 0,\ k \text{ は定数}) \tag{4.31}$$

とする．この k を $x=x_0$ における y の**指数**という．

漸化式と決定方程式　　式(4.29), (4.30), (4.31)を式(4.28)に代入して $x-x_0$ の同じ次数の項をまとめると，

$$\sum_{n=0}^{\infty}\left[(k+n)(k+n-1)c_n+\sum_{j=0}^{n}(k+j)c_jP_{n-j}+\sum_{j=0}^{n}c_jQ_{n-j}\right](x-x_0)^{n+k-2} = 0 \tag{4.32}$$

を得る．この式を用いて(4.28)の解を決定するには次のようにする．

(I)　(4.32)の最低次の$(x-x_0)^{k-2}$の係数が0になる条件から，kは次の2次方程式をみたすことがわかる．

$$k^2+(P_0-1)k+Q_0=0 \tag{4.33}$$

これを**決定方程式**という．この方程式を解いてkを求めるが，一般にそのようなkは2つ存在する．

(II)　$n \geqq 1$の係数からは，c_nの漸化式を得る．これをnの小さい順に解いてc_nを求めると，(I)で求めた2つのkに対応して2つの基本解が得られる．

決定方程式(4.33)が重根をもっていたり，2つの根の差が整数であったりするときは，基本解のうち1つしか求められないことがある．このようなときに基本解をすべて求めるには特別な方法を用いる必要がある(問題4-5[4]参照)．

Tips：　見かけの特異点

$x=x_0$が微分方程式の確定特異点であっても，その解は必ずしも$x=x_0$で特異的であるとは限らない．たとえば，オイラーの方程式$x^2y''-2xy'+2y=0$は$x=0$を確定特異点としてもつが，基本解は$y=x$，$y=x^2$である．これらはともに$x=0$では特異的ではない．このような特異点を見かけの特異点という．

例題 4.9　かっこ内の点が，それぞれの微分方程式の確定特異点であることを確かめよ．また，その点のまわりでの級数展開により，一般解を求めよ．

(i)　$x^2y''-x^2y'+(x-2)y=0$　　$(x=0)$

(ii)　$(x^2-2x)y''+(3x-1)y'+y=0$　　$(x=0)$

(iii)　$4x^4y''-4x^3y'+(3x^2-8)y=0$　　$(x=\infty)$

［解］　(i)　与えられた微分方程式を y'' の係数で割り，

$$y''+p(x)y'+q(x)=0 \tag{1}$$

の形にすると，$p=-1$, $q=\dfrac{x-2}{x^2}$．よって $x=0$ は確定特異点である．いま，

$$y=x^k\sum_{n=0}^{\infty}c_nx^n \qquad (c_0\neq 0,\ k\text{ は定数}) \tag{2}$$

の形に級数展開し，与えられた方程式に代入すると，

$$(k+1)(k-2)c_0x^k+\sum_{n=1}^{\infty}(n+k-2)[(n+k+1)c_n-c_{n-1}]x^{n+k}=0$$

を得る．ここで，x^k の係数が 0 だから $k=-1, 2$ となる．この 2 つの k の値に対して c_n のみたす漸化式を求めると，それぞれ次のようになる．

$$k=-1\text{ のとき}\qquad (n-3)(nc_n-c_{n-1})=0\qquad (n\geqq 1) \tag{3a}$$

$$k=2\text{ のとき}\qquad n[(n+3)c_n-c_{n-1}]=0\qquad (n\geqq 1) \tag{3b}$$

$k=-1$ では，(3a) は $n=3$ のとき $0=0$ となるので，$n\leqq 2$ と $n\geqq 4$ にわけると，

$$n\leqq 2\text{ のとき}\qquad c_2=\frac{c_0}{2},\quad c_1=c_0$$

$$n\geqq 4\text{ のとき}\qquad c_n=\frac{6}{n!}c_3$$

これらと $k=-1$ から，$C_1=c_0$, $C_2=6c_3$ として，

$$y=C_1\frac{1}{x}\left(1+x+\frac{x^2}{2}\right)+\frac{C_2}{x}\sum_{n=3}^{\infty}\frac{x^n}{n!}\qquad (C_1, C_2\text{ は任意定数}) \tag{4}$$

次に，(3b) と $k=2$ から解を求めると，$c_n=\dfrac{6c_0}{(n+3)!}\ (n\geqq 1)$, $y=6c_0x^2\displaystyle\sum_{n=0}^{\infty}\frac{x^n}{(n+3)!}$．これは解 (4) の第 2 項に等しい．以上から，求めるべき一般解は (4) である．

(ii)　微分方程式を (1) のように書き直すと，$p(x)=\dfrac{3x-1}{x(x-2)}$, $q(x)=\dfrac{1}{x(x-2)}$ で，$x=0$ は確定特異点である．よって (2) を与えられた方程式に代入すれば，

$$-k(2k-1)c_0x^{k-1}+\sum_{n=0}^{\infty}(n+k+1)[(n+k+1)c_n-(2n+2k+1)c_{n+1}]x^{n+k}=0$$

これから決定方程式 $k(2k-1)=0$ が得られ，それぞれの解に対して次の漸化式を得る．

$$k=0\text{ のとき}\qquad c_n=\frac{n}{2n-1}c_{n-1}\qquad (n\geqq 1) \tag{5a}$$

$$k=\frac{1}{2}\text{ のとき}\qquad c_n=\frac{2n+1}{4n}c_{n-1}\qquad (n\geqq 1) \tag{5b}$$

(5a) を解いて $c_n=\dfrac{2^n(n!)^2}{(2n)!}c_0\ (n\geqq 0)$，(5b) を解いて $c_n=\dfrac{(2n+1)!}{2^{3n}(n!)^2}c_0\ (n\geqq 0)$ を得る．したがって，求めるべき一般解は

$$y=C_1\sum_{n=0}^{\infty}\frac{2^n(n!)^2}{(2n)!}x^n+C_2\sqrt{x}\sum_{n=0}^{\infty}\frac{(2n+1)!}{2^{3n}(n!)^2}x^n\qquad (C_1, C_2\text{ は任意定数})$$

(iii)　新しい変数 $s=\dfrac{1}{x}$ を導入して与えられた方程式を書き改めると

$$4s^2\frac{d^2y}{ds^2}-4s\frac{dy}{ds}+(3-8s^2)y=0 \tag{6}$$

これを(1)の形に変形すると，$p(s)=-\dfrac{1}{s}$, $q(s)=\dfrac{3-8s^2}{4s^2}$．よって，$s=0\ (x=\infty)$ は確定特異点である．いま，$y=\sum_{n=0}^{\infty}c_n s^{n+k}$ を(6)に代入すると，

$$\begin{aligned}&(2k-1)(2k-3)c_0s^k+(2k+1)(2k-1)c_1s^{k+1}\\&\quad+\sum_{n=0}^{\infty}[(2n+2k+3)(2n+2k+1)c_{n+2}-8c_n]s^{n+k+2}=0\end{aligned}$$

この式で s の各次の係数を0として，決定方程式と漸化式

$$\begin{aligned}&(2k-1)(2k-3)=0\\&(2k+1)(2k-1)c_1=0\\&(2n+2k+3)(2n+2k+1)c_{n+2}=8c_n\qquad (n\geqq 0)\end{aligned}$$

を得る．$k=\dfrac{1}{2}$ のとき，漸化式は $(n+2)(n+1)c_{n+2}=2c_n$ となるので，これらを解き，$c_{2n}=\dfrac{2^nc_0}{(2n)!}$, $c_{2n+1}=\dfrac{2^nc_1}{(2n+1)!}\ (n\geqq 0)$．よって，級数解は次のようになる．

$$y=c_0\sqrt{s}\sum_{n=0}^{\infty}\frac{2^ns^{2n}}{(2n)!}+c_1\sqrt{s}\sum_{n=0}^{\infty}\frac{2^ns^{2n+1}}{(2n+1)!} \tag{7}$$

$k=\dfrac{3}{2}$ に対しては，漸化式は $c_1=0$, $(n+1)nc_n=2c_{n-2}\ (n\geqq 2)$．これを解いて $c_{2n+1}=0$, $c_{2n}=\dfrac{2^nc_0}{(2n+1)!}$ を得る．よって

$$y=c_0s^{\frac{3}{2}}\sum_{n=1}^{\infty}\frac{2^ns^{2n}}{(2n+1)!} \tag{8}$$

級数解(8)は，(7)で c_1 がかかった項に一致するから，一般解は(7)である．ここで，c_0, c_1 をそれぞれ C_1, C_2 とし，s を x に戻せば，

$$y=\frac{C_1}{\sqrt{x}}\sum_{n=0}^{\infty}\frac{2^n}{(2n)!\,x^{2n}}+\frac{C_2}{\sqrt{x}}\sum_{n=0}^{\infty}\frac{2^n}{(2n+1)!\,x^{2n+1}}\qquad (C_1, C_2 \text{ は任意定数})$$

例題 4.10　(i)　有理関数を係数とし，確定特異点 $x=x_1, x_2$ $(x_1 \neq x_2)$ 以外に特異点をもたない 2 階の線形微分方程式を作れ.

(ii)　(i) で求めた方程式がオイラーの微分方程式になるように，1 次の分数式を使って独立変数を変換せよ.

［解］　(i)　求めるべき微分方程式を

$$y''+p(x)y'+q(x)y=0 \tag{1}$$

とする．特異点が x_1, x_2 以外にないから，$p(x), q(x)$ は分母に $x-x_1$, $x-x_2$ 以外の因数をもたない．また，$x=x_1, x_2$ が確定特異点であることから，

$$p(x)=\frac{P(x)}{(x-x_1)(x-x_2)},\quad q(x)=\frac{Q(x)}{(x-x_1)^2(x-x_2)^2}\qquad (P(x), Q(x) \text{ は整式})$$

このとき，(1) は $|x|<\infty$ では $x=x_1, x_2$ 以外に特異点をもたないことになる.

ここで，$x=\infty$ での特異性を調べるため，$z=\dfrac{1}{x}$ として (1) を書き直すと，

$$\frac{d^2y}{dz^2}+\frac{2(1-x_1z)(1-x_2z)-zP(1/z)}{z(1-zx_1)(1-zx_2)}\frac{dy}{dz}+\frac{Q(1/z)}{(1-zx_1)^2(1-zx_2)^2}y=0$$

いま，$P(x), Q(x)$ が整式だから，

- $2(1-zx_1)(1-zx_2)-zP(1/z)$ が z の多項式で，定数項をもたない
- $Q(1/z)$ が定数である

の 2 つが成り立てば $x=\infty$ すなわち $z=0$ は特異点でないことになる．これをみたす P, Q を求めると，$P(x)=2x+a$, $Q(x)=b$ (a, b は定数)．よって，求めるべき方程式は，

$$y''+\frac{2x+a}{(x-x_1)(x-x_2)}y'+\frac{b}{(x-x_1)^2(x-x_2)^2}y=0\qquad (a, b \text{ は定数}) \tag{2}$$

(ii)　オイラーの方程式 $x^2y''+pxy'+qy=0$ は $x=0, \infty$ を確定特異点としてもち，それ以外に特異点はない．(i) の x_1, x_2 がそれぞれ $z=0$, $z=\infty$ になるように $x=\dfrac{\alpha z-\beta}{\gamma z-\delta}$ ($\alpha, \beta, \gamma, \delta$ は定数) と変数変換すると，$\dfrac{\alpha}{\gamma}=x_2$, $\dfrac{\beta}{\delta}=x_1$．これらをみたすように $\alpha, \beta, \gamma, \delta$ を選び，$\alpha=x_2$, $\beta=x_1$, $\gamma=1$, $\delta=1$ を得る．以上により，$z=\dfrac{x-x_1}{x-x_2}$.

このとき，

$$\frac{d}{dx}=\frac{x_1-x_2}{(x-x_2)^2}\frac{d}{dz}=\frac{(z-1)^2}{x_1-x_2}\frac{d}{dz},\qquad \frac{d^2}{dx^2}=\frac{(z-1)^4}{(x_1-x_2)^2}\frac{d^2}{dz^2}+\frac{2(z-1)^3}{(x_1-x_2)^2}\frac{d}{dz}$$

であるから，これらを(i)で求めた方程式(2)に代入して整理すると，

$$z^2\frac{d^2y}{dz^2}+\frac{2(x_1+a)}{x_1-x_2}z\frac{dy}{dz}+\frac{b}{(x_1-x_2)^2}y = 0$$

これはオイラーの微分方程式である．

問　題 4-5

[1]　次の微分方程式の特異点をすべて求め，それが確定特異点かどうか調べよ．

(1)　$x^2y''-xy'+(2-x^2)y = 0$

(2)　$x^2(x-1)y''+(x-1)y'+y = 0$

(3)　$x(x-2)^2y''+(x^2-4)y'+(x-1)y = 0$

(4)　$x^2(x+1)^2y''+(x-1)y'+(x+1)y = 0$

(5)　$x^2(x+1)y''+2xy'+(x^2-2)y = 0$

(6)　$x(1-x)y''+(1-x)y'-y = 0$

[2]　$x=0$ が次の微分方程式の確定特異点であることを確かめよ．また，$x=0$ のまわりの級数展開によって一般解を求めよ．

(1)　$2xy''+(x+1)y'+y = 0$

(2)　$6xy''+3y'-2y = 0$

(3)　$2x^2y''-(4x^2+x)y'-(2x-1)y = 0$

(4)　$x^2y''+(x-x^2)y'+(x-4)y = 0$

(5)　$2x(x+2)y''+(5x+2)y'+y = 0$

(6)　$3x(x-1)y''+2(x-1)y'-2y = 0$

[3]　ガウスの超幾何微分方程式

$$x(x-1)y''+[(1+a+b)x-c]y'+aby = 0 \qquad (a, b, c \text{ は定数})$$

に関して，以下の問いに答えよ．

(1)　この方程式が，$x=0, 1, \infty$ を確定特異点としてもつことを示せ．

(2)　c は負の整数ではないとする．$x=0$ のまわりでの級数展開を用いて関数 F を

$$F(p, q; r; x) = 1+\sum_{n=1}^{\infty}\frac{(p)_n(q)_n}{n!(r)_n}x^n, \qquad (\alpha)_n \equiv \alpha(\alpha+1)\cdots(\alpha+n-1) \qquad (*)$$

と定義するとき，$F(a, b; c; x)$ がガウスの方程式の解であることを示せ．また，もう1つの基本解を，F を用いて表せ．

(3)　(2)と同様にして $x=1$, $x=\infty$ のまわりでの級数解を(*)で定義される F を使って表せ．

[4]　微分方程式 $(x^2+2x)y''+(x+2)y'-y=0$ に $x=0$ のまわりの級数展開を適用すると，決定方程式が重根をもち，そのままでは基本解を完全には求められない．したがって，一般解を求めるには工夫が必要である．

(1)　$y=\sum_{n=0}^{\infty} c_n x^{n+k}$ として，決定方程式と c_n のみたす漸化式を求めよ．

(2)　(1)で求めた漸化式を，k を残したまま解け．

(3)　このようにして求めた y に，決定方程式の解を代入したものを y_1，y を k で微分してから決定方程式の解を代入したものを y_2 とする．y_1, y_2 がともに与えられた方程式の解であることを示せ．また，両者が1次独立であることを確かめよ．

このような解の求め方を**フロベニウスの方法**という．この方法は決定方程式の解の差が整数の場合で，基本解を2つ求められないときにも適用できる．

Coffee Break

理想主義者エルミート

この章では変数係数の線形微分方程式を取り扱った．そのような方程式は応用上よく出てくるものであるが，いくつかの方程式はとくに重要で，人名にちなんで命名されている．エルミートの微分方程式 $y''-2xy'+2ny=0$ もその1つで，その解はエルミート多項式と呼ばれる．これはフランス人エルミート(Hermite, Charles: 1822–1901)によって研究されたものである．

エルミートの微分方程式は，たとえば量子力学の調和振動子(単振子)に対する固有値問題に現れる．しかし，エルミートは微分方程式ばかりでなく他のいろいろな分野を開拓し，重要な足跡を残した．たとえば，同じ量子力学への応用という意味では，エルミート形式(双線形形式の1つで必ず実数値をもち，量子力学では何らかの観測値に対応する)の理論がより重要だろう．応用数学方面以外への業績も顕著であり，e が超越数であることを証明したのも彼である．また，一般5次方程式の解法と楕円モジュラー関数と呼ばれる関数の間の関係を考察し，数学の新しい分野を切り拓いた．これは後に保型関数と呼ばれるものへの橋渡しとなった．

彼は衣料商の息子として生まれた．最初は両親から教育を受けたが，パリの高校に行き，その後高等工芸学校に進んだ．彼は学校時代は学業成績だけを見ると平凡な学生であったが，その頃すでに独学で一線の研究者と肩を並べるほどの実力を身につけていた．幸いにして学生時代に良い師や研究仲間に恵まれ，彼らの助力で苦手の口頭試問を克服し，学位を手にする(これは人生で何が大事かを暗示するエピソードである)．学位取得後の彼は，高等工芸学校の教師などを経て，高等師範学校，ソルボンヌの教授として研究を続けるとともに，後進の指導にあたっている．彼の門下にはポアンカレ，ダルブー，パンルベなど優れた研究者が多い．

また，科学に対して理想主義的な態度を貫いたことも，ぜひとも挙げておきたい．彼は熱烈な愛国者であったが，普仏戦争のさなかにも，敵国の数学であっても数学であることには変わりはない，と言明している．人はともすれば他者に不寛容になりがちであるが，彼のこの言葉をかみしめたいものである．

5

高階線形微分方程式
——連立1階線形微分方程式

今までは未知関数(従属変数)が1つの微分方程式の解法を学んできた．ここからは，複数の従属変数をもつ微分方程式(連立微分方程式)を考える．多体問題や電気回路の解析など，従属変数が複数出現する例は応用上数多く見られる．それればかりではなく，階数が高い微分方程式を連立方程式として取り扱うことで見通しがよくなることが多い．連立微分方程式の解法に行列の理論を適用することを体験して，さまざまな数学の分野が密接に関係していることを感じとってほしい．

5-1 連立1階微分方程式と高階微分方程式

連立微分方程式 独立変数を x として，従属変数が複数個ある，次のような一連の微分方程式を**連立微分方程式**という．

$$F_j(x, y_1, \cdots, y_n, y_1', \cdots, y_n', y_1'', \cdots) = 0 \qquad (j=1, 2, \cdots) \tag{5.1}$$

連立微分方程式の階数とは，(5.1)のすべての導関数のうち，最高階の微分項の階数のことである．

連立方程式と高階微分方程式 従属変数が1つの任意の高階微分方程式は，連立1階微分方程式に変換できる．n 階の微分方程式

$$F(x, y, y', \cdots, y^{(n)}) = 0 \qquad (y^{(j)}\ (j=1, \cdots, n) \text{ は } y \text{ の } j \text{ 階導関数}) \tag{5.2}$$

があるとしよう．ここで，新しい従属変数

$$y_1 = y, \quad y_2 = y_1' = y', \quad \cdots, \quad y_j = y_{j-1}' = y^{(j-1)} \qquad (j=1, \cdots, n) \tag{5.3}$$

を定義する．このとき(5.2)は

$$\boxed{\begin{aligned} & y_j' = y_{j+1} \quad (j=1, \cdots, n-1) \\ & F(x, y_1, y_2, \cdots, y_n, y_n') = 0 \end{aligned}} \tag{5.4}$$

となる．(5.2)と(5.4)は(5.3)を通して互いに移りあう．

> **Tips： 高階微分方程式を連立微分方程式に変える変数変換**
> 変数変換(5.3)は高階微分方程式を連立微分方程式に変換するための唯一の変換というわけではない．たとえば(5.3)で定められた変数を1次変換したものもやはり連立1階微分方程式となる．しかし従属変数の個数は変わらない(例題5.1を参照)．

正規型連立1階線形微分方程式とベクトル表示 連立方程式(5.1)が従属変数とその導関数に関して線形であるとき，すなわち

$$\sum_{l=0}^{M} \sum_{j=1}^{N} a_{kj}^{(l)}(x) \frac{d^l y_j}{dx^l} = r_k(x) \qquad (k=1, 2, \cdots, NM) \tag{5.5}$$

のような連立微分方程式であるとき，これを**線形**であるという．方程式(5.5)

において $M \geqq 2$ であるとき，従属変数の高階微分 $y_j^{(i)}$ $(i \geqq 2,\ j=1, \cdots, N)$ に関して(5.3)に準じた変数変換を行なうと，連立1階線形微分方程式

$$
\begin{aligned}
\frac{dy_1}{dx} &= a_{11}(x)y_1 + a_{12}(x)y_2 + \cdots + a_{1n}y_n + r_1(x) \\
\frac{dy_2}{dx} &= a_{21}(x)y_1 + a_{22}(x)y_2 + \cdots + a_{2n}y_n + r_2(x) \\
&\cdots\cdots\cdots\cdots\cdots\cdots\cdots\cdots \\
\frac{dy_n}{dx} &= a_{n1}(x)y_1 + a_{n2}(x)y_2 + \cdots + a_{nn}y_n + r_n(x)
\end{aligned}
\tag{5.6}
$$

に書き直すことができる．(5.6)は，従属変数が n 個あるので，**n 元連立線形微分方程式**ともいう．また，(5.6)は，ベクトルと行列

$$
\boldsymbol{Y} \equiv \begin{pmatrix} y_1(x) \\ y_2(x) \\ \vdots \\ y_n(x) \end{pmatrix}, \quad \boldsymbol{R} \equiv \begin{pmatrix} r_1(x) \\ r_2(x) \\ \vdots \\ r_n(x) \end{pmatrix}, \quad \boldsymbol{A} \equiv \begin{pmatrix} a_{11}(x) & \cdots & a_{1n}(x) \\ a_{21}(x) & \cdots & a_{2n}(x) \\ \cdots & \cdots & \cdots \\ a_{n1}(x) & \cdots & a_{nn}(x) \end{pmatrix} \tag{5.7}
$$

を導入して，次のようなベクトル形式に変形することが可能である．

$$
\frac{d\boldsymbol{Y}}{dx} = A\boldsymbol{Y} + \boldsymbol{R} \tag{5.8}
$$

従属変数の導関数について解けた形の(5.6)や(5.8)のような方程式を**正規型**の連立微分方程式という．

1変数の微分方程式(5.2)が線形方程式であるとき，つねに正規型連立1階線形微分方程式(5.6)に書き換えることができる(問題5-1[2])．

Tips：　一般解を決定するのに必要な微分方程式の個数

n 元連立微分方程式が，j 番目の変数に関して m_j 階であるとすると，一般解を決定するためには $\sum_{j=1}^{n} m_j$ 個の独立な微分方程式が必要である．

例題 5.1　(i)　$y=y_1$ とするとき，次の連立微分方程式を1変数の常微分方程式にせよ．

$$y_1' = 2y_1-3y_2, \quad y_2' = y_1-2y_2 \tag{1}$$

(ii)　2階常微分方程式 $y''=y$ を $z_1=y-y'$, $z_2=y+y'$ とおいて連立微分方程式にせよ．

(iii)　連立微分方程式(1)と，(ii)で求めた連立方程式の間の関係を考えよ．

［**解**］ (i)　第1式に $y_1=y$ を代入し，y_2 に関して解くと $y_2=\dfrac{2y-y'}{3}$．これを第2式に代入すると，

$$-\frac{(2y-y')'}{3}+y-2\frac{2y-y'}{3} = \frac{y''-y}{3} = 0$$

よって与えられた微分方程式は $y''=y$ に書き直される．

(ii)　z_1, z_2 をそれぞれ x で微分し，$y''=y$ を用いると

$$z_1' = y'-y'' = y'-y = -z_1, \quad z_2' = y'+y'' = y'+y = z_2$$

したがって，z_1, z_2 がみたす連立微分方程式は

$$z_1' = -z_1, \quad z_2' = z_2 \tag{2}$$

(iii)　(1), (2)を $\boldsymbol{Y}'=A\boldsymbol{Y}$, $\boldsymbol{Z}'=B\boldsymbol{Z}$, $\boldsymbol{Y}\equiv\begin{pmatrix} y_1 \\ y_2 \end{pmatrix}$, $\boldsymbol{Z}\equiv\begin{pmatrix} z_1 \\ z_2 \end{pmatrix}$ と表すと，

$$A = \begin{pmatrix} 2 & -3 \\ 1 & -2 \end{pmatrix}, \quad B = \begin{pmatrix} -1 & 0 \\ 0 & 1 \end{pmatrix}$$

いま，

$$P = \begin{pmatrix} 1 & 3 \\ 1 & 1 \end{pmatrix}$$

とすると，$B=P^{-1}AP$ が成り立つ．よって(1)の辺々に P^{-1} を作用させ，

$$(P^{-1}\boldsymbol{Y})' = (P^{-1}AP)(P^{-1}\boldsymbol{Y}) = B(P^{-1}\boldsymbol{Y})$$

また，(i), (ii)より $\boldsymbol{Z}=P^{-1}\boldsymbol{Y}$ が成り立つ．

以上の関係は，P で定められる変換により従属変数が $\boldsymbol{Y}$ から $\boldsymbol{Z}$ に変換され，行列も A から B へ変換されたことを意味する．

例題 5.2　バネ定数 k の 3 本の同等なバネと，質量 m の 2 つの質点を交互に連結して両端を壁に固定した．バネと質点は常に同一直線上にあり，釣り合いの状態でバネは自然の長さであるものとする．

(i)　質点の釣り合いの位置からのずれをそれぞれ x_1, x_2 として，運動方程式を導け．

(ii)　$v_1=\dot{x}_1$, $v_2=\dot{x}_2$ として x_1, v_1, x_2, v_2 を従属変数とする 1 階連立微分方程式を求めよ．

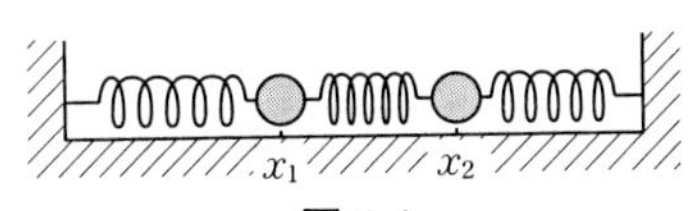

図 5-1

(iii)　C_1, C_2, C_3, C_4 を定数，$\omega_1=\sqrt{\dfrac{k}{m}}$, $\omega_2=\sqrt{\dfrac{3k}{m}}$ として，

$$x_1(t) = C_1\cos\omega_1 t+C_2\sin\omega_1 t+C_3\cos\omega_2 t+C_4\sin\omega_2 t$$
$$v_1(t) = -C_1\omega_1\sin\omega_1 t+C_2\omega_1\cos\omega_1 t-C_3\omega_2\sin\omega_2 t+C_4\omega_2\cos\omega_2 t$$
$$x_2(t) = C_1\cos\omega_1 t+C_2\sin\omega_1 t-C_3\cos\omega_2 t-C_4\sin\omega_2 t$$
$$v_2(t) = -C_1\omega_1\sin\omega_1 t-C_2\omega_2\cos\omega_1 t-C_3\omega_2\sin\omega_2 t-C_4\omega_2\cos\omega_2 t$$

が (ii) の連立微分方程式の解であることを示せ．

［解］　(i)　左側の質点は壁に固定されたバネから $-kx_1$ の力，中央のバネから $k(x_2-x_1)$ の力を受けて運動する．また右側の質点は壁に固定されたバネから $-kx_2$ の力，中央のバネから $k(x_1-x_2)$ の力を受けて運動する．それぞれの質点の加速度は $\ddot{x}_1, \ddot{x}_2$ で与えられるので，ニュートンの第 2 法則から次の連立微分方程式を得る．

$$m\ddot{x}_1 = -2kx_1+kx_2, \quad m\ddot{x}_2 = kx_1-2kx_2$$

(ii)　$v_1=\dot{x}_1$, $v_2=\dot{x}_2$ とすると，$\ddot{x}_1=\dot{v}_1$, $\ddot{x}_2=\dot{v}_2$ となる．これらと (i) で求めた方程式をあわせると，次の 4 元 1 階連立微分方程式が求められる．

$$\dot{x}_1 = v_1, \quad m\dot{v}_1 = -2kx_1+kx_2$$
$$\dot{x}_2 = v_2, \quad m\dot{v}_2 = kx_1-2kx_2$$

(iii)　与えられた関数を微分すれば，$\dot{x}_1=v_1$, $\dot{x}_2=v_2$ が成り立つことがわかる．また，

$$-2kx_1+kx_2 = -k(C_1\cos\omega_1 t+C_2\sin\omega_1 t+3C_3\cos\omega_2 t+3C_4\sin\omega_2 t)$$
$$= \frac{k\dot{v}_1}{\omega_1^2} = m\dot{v}_1$$

であり，$m\dot{v}_1=-2kx_1+kx_2$ が成り立つこともわかる．v_2 に関しても同様に計算して $m\dot{v}_2=kx_1-2kx_2$ がみたされることが確かめられ，題意が示された．

問　題5-1

［1］ 次の微分方程式を連立1階微分方程式にせよ．

(1)　$y''+2y'+3y=0$　　　　(2)　$x^2y''+3xy'+y=x$

(3)　$y''^2+yy'=0$　　　　(4)　$y'''+4y''-y'-3y=e^x$

［2］ (1)　y_1, y_2 を従属変数とする線形連立微分方程式

$$\frac{dy_1}{dx}=\alpha y_1+\beta y_2,\qquad \frac{dy_2}{dx}=\gamma y_1+\delta y_2\qquad (\alpha,\beta,\gamma,\delta \text{ は定数})$$

の y_2 を消去して，y_1 に関する微分方程式を導け．y_2 に関しても同様にせよ．

(2)　微分方程式 $y''+py'+qy=0$ (p, q は定数) を正規型の連立1階微分方程式にせよ．

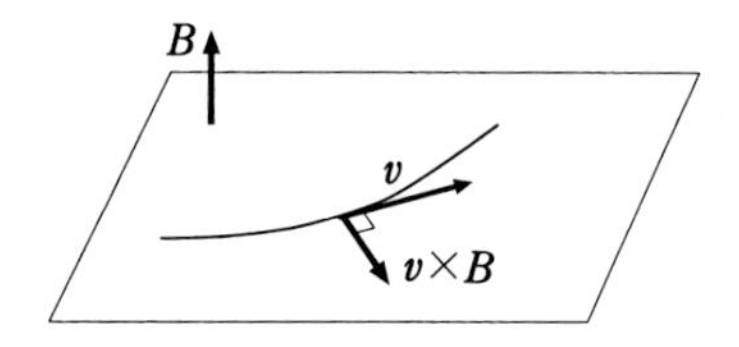

［3］ 電磁場 $\boldsymbol{E}, \boldsymbol{B}$ の中で電荷 q をもつ荷電粒子が速度 $\boldsymbol{v}$ で運動するとき，ローレンツ力 $\boldsymbol{F}_L=q(\boldsymbol{E}+\boldsymbol{v}\times\boldsymbol{B})$ が働く．x 軸に平行な一様電場 $\boldsymbol{E}$ と xy 平面に垂直な一様磁場 $\boldsymbol{B}$ があり，$\boldsymbol{E}, \boldsymbol{B}$ は時間変化しないものとする．電荷 q の荷電粒子がこの xy 平面上で運動するとき，この粒子のみたす運動方程式を導け．

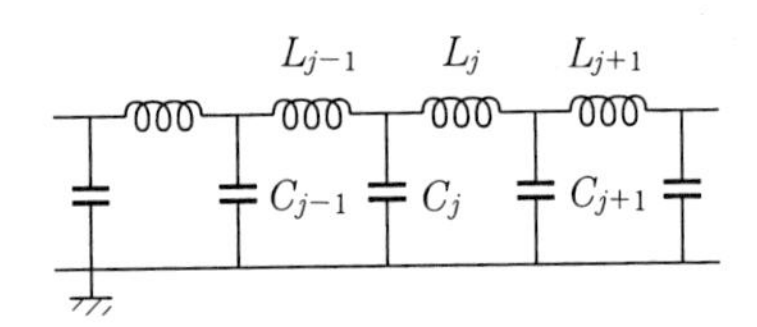

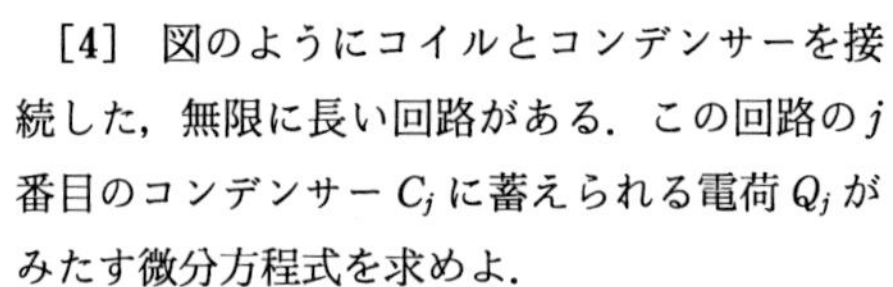

［4］ 図のようにコイルとコンデンサーを接続した，無限に長い回路がある．この回路の j 番目のコンデンサー C_j に蓄えられる電荷 Q_j がみたす微分方程式を求めよ．

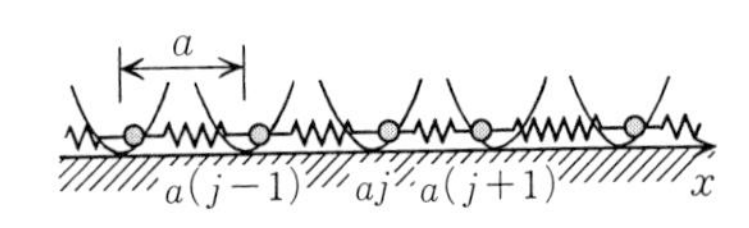

［5］ 直線上を運動する質量 m の質点系がある．それぞれの質点は一定の間隔 a で並んだ調和ポテンシャル $U_j(x)=\dfrac{k}{2}(x-aj)^2$ (k, a は定数，j は整数) の中にあり，両隣の質点とバネ定数 K，自然長 a のバネで連結されているとする．j 番目の質点の座標が $x=aj+x_j$ で表されるとするとき，x_j のみたす方程式を求めよ．

5-2　2元連立方程式(I)

本節および5-3節では定数係数の2元1階連立線形微分方程式

$$\frac{d\boldsymbol{Y}(x)}{dx} = A\boldsymbol{Y}(x)$$

$$\boldsymbol{Y}(x) \equiv \begin{pmatrix} y_1 \\ y_2 \end{pmatrix}, \quad A \equiv \begin{pmatrix} a_{11} & a_{12} \\ a_{21} & a_{22} \end{pmatrix} \qquad (A\ \text{は定数行列}) \tag{5.9}$$

を扱う．式(5.8)のように非斉次項がついた方程式は5-4節で扱う．

基本解　微分方程式(5.9)で y_1, y_2 のどちらかを消去すると，1つの従属変数に対する定数係数の2階線形微分方程式

$$y''-(a_{11}+a_{22})y'+(a_{11}a_{22}-a_{12}a_{21})y = 0 \tag{5.10}$$

となる(問題5-1[2](1))．方程式(5.10)の一般解は，複素指数関数を用いて表すことができる(3-2, 3-3節参照)．この2階微分方程式の一般解から(5.9)の一般解を構成することができ，互いに他の定数倍で表されないような，2つの特解 $\boldsymbol{F}(x), \boldsymbol{G}(x)$ を用いて

$$\boldsymbol{Y}(x) = C_1\boldsymbol{F}(x)+C_2\boldsymbol{G}(x) \qquad (C_1, C_2\ \text{は任意定数}) \tag{5.11}$$

となる．このような特解 $\boldsymbol{F}, \boldsymbol{G}$ を**基本解**という．解の集合をベクトル空間とみなすと，これらは**基本ベクトル**と考えることもできるので，そう呼ぶこともある．方程式(5.9)の基本解は2つ存在し，一般解は2つの任意定数をもつ．一般に n 元の線形1階連立微分方程式には n 個の基本解がある．一般解はそれらの1次結合で表され，任意定数を n 個もつ(例題5.4，および5-4節参照)．

解空間と解軌道　微分方程式(5.9)の解 $\boldsymbol{Y}(x)$ が初期条件

$$\boldsymbol{Y}(x_0) = \boldsymbol{P} \equiv \begin{pmatrix} y_1^{(0)} \\ y_2^{(0)} \end{pmatrix} \qquad (y_1^{(0)}, y_2^{(0)}\ \text{は定数}) \tag{5.12}$$

をみたすとする．x の値に応じて，2つの従属変数 y_1, y_2 の値が表す点 (y_1, y_2) を2次元平面上に次々に配置していくと，初期条件(5.12)によって定められる点 $\boldsymbol{P}$ から始まる1つの曲線を描くことができる(図5-2)．この平面を**解空間**，

描かれた曲線を**解軌道**という．

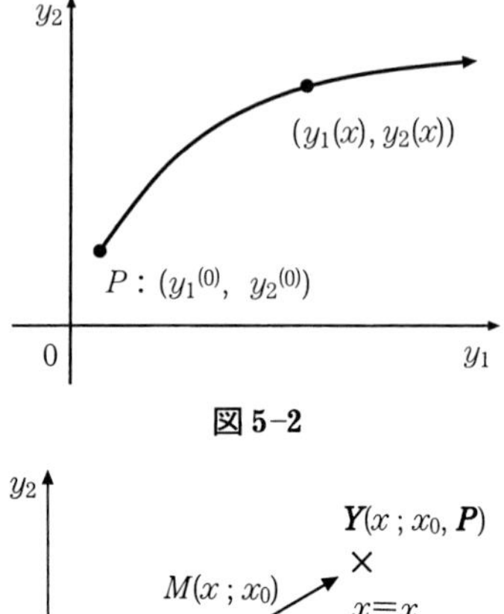

図 5–2

線形連立微分方程式(5.9)の解軌道のうち，解空間の1つの点を通るものは1つしかない(第6章参照)．

レゾルベント行列　初期条件(5.12)の下での解を $\boldsymbol{Y}(x;x_0,\boldsymbol{P})$ と書き，$\boldsymbol{P}$ と $\boldsymbol{Y}(x;x_0,\boldsymbol{P})$ とを解空間内の点に対応させる．このとき，任意の x の値に対して $\boldsymbol{P}$ を $\boldsymbol{Y}(x;x_0,\boldsymbol{P})$ に写すような変換

$$\boldsymbol{Y}(x;x_0,\boldsymbol{P}) = M(x;x_0)\boldsymbol{P} \quad (5.13)$$

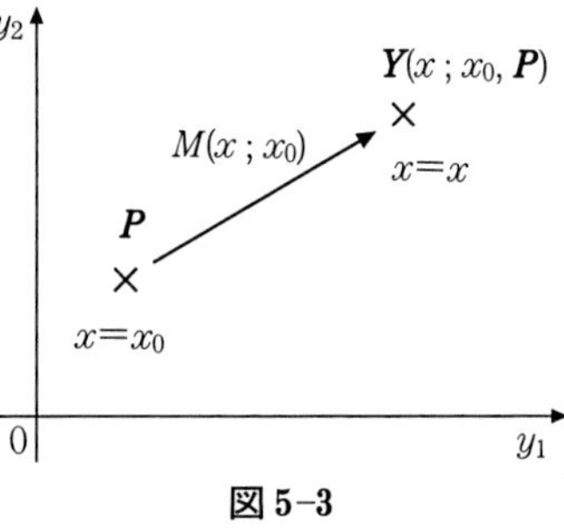

図 5–3

を考えることができる(図5–3)．このような変換を表す行列関数 $M(x;x_0)$ を**レゾルベント行列**または**解核行列**という．すなわち，ベクトル関数 $\boldsymbol{Y}$ の x に関する変化を調べる手続きを，2次元平面上の点の変換を調べる問題として解釈するわけである．

方程式(5.9)の初期値問題を解くということは，レゾルベント行列 $M(x;x_0)$ を求める問題と同じことになる．なお，レゾルベント行列の性質に関する詳細は5–3節および5–4節で述べる．

Tips：　解軌道と微分方程式

解空間の1つの点を初期条件を表す点としよう．その点を通る解軌道が1つしかないということは，解の一意性が保証されていることを意味している．したがって，一般の連立微分方程式には，複数の解軌道が1つの点を共有する場合もありうる．また，自分自身と交わる解軌道が存在することもある．たとえば，$\dfrac{dy}{dx}=v,\ \dfrac{dv}{dx}=x$ のような微分方程式はその一例である．しかし，式(5.9)のような方程式の解軌道は自分自身と交わらない．解軌道そのものの性質については第6章を参照すること．

例題 5.3　(i)　連立微分方程式 $y_1'=2y_1-3y_2$, $y_2'=y_1-2y_2$ の一般解を，y_1-y_2, y_1-3y_2 を考えることにより求めよ．

(ii)　連立微分方程式 $\dfrac{d}{dx}\begin{pmatrix} y_1 \\ y_2 \end{pmatrix}=\begin{pmatrix} -2 & 2 \\ -5 & 4 \end{pmatrix}\begin{pmatrix} y_1 \\ y_2 \end{pmatrix}$ の一般解を，一方の従属変数を消去することによって求めよ．またレゾルベント行列も求めよ．

［解］　(i)　連立微分方程式の第1式から第2式を引くと，$(y_1-y_2)'=y_1-y_2$．これは，y_1-y_2 を従属変数とする1階の微分方程式で，その一般解は

$$y_1-y_2 = C_1e^x \qquad (C_1 \text{ は任意定数}) \tag{1}$$

同様に，第1式から第2式の3倍を引いて $(y_1-3y_2)'=-(y_1-3y_2)$．この微分方程式の一般解は

$$y_1-3y_2 = C_2e^{-x} \qquad (C_2 \text{ は任意定数}) \tag{2}$$

以上の式(1), (2)を y_1, y_2 に関して解くと，

$$y_1 = 3C_1e^x+C_2e^{-x}, \quad y_2 = C_1e^x+C_2e^{-x} \qquad (C_1, C_2 \text{ は任意定数})$$

これが求めるべき一般解である．ただし，$\dfrac{C_1}{2}$, $-\dfrac{C_2}{2}$ を改めて C_1, C_2 とおいた．

(ii)　与えられた方程式の第1式を y_2 について解くと，

$$y_2 = \frac{y_1'+2y_1}{2} \tag{3}$$

(3)を第1式に代入して変数 y_2 を消去し，y_1 だけの微分方程式を導くと，$y_1''-2y_1'+2y_1=0$．これは定数係数2階線形微分方程式で，特性方程式の解は $1\pm i$ である．よって，一般解は，$y_1=C_1e^x\cos x+C_2e^x\sin x$ (C_1, C_2 は任意定数)．この一般解を(3)に代入すると，$y_2=C_1\dfrac{e^x(3\cos x-\sin x)}{2}+C_2\dfrac{e^x(3\sin x+\cos x)}{2}$．ここで，$C_1, C_2$ を改めて $2C_1, 2C_2$ とすれば，与えられた方程式の一般解は，

$$\begin{pmatrix} y_1 \\ y_2 \end{pmatrix} = C_1e^x\begin{pmatrix} 2\cos x \\ 3\cos x-\sin x \end{pmatrix}+C_2e^x\begin{pmatrix} 2\sin x \\ 3\sin x+\cos x \end{pmatrix} \qquad (C_1, C_2 \text{ は任意定数})$$

また，$x=x_0$ で初期条件 $\begin{pmatrix} y_1 \\ y_2 \end{pmatrix}=\begin{pmatrix} A \\ B \end{pmatrix}$ をみたすような解は，$x-x_0\equiv\xi$ として

$$\begin{pmatrix} y_1 \\ y_2 \end{pmatrix} = e^\xi\begin{pmatrix} \cos\xi-3\sin\xi & 2\sin\xi \\ -5\sin\xi & \cos\xi+3\sin\xi \end{pmatrix}\begin{pmatrix} A \\ B \end{pmatrix}$$

これは，レゾルベント行列が次のように与えられることを示している．

$$M(x;x_0) = e^\xi\begin{pmatrix} \cos\xi-3\sin\xi & 2\sin\xi \\ -5\sin\xi & \cos\xi+3\sin\xi \end{pmatrix}$$

例題 5.4　定数係数の 2 元連立微分方程式

$$\frac{d}{dx}\begin{pmatrix} y_1 \\ y_2 \end{pmatrix} = \begin{pmatrix} a_{11} & a_{12} \\ a_{21} & a_{22} \end{pmatrix}\begin{pmatrix} y_1 \\ y_2 \end{pmatrix} \tag{1}$$

の一方の変数を消去して得られた微分方程式の基本解を $f_1(x), f_2(x)$ とする．これらを用いて方程式(1)の一般解を表し，任意定数が 2 つ存在することを確かめよ．

［**解**］ $a_{12} \neq 0$ のとき，方程式(1)の第 1 式 $y_1' = a_{11}y_1 + a_{12}y_2$ を用いて y_2 を消去すると，

$$y_2 = \frac{y_1' - a_{11}y_1}{a_{12}} \tag{2}$$

このとき y_1 は 2 階の微分方程式

$$y_1'' - (a_{11} + a_{22})y_1' + (a_{11}a_{22} - a_{12}a_{21})y_1 = 0$$

をみたす．この方程式は 2 つの基本解をもつ．それらを f_1, f_2 とすると，一般解は $y_1 = C_1 f_1 + C_2 f_2$ (C_1, C_2 は任意定数) となる．これを (2) に代入して y_2 を求めると，$y_2 = C_1\dfrac{f_1' - a_{11}f_1}{a_{12}} + C_2\dfrac{f_2' - a_{11}f_2}{a_{12}}$ となるから，(1) の一般解は次のようになる．

$$\begin{pmatrix} y_1 \\ y_2 \end{pmatrix} = C_1\begin{pmatrix} f_1 \\ \dfrac{f_1' - a_{11}f_1}{a_{12}} \end{pmatrix} + C_2\begin{pmatrix} f_2 \\ \dfrac{f_2' - a_{11}f_2}{a_{12}} \end{pmatrix} \quad (C_1, C_2 \text{ は任意定数}) \tag{3}$$

次に，$a_{12} = 0$ の場合，$a_{21} \neq 0$ であれば，第 2 式を用いて y_1 を消去することにより，

$$y_1 = \frac{y_2' - a_{22}y_2}{a_{21}}, \qquad y_2'' - (a_{11} + a_{22})y_2' + (a_{11}a_{22} - a_{12}a_{21})y_2 = 0$$

$a_{12} \neq 0$ のときと同様に，この方程式の基本解を f_1, f_2 とすれば，方程式(1)の一般解は，

$$\begin{pmatrix} y_1 \\ y_2 \end{pmatrix} = C_1\begin{pmatrix} \dfrac{f_1' - a_{22}f_1}{a_{21}} \\ f_1 \end{pmatrix} + C_2\begin{pmatrix} \dfrac{f_2' - a_{22}f_2}{a_{21}} \\ f_2 \end{pmatrix} \quad (C_1, C_2 \text{ は任意定数}) \tag{4}$$

$a_{12} = a_{21} = 0$ の場合，与えられた微分方程式は 2 つの 1 階の微分方程式 $y_1' = a_{11}y_1$, $y_2' = a_{22}y_2$ に分かれるので，この方程式の一般解は次のようになる．

$$\begin{pmatrix} y_1 \\ y_2 \end{pmatrix} = C_1\begin{pmatrix} e^{a_{11}x} \\ 0 \end{pmatrix} + C_2\begin{pmatrix} 0 \\ e^{a_{22}x} \end{pmatrix} \quad (C_1, C_2 \text{ は任意定数}) \tag{5}$$

以上の結果，(3), (4), (5) から，定数係数の 2 元 1 階連立微分方程式(1)の一般解は 2 つの任意定数をもつことが確かめられた．なお，それぞれの解に含まれるベクトルの 1 次独立性については 5-3 節を参照すること．

問　題5-2

[1]　次の連立微分方程式の一般解およびレゾルベント行列 $M(x;x_0)$ を求めよ

(1)　$\dfrac{d}{dx}\begin{pmatrix} y_1 \\ y_2 \end{pmatrix}=\begin{pmatrix} 1 & -1 \\ 2 & -1 \end{pmatrix}\begin{pmatrix} y_1 \\ y_2 \end{pmatrix}$　　(2)　$\dfrac{d}{dx}\begin{pmatrix} y_1 \\ y_2 \end{pmatrix}=\begin{pmatrix} -2 & 2 \\ -2 & 3 \end{pmatrix}\begin{pmatrix} y_1 \\ y_2 \end{pmatrix}$

(3)　$\dfrac{d}{dx}\begin{pmatrix} y_1 \\ y_2 \end{pmatrix}=\begin{pmatrix} -1 & 0 \\ 2 & -2 \end{pmatrix}\begin{pmatrix} y_1 \\ y_2 \end{pmatrix}$　　(4)　$\dfrac{d}{dx}\begin{pmatrix} y_1 \\ y_2 \end{pmatrix}=\begin{pmatrix} 2 & 1 \\ -1 & 0 \end{pmatrix}\begin{pmatrix} y_1 \\ y_2 \end{pmatrix}$

(5)　$y_1' = 4y_1-4y_2,\quad y_2' = 5y_1-4y_2$　　(6)　$y_1' = y_1+y_2,\quad y_2' = 2y_1-y_2$

(7)　$y_1' = -2y_1-3y_2,\quad y_2' = 4y_1+5y_2$　　(8)　$y_1' = 3y_1+2y_2,\quad y_2' = -2y_1-y_2$

(9)　$y_1' = -3y_3,\quad y_2' = 2y_1+7y_3,\quad y_3' = y_2$

[2]　Ω を正定数として，連立微分方程式

(1)　$\dfrac{d}{dx}\begin{pmatrix} y_1 \\ y_2 \end{pmatrix}=\begin{pmatrix} 0 & \Omega \\ \Omega & 0 \end{pmatrix}\begin{pmatrix} y_1 \\ y_2 \end{pmatrix}$　　(2)　$\dfrac{d}{dx}\begin{pmatrix} y_1 \\ y_2 \end{pmatrix}=\begin{pmatrix} 0 & -\Omega \\ \Omega & 0 \end{pmatrix}\begin{pmatrix} y_1 \\ y_2 \end{pmatrix}$

の解をそれぞれ求め，解空間における解軌道の概形を描いて違いを比較せよ．

[3]　連立方程式 $x\dfrac{d}{dx}\begin{pmatrix} y_1 \\ y_2 \end{pmatrix}=\begin{pmatrix} \alpha & \beta \\ \gamma & \delta \end{pmatrix}\begin{pmatrix} y_1 \\ y_2 \end{pmatrix}$ の一方の変数を消去して2階の常微分方程式を導出せよ．ただし，$\alpha, \beta, \gamma, \delta$ は定数とする．

[4]　[3]を参考にして次の連立微分方程式の一般解を求めよ．

(1)　$x\dfrac{d}{dx}\begin{pmatrix} y_1 \\ y_2 \end{pmatrix}=\begin{pmatrix} 1 & -4 \\ 1 & -3 \end{pmatrix}\begin{pmatrix} y_1 \\ y_2 \end{pmatrix}$　　(2)　$x\dfrac{d}{dx}\begin{pmatrix} y_1 \\ y_2 \end{pmatrix}=\begin{pmatrix} 3 & -1 \\ 5 & -1 \end{pmatrix}\begin{pmatrix} y_1 \\ y_2 \end{pmatrix}$

(3)　$x\dfrac{d}{dx}\begin{pmatrix} y_1 \\ y_2 \end{pmatrix}=\begin{pmatrix} 3 & 2 \\ -2 & -2 \end{pmatrix}\begin{pmatrix} y_1 \\ y_2 \end{pmatrix}$　　(4)　$x\dfrac{d}{dx}\begin{pmatrix} y_1 \\ y_2 \end{pmatrix}=\begin{pmatrix} 1 & -1 \\ 2 & 4 \end{pmatrix}\begin{pmatrix} y_1 \\ y_2 \end{pmatrix}$

Tips:　任意定数についての注意

例題5.3の式(1)と(2)はともに1階の微分方程式の解であるから，それぞれ1つの任意定数をもつ．そして，それらには別々の文字を使わなくてはならない．

5-3　2元連立方程式(II)

ベクトルの1次独立と1次従属　　2成分ベクトル関数

$$\boldsymbol{F}(x) = \begin{pmatrix} f_1(x) \\ f_2(x) \end{pmatrix}, \quad \boldsymbol{G}(x) = \begin{pmatrix} g_1(x) \\ g_2(x) \end{pmatrix} \tag{5.14}$$

を考えよう．同時には0にならないようなある2つの定数 C_1, C_2 の組に対して

$$C_1\boldsymbol{F}(x)+C_2\boldsymbol{G}(x) = \boldsymbol{0} \tag{5.15}$$

が恒等的に成立するとき，ベクトル $\boldsymbol{F}, \boldsymbol{G}$ は**1次従属**であるといい，(5.15)が $C_1=C_2=0$ に限って恒等的に成立するとき**1次独立**であるという．

ロンスキアン　　関数 $\varDelta(\boldsymbol{F}, \boldsymbol{G})$ を次式で定義する．

$$\varDelta(\boldsymbol{F}, \boldsymbol{G}) \equiv \begin{vmatrix} f_1 & g_1 \\ f_2 & g_2 \end{vmatrix} \tag{5.16}$$

ベクトル関数 $\boldsymbol{F}, \boldsymbol{G}$ が1次従属ならば $\varDelta(\boldsymbol{F}, \boldsymbol{G})=0$ である．同じことであるが，$\varDelta(\boldsymbol{F}, \boldsymbol{G})\neq 0$ ならば，両者は1次独立である．これらの逆は必ずしも正しくはなく，1次独立な $\boldsymbol{F}, \boldsymbol{G}$ に対して $\varDelta(\boldsymbol{F}, \boldsymbol{G})$ が0になることもあり得る．いま，$\boldsymbol{F}, \boldsymbol{G}$ が連立微分方程式の解とすると，この $\varDelta(\boldsymbol{F}, \boldsymbol{G})$ と第3,4章で述べたロンスキアンとを対応づけることができる(問題5-3[3]参照)．ここでは連立微分方程式を考えているので，(5.16)で定義される $\varDelta$ を**ロンスキアン**と呼ぶことにしよう．

とくにベクトル関数 $\boldsymbol{F}$ と $\boldsymbol{G}$ が次の線形連立方程式の解であるとする．

$$\frac{d\boldsymbol{Y}(x)}{dx} = A\boldsymbol{Y}(x) \qquad (A\text{ は2行2列の定数行列}) \tag{5.17}$$

この場合，ロンスキアン $\varDelta(\boldsymbol{F}, \boldsymbol{G})$ は常に0か絶対に0でないかのどちらかである(問題5-3[3])．したがって，(5.17)の解 $\boldsymbol{F}, \boldsymbol{G}$ が1次独立である必要十分条件は $\varDelta(\boldsymbol{F}, \boldsymbol{G})\neq 0$ となる．

定数係数の線形連立微分方程式の一般解　　連立微分方程式(5.17)は2階の定数係数線形微分方程式に変形されるから，指数関数解をもつと仮定できる．

$$Y = Fe^{kx} \qquad (F \text{は2次元定ベクトル})$$

この Y を(5.17)に代入して整理すると，次の式を得る．

$$(A-kE)F = 0 \qquad (E \text{は単位行列})$$

これは，k が行列 A の固有値，F が固有ベクトルであることを意味する．

2×2行列 A の特性方程式

$$|A-kE| = 0 \qquad (E \text{は単位行列}) \tag{5.18}$$

は，k について2次方程式を与える．まず，2つの異なる解 k_1, k_2 をもつとしよう(このような場合，**固有値に縮退がない**という)．一般に，異なる固有値に属する固有ベクトルは1次独立であるから，固有値 k_j $(j=1,2)$ に属する固有ベクトルを F_j と書けば，

$$\boxed{\begin{aligned} &Y = F_1e^{k_1x}+F_2e^{k_2x} \\ &(A-k_jE)F_j = 0 \qquad (j=1,2) \end{aligned}} \tag{5.19a}$$

が連立微分方程式(5.17)の一般解を与える．

(5.18)が重根 k をもつとき，すなわち，固有値 k が**縮退している**場合は，定数変化法を用いる(例題5.7)．このとき，一般解は次のようになる．

$$\boxed{\begin{aligned} &Y = Gxe^{kx}+He^{kx} \\ &(A-kE)G = 0, \quad (A-kE)H = G \end{aligned}} \tag{5.19b}$$

Tips：　(5.19)の任意定数は？

式(5.19)では任意定数は明示的には書かれていない．しかし，$(A-kE)F=0$ の形のベクトル方程式は F を定数倍する任意性があり，$(A-kE)H=G$ の形の方程式は $(A-kE)F=0$ の解を加える任意性があるので，(5.19a)，(5.19b)ともに2つの任意定数を含んでいることになる．なお(5.19b)では，$Y=C_1F_1e^{kx}+C_2F_2xe^{kx}$ などのように任意定数を e^{kx}, xe^{kx} の各項に分離した形で書くことはできず，基本ベクトルは e^{kx} と xe^{kx} が混在した形となる．

レゾルベント行列　　ベクトル関数 $Z_1(x) \equiv \begin{pmatrix} z_{11} \\ z_{12} \end{pmatrix}$, $Z_2(x) \equiv \begin{pmatrix} z_{21} \\ z_{22} \end{pmatrix}$ がそれぞれ連立微分方程式(5.17)の解であり，初期条件

$$\boldsymbol{Z}_1(x_0) = \begin{pmatrix} 1 \\ 0 \end{pmatrix}, \quad \boldsymbol{Z}_2(x_0) = \begin{pmatrix} 0 \\ 1 \end{pmatrix} \tag{5.20}$$

をみたすとする．このとき，$\boldsymbol{Z}_1, \boldsymbol{Z}_2$ を並べて作った行列

$$M(x; x_0) = (\boldsymbol{Z}_1, \boldsymbol{Z}_2) = \begin{pmatrix} z_{11} & z_{21} \\ z_{12} & z_{22} \end{pmatrix} \tag{5.21}$$

は微分方程式(5.17)のレゾルベント行列である(例題5.6参照)．

例題 5.5　次の連立微分方程式の一般解を求めよ．また，レゾルベント行列も求めよ．

(i)　$\dfrac{d}{dx}\begin{pmatrix} y_1 \\ y_2 \end{pmatrix}=\begin{pmatrix} 1 & 6 \\ 2 & -3 \end{pmatrix}\begin{pmatrix} y_1 \\ y_2 \end{pmatrix}$　　(ii)　$\dfrac{d}{dx}\begin{pmatrix} y_1 \\ y_2 \end{pmatrix}=\begin{pmatrix} 7 & -5 \\ 2 & 1 \end{pmatrix}\begin{pmatrix} y_1 \\ y_2 \end{pmatrix}$

(iii)　$\dfrac{d}{dx}\begin{pmatrix} y_1 \\ y_2 \end{pmatrix}=\begin{pmatrix} 7 & 2 \\ -2 & 3 \end{pmatrix}\begin{pmatrix} y_1 \\ y_2 \end{pmatrix}$

［解］　以下，微分方程式中の行列をA，単位行列をE，そして$\xi\equiv x-x_0$とする．

(i)　行列Aの特性方程式は，$|A-kE|=k^2+2k-15=0$であるから，固有値は$k=3$, -5．そのとき固有ベクトルは，$k=3$に対して$\begin{pmatrix} 3 \\ 1 \end{pmatrix}$，$k=5$に対して$\begin{pmatrix} -1 \\ 1 \end{pmatrix}$となる．

よって一般解は，

$$\boldsymbol{Y}=C_1\begin{pmatrix} 3 \\ 1 \end{pmatrix}e^{3x}+C_2\begin{pmatrix} -1 \\ 1 \end{pmatrix}e^{-5x}$$

ここで，初期条件$\boldsymbol{Y}(x_0)=\begin{pmatrix} 1 \\ 0 \end{pmatrix}$, $\begin{pmatrix} 0 \\ 1 \end{pmatrix}$をみたす特解は，それぞれ

$$\frac{e^{-\xi}}{2}\begin{pmatrix} 2\cosh 4\xi+\sinh 4\xi \\ \sinh 4\xi \end{pmatrix},\quad \frac{e^{-\xi}}{2}\begin{pmatrix} 3\sinh 4\xi \\ 2\cosh 4\xi-\sinh 4\xi \end{pmatrix}$$

レゾルベント行列は，これらを並べた次の行列である．

$$M(x;x_0)=\frac{e^{-\xi}}{2}\begin{pmatrix} 2\cosh 4\xi+\sinh 4\xi & 3\sinh 4\xi \\ \sinh 4\xi & 2\cosh 4\xi-\sinh 4\xi \end{pmatrix}$$

(ii)　(i)と同様にして，行列の特性方程式は$|A-kE|=k^2-8k+17=0$．
よって固有値は$k=4\pm i$．これらに対応する固有ベクトルは$\begin{pmatrix} 3\pm i \\ 2 \end{pmatrix}$となる．したがってこの方程式の一般解は，

$$\begin{aligned}\boldsymbol{Y}&=C_1\begin{pmatrix} 3+i \\ 2 \end{pmatrix}e^{(4+i)x}+C_2\begin{pmatrix} 3-i \\ 2 \end{pmatrix}e^{(4-i)x}\qquad (C_1,\ C_2\text{ は定数})\\&=\begin{pmatrix} 3B_1+B_2 \\ 2B_1 \end{pmatrix}e^{4x}\cos x+\begin{pmatrix} 3B_2-B_1 \\ 2B_2 \end{pmatrix}e^{4x}\sin x\qquad (B_1,\ B_2\text{ は定数})\end{aligned}$$

ただし，B_1, B_2とC_1, C_2とは$B_1=C_1+C_2$, $B_2=i(C_1-C_2)$で関係づけられている．なお，解は実関数なので，C_1, C_2は$\overline{C}_1=C_2$ ($\overline{C}_1$はC_1の複素共役) をみたす複素数である．

解が初期条件$\boldsymbol{Y}(x_0)=\begin{pmatrix} 1 \\ 0 \end{pmatrix}$, $\begin{pmatrix} 0 \\ 1 \end{pmatrix}$をみたすとき，定数$\begin{pmatrix} B_1 \\ B_2 \end{pmatrix}$はそれぞれ

$$e^{-4x_0}\begin{pmatrix}-\sin x_0\\ \cos x_0\end{pmatrix},\qquad \frac{e^{-4x_0}}{2}\begin{pmatrix}\cos x_0+3\sin x_0\\ -3\cos x_0+\sin x_0\end{pmatrix}$$

となる．これらに対応する特解を並べればレゾルベント行列が得られ，

$$M(x;x_0)=e^{4\xi}\begin{pmatrix}\cos\xi+3\sin\xi & -5\sin\xi\\ 2\sin\xi & \cos\xi-3\sin\xi\end{pmatrix}$$

(iii) 行列 A の特性方程式は，$|A-kE|=k^2-10k+25=0$．これは重根 $k=5$ をもつ．この縮退した固有値に対する固有ベクトルは，$\boldsymbol{G}\equiv\begin{pmatrix}2C_1\\ -2C_1\end{pmatrix}$ (C_1 は定数)である．また，$(A-kE)\boldsymbol{H}=\boldsymbol{G}$ を解くと，$\boldsymbol{H}=\begin{pmatrix}C_2\\ C_1-C_2\end{pmatrix}$ (C_2 は定数)．したがって与えられた方程式の一般解は，$\boldsymbol{Y}=C_1\begin{pmatrix}2x\\ 1-2x\end{pmatrix}e^{5x}+C_2\begin{pmatrix}1\\ -1\end{pmatrix}e^{5x}$.

いま，$\boldsymbol{Y}(x_0)=\begin{pmatrix}1\\ 0\end{pmatrix}, \begin{pmatrix}0\\ 1\end{pmatrix}$ のとき，それぞれ $\begin{pmatrix}C_1\\ C_2\end{pmatrix}=e^{-5x_0}\begin{pmatrix}1\\ 1-2x_0\end{pmatrix}$, $e^{-5x_0}\begin{pmatrix}1\\ -2x_0\end{pmatrix}$ となるので，レゾルベント行列を求めれば，

$$M(x;x_0)=e^{5\xi}\begin{pmatrix}1+2\xi & 2\xi\\ -2\xi & 1-2\xi\end{pmatrix}$$

例題 5.6 2 元連立微分方程式

$$\frac{d\boldsymbol{Y}}{dx}=A\boldsymbol{Y}\qquad (A\ は\ 2\times 2\ の定数行列，\boldsymbol{Y}\ は\ 2\ 次元ベクトル)\tag{1}$$

を考える．この微分方程式の 2 つの特解 $\boldsymbol{Z}_1, \boldsymbol{Z}_2$ は次の初期条件をみたすとする．

$$\boldsymbol{Z}_1(x_0)=\begin{pmatrix}1\\ 0\end{pmatrix},\qquad \boldsymbol{Z}_2(x_0)=\begin{pmatrix}0\\ 1\end{pmatrix}\tag{2}$$

これらの解を並べて作られる次の行列はレゾルベント行列であることを示せ．

$$M(x;x_0)\equiv(\boldsymbol{Z}_1,\boldsymbol{Z}_2)\tag{3}$$

［解］ 定数ベクトル $\boldsymbol{P}$ に(3)で定められる行列 $M(x;x_0)$ を作用させたベクトル

$$\boldsymbol{Y}=M(x;x_0)\boldsymbol{P}\tag{4}$$

を考える．これを x で微分すると，$\dfrac{d\boldsymbol{Y}}{dx}=\dfrac{dM(x;x_0)}{dx}\boldsymbol{P}$．ここで，行列 $M(x;x_0)$ の各列をなすベクトル $\boldsymbol{Z}_1, \boldsymbol{Z}_2$ は(1)の解で，$\boldsymbol{Z}_1'=A\boldsymbol{Z}_1$, $\boldsymbol{Z}_2'=A\boldsymbol{Z}_2$ をみたすので，

$$\frac{dM(x;x_0)}{dx}=\left(\frac{d\boldsymbol{Z}_1}{dx}, \frac{d\boldsymbol{Z}_2}{dx}\right)=(A\boldsymbol{Z}_1, A\boldsymbol{Z}_2)=A(\boldsymbol{Z}_1,\boldsymbol{Z}_2)=AM(x;x_0)$$

これを用いると，

$$\frac{d\boldsymbol{Y}}{dx}=\frac{dM(x;x_0)}{dx}\boldsymbol{P}=AM(x;x_0)\boldsymbol{P}=A\boldsymbol{Y}$$

よって(4)で定義される $\boldsymbol{Y}$ は(1)をみたす．また，$\boldsymbol{Z}_1,\boldsymbol{Z}_2$ の初期条件(2)から $M(x_0;x_0)$ は単位行列となるから，解(4)は次の初期条件をみたす．

$$\boldsymbol{Y}(x_0)=M(x_0;x_0)\boldsymbol{P}=\boldsymbol{P}. \tag{5}$$

以上のように，初期条件(5)をみたす解がベクトル $\boldsymbol{Y}$ で与えられるので，(3)の行列がレゾルベント行列であることが確かめられた．

例題 5.7　(i)　行列 $A\equiv\begin{pmatrix}\alpha & \beta\\ \gamma & \delta\end{pmatrix}$ $(\alpha,\beta,\gamma,\delta$ は定数$)$ の特性方程式が重根をもつとき，$\alpha,\beta,\gamma,\delta$ の間の関係を求めよ．

(ii)　(i)で扱った行列 A を用いて次の連立微分方程式を考える．

$$\frac{d\boldsymbol{Y}}{dx}=A\boldsymbol{Y},\qquad Y\equiv\begin{pmatrix}y_1\\ y_2\end{pmatrix} \tag{1}$$

定数変化法を用いて，(1)の一般解が次の公式で与えられることを示せ．

$$\begin{aligned}&\boldsymbol{Y}=\boldsymbol{G}xe^{kx}+\boldsymbol{H}e^{kx}\\ &(A-kE)\boldsymbol{G}=\boldsymbol{0},\quad (A-kE)\boldsymbol{H}=\boldsymbol{G}\qquad (E\text{ は単位行列})\end{aligned} \tag{2}$$

［解］　(i)　A の特性方程式は，E を単位行列として $|A-kE|=0$．これは2次方程式 $k^2-(\alpha+\delta)k+\alpha\delta-\beta\gamma=0$ である．重根をもつ条件は

$$(\alpha+\delta)^2-4(\alpha\delta-\beta\gamma)=(\alpha-\delta)^2+4\beta\gamma=0 \tag{3}$$

(ii)　(3)のもとで，固有値は $k=\dfrac{\alpha+\delta}{2}$．よって(1)の解を $\boldsymbol{Y}=\boldsymbol{F}(x)e^{(\alpha+\delta)x/2}$ とすれば，

$$\frac{d\boldsymbol{Y}}{dx}=\frac{d\boldsymbol{F}}{dx}e^{(\alpha+\delta)x/2}+\frac{\alpha+\delta}{2}\boldsymbol{F}e^{(\alpha+\delta)x/2}=\left(\frac{d\boldsymbol{F}}{dx}+\frac{\alpha+\delta}{2}\boldsymbol{F}\right)e^{(\alpha+\delta)x/2}$$

(1)により，これが $A\boldsymbol{Y}=A\boldsymbol{F}e^{(\alpha+\delta)x/2}$ に等しいから，$\boldsymbol{F}$ は次の方程式をみたす．

$$\frac{d\boldsymbol{F}}{dx}=\left(A-\frac{\alpha+\delta}{2}E\right)\boldsymbol{F}=(A-kE)\boldsymbol{F} \tag{4}$$

(I)　$\beta=0$ のとき，

式(3)から，$\alpha=\delta$．このとき，(4)の各成分は $F_1'=0$，$F_2'=\gamma F_1$．よって

$$F_1=C_1,\quad F_2=C_1\gamma x+C_2\qquad (C_1, C_2\text{ は定数})$$

また，このとき $k=\alpha$ であるから，

$$\boldsymbol{Y} = C_1\begin{pmatrix}0\\ \gamma\end{pmatrix}xe^{\alpha x}+\left[C_1\begin{pmatrix}1\\ 0\end{pmatrix}+C_2\begin{pmatrix}0\\ 1\end{pmatrix}\right]e^{\alpha x} \qquad (C_1, C_2 \text{ は任意定数}) \tag{5}$$

この解はγの値にかかわらず2つの任意定数を含むから一般解である．

(II)　$\beta \neq 0$のとき．

式(3)から$\gamma=-\dfrac{(\alpha-\delta)^2}{4\beta}$．このとき，方程式(4)は

$$F_1' = \frac{\alpha-\delta}{2}F_1+\beta F_2, \quad F_2' = -\frac{\alpha-\delta}{2\beta}F_1'$$

第2式を積分すると，$\dfrac{\alpha-\delta}{2}F_1+\beta F_2=C_1$ (C_1は定数)．これと第1式から$F_1'=C_1$．よって，C_2を新しい定数とすれば，

$$F_1 = C_1x+C_2, \quad F_2 = C_1\frac{\delta-\alpha}{2\beta}x+\frac{C_1}{\beta}+C_2\frac{\delta-\alpha}{2\beta}$$

任意定数C_1, C_2を改めて$2\beta C_1, 2\beta C_2$と書くと，

$$\boldsymbol{Y} = C_1\begin{pmatrix}2\beta\\ \delta-\alpha\end{pmatrix}xe^{(\alpha+\delta)x/2}+\left[C_1\begin{pmatrix}0\\ 2\end{pmatrix}+C_2\begin{pmatrix}2\beta\\ \delta-\alpha\end{pmatrix}\right]e^{(\alpha+\delta)x/2} \tag{6}$$

$\beta \neq 0$から，これは必ず2つの任意定数をもち，一般解であることがわかる．

ここで(2)と(5), (6)を比べると，次のような対応関係がある．

	$\boldsymbol{G}$	$\boldsymbol{H}$	$A-kE$
(5)	$C_1\begin{pmatrix}0\\ \gamma\end{pmatrix}$	$\begin{pmatrix}C_1\\ C_2\end{pmatrix}$	$\begin{pmatrix}0 & 0\\ \gamma & 0\end{pmatrix}$
(6)	$C_1\begin{pmatrix}2\beta\\ \delta-\alpha\end{pmatrix}$	$\begin{pmatrix}2\beta C_2\\ 2C_1+(\delta-\alpha)C_2\end{pmatrix}$	$\begin{pmatrix}(\alpha-\delta)/2 & \beta\\ \gamma & (\delta-\alpha)/2\end{pmatrix}$

よって，(5), (6)ともに$(A-kE)\boldsymbol{G}=\boldsymbol{0}$，$(A-kE)\boldsymbol{H}=\boldsymbol{G}$をみたすことが確かめられる．

以上により，(2)は与えられた微分方程式の一般解であることが示された．

問　題 5–3

[1]　次の方程式の一般解を行列の固有ベクトルを用いて求めよ(問題 5–2 [1] 参照).

(1)　$\dfrac{d}{dx}\begin{pmatrix} y_1 \\ y_2 \end{pmatrix}=\begin{pmatrix} 1 & -1 \\ 2 & -1 \end{pmatrix}\begin{pmatrix} y_1 \\ y_2 \end{pmatrix}$　　(2)　$\dfrac{d}{dx}\begin{pmatrix} y_1 \\ y_2 \end{pmatrix}=\begin{pmatrix} -2 & 2 \\ -2 & 3 \end{pmatrix}\begin{pmatrix} y_1 \\ y_2 \end{pmatrix}$

(3)　$\dfrac{d}{dx}\begin{pmatrix} y_1 \\ y_2 \end{pmatrix}=\begin{pmatrix} -1 & 0 \\ 2 & -2 \end{pmatrix}\begin{pmatrix} y_1 \\ y_2 \end{pmatrix}$　　(4)　$\dfrac{d}{dx}\begin{pmatrix} y_1 \\ y_2 \end{pmatrix}=\begin{pmatrix} 2 & 1 \\ -1 & 0 \end{pmatrix}\begin{pmatrix} y_1 \\ y_2 \end{pmatrix}$

(5)　$y_1' = 4y_1-4y_2,\quad y_2' = 5y_1-4y_2$　　(6)　$y_1' = y_1+y_2,\quad y_2' = 2y_1-y_2$

(7)　$y_1' = -2y_1-3y_2,\quad y_2' = 4y_1+5y_2$　　(8)　$y_1' = 3y_1+2y_2,\quad y_2' = -2y_1-y_2$

(9)　$y_1' = -3y_3,\quad y_2' = 2y_1+7y_3,\quad y_3' = y_2$

[2]　行列 $A=\begin{pmatrix} a & b \\ c & d \end{pmatrix}$ (a, b, c, d は定数)の特性方程式が，共役な複素数解 $\alpha\pm i\beta$ (α, β は実数) をもつとする.

(1)　a, b, c, d の間に成り立つ関係を求めよ.

(2)　微分方程式 $\boldsymbol{Y}'=A\boldsymbol{Y}$ の一般解を複素指数関数と三角関数を用いて2通りに書き表せ.

[3]　2つのベクトル関数 $\boldsymbol{F}=\begin{pmatrix} f_1 \\ f_2 \end{pmatrix}$, $\boldsymbol{G}=\begin{pmatrix} g_1 \\ g_2 \end{pmatrix}$ に対して，関数 $\Delta(\boldsymbol{F}, \boldsymbol{G})$ を

$$\Delta(\boldsymbol{F}, \boldsymbol{G}) \equiv \begin{vmatrix} f_1 & g_1 \\ f_2 & g_2 \end{vmatrix} = f_1g_2-f_2g_1$$

で定義する.

(1)　関数 $\boldsymbol{F}, \boldsymbol{G}$ が1次独立で，しかも $\Delta(\boldsymbol{F}, \boldsymbol{G})$ が0になるような例を挙げよ.

(2)　一般には，関数 $\Delta(\boldsymbol{F}, \boldsymbol{G})$ は単なる関数行列式に過ぎないが，連立微分方程式の解を考えている場合は 4–2 節で述べたロンスキアンと同一視することができる．このことを2階線形微分方程式に対する変数変換

$$y_1 = \alpha y+\beta y', \quad y_2 = \gamma y+\delta y' \qquad (\alpha\delta-\beta\gamma\neq 0)$$

を用いて確かめよ(問題 5–1 [2] (1) を参照).

(3)　$\boldsymbol{F}, \boldsymbol{G}$ が方程式

$$\frac{d\boldsymbol{Y}}{dx} = \begin{pmatrix} a_{11} & a_{12} \\ a_{21} & a_{22} \end{pmatrix}\boldsymbol{Y} \qquad (a_{11}, a_{12}, a_{21}, a_{22} \text{ は定数})$$

の解であるとする．このとき，関数 $\Delta(\boldsymbol{F}, \boldsymbol{G})$ は，$\Delta(\boldsymbol{F}, \boldsymbol{G})=Ce^{(a_{11}+a_{22})x}$ (C は定数)をみたすことを示せ.

［4］　次の微分方程式において，$\boldsymbol{Y}=x^n\boldsymbol{F}$ (n は定数，$\boldsymbol{F}$ は定ベクトル)と仮定し，行列の固有ベクトルを用いて一般解を求めよ．

(1)　$x\dfrac{d}{dx}\begin{pmatrix} y_1 \\ y_2 \end{pmatrix}=\begin{pmatrix} 4 & 5 \\ -1 & -2 \end{pmatrix}\begin{pmatrix} y_1 \\ y_2 \end{pmatrix}$　　(2)　$x\dfrac{d}{dx}\begin{pmatrix} y_1 \\ y_2 \end{pmatrix}=\begin{pmatrix} 3 & 1 \\ 1 & 3 \end{pmatrix}\begin{pmatrix} y_1 \\ y_2 \end{pmatrix}$

(3)　$x\dfrac{d}{dx}\begin{pmatrix} y_1 \\ y_2 \end{pmatrix}=\begin{pmatrix} 3 & -1 \\ 1 & 1 \end{pmatrix}\begin{pmatrix} y_1 \\ y_2 \end{pmatrix}$　　(4)　$x\dfrac{d}{dx}\begin{pmatrix} y_1 \\ y_2 \end{pmatrix}=\begin{pmatrix} 2 & 1 \\ -2 & 0 \end{pmatrix}\begin{pmatrix} y_1 \\ y_2 \end{pmatrix}$

［5］　直線上を滑らかに運動する等しい質量 m の 2 つの質点がある．それぞれの質点は原点からの距離に比例する力 $-Kx$ を受けている．これらの質点を下の図のようにバネ定数 k，自然長 l のバネで連結したとき，それぞれの質点の位置座標 x_1, x_2 がみたす微分方程式を導出し，その解を求めよ．

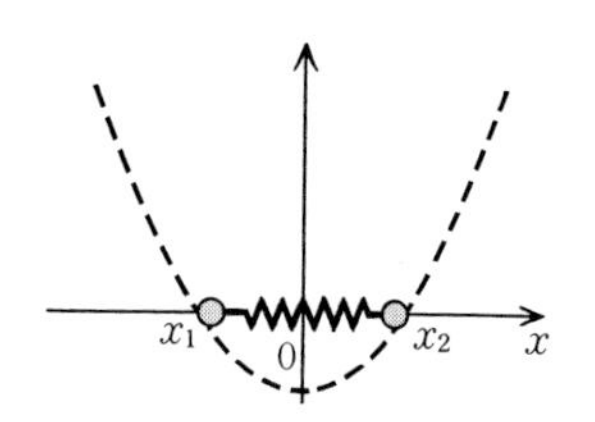

［ヒント：まず，x_1, x_2 のみたす運動方程式の非斉次項を変数変換により消去する．次に，その解が $e^{i\omega t}\boldsymbol{F}$ ($\boldsymbol{F}$ は定ベクトル)という形になると仮定して行列の固有値問題に直して計算する．］

Tips：　基本解と規準振動

物理では振動の問題を解析する場合，変位に関する 2 階の微分方程式のまま扱う．たとえば，例題 5.2 (2 つの質点と 3 つのバネからなる振動系)のような場合，

$$\frac{d^2}{dt^2}\begin{pmatrix} x_1 \\ x_2 \end{pmatrix}=\begin{pmatrix} -2\Omega^2 & \Omega^2 \\ \Omega^2 & -2\Omega^2 \end{pmatrix}\begin{pmatrix} x_1 \\ x_2 \end{pmatrix}$$

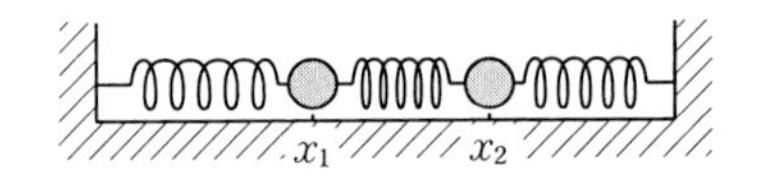

において，$x_1=a_1e^{i\omega t}$，$x_2=a_2e^{i\omega t}$ とする．このとき，2×2 行列の固有値問題から ω が求められ，それに応じて 2 種類の振動を得る．しかし，$v_1=\dot{x}_1$，$v_2=\dot{x}_2$ とすると，この方程式は次の 4 個の基本解をもつはずである．

$$(x_1, x_2, v_1, v_2) = (1, 1, \pm\Omega, \pm\Omega)e^{\pm i\Omega t},\quad (1, -1, \pm\sqrt{3}\,\Omega, \mp\sqrt{3}\,\Omega)e^{\pm\sqrt{3}\,i\Omega t}$$

残りの解はどこに行ってしまったのだろうか．それは次のように考えられる．$e^{\pm i\Omega t}$ に比例する解の 1 次結合をつくり，整理すると，$x_1=x_2=A\sin(\Omega t+\phi)$，$v_1=v_2=A\Omega\cos(\Omega t+\phi)$．よってこれらの基本解は，同じ 1 つの振動にまとめられる．後者 2 つも同様に 1 つにまとめられる．このように，本質的に独立な運動は，基本解のうちの半分だけで，残りの半分は単に位相が違う振動を表していたのである．このような独立な振動のことを，物理では規準振動という．

5-4　連立方程式の一般論

1次従属と1次独立　n 個の n 次元ベクトル関数 $\boldsymbol{Y}_j(x)$ $(j=1, \cdots, n)$ があるとする.

$$\sum_{j=1}^{n} C_j \boldsymbol{Y}_j(x) = C_1\boldsymbol{Y}_1(x)+C_2\boldsymbol{Y}_2(x)+\cdots+C_n\boldsymbol{Y}_n(x) = 0 \qquad (5.22)$$

という関係式が, $C_1=C_2=\cdots=C_n=0$ に限って恒等的に成り立つとき, $\boldsymbol{Y}_1, \boldsymbol{Y}_2, \cdots, \boldsymbol{Y}_n$ は**1次独立**, $C_1, C_2, \cdots, C_n$ が同時に0にならなくても恒等的に成り立つことがあるとき, $\boldsymbol{Y}_1, \boldsymbol{Y}_2, \cdots, \boldsymbol{Y}_n$ は**1次従属**であるという.

いま, ベクトル関数 $\boldsymbol{Y}_j$ $(j=1, \cdots, n)$ を

$$\boldsymbol{Y}_j = \begin{pmatrix} y_{j1} \\ \vdots \\ y_{jn} \end{pmatrix} \qquad (j=1, \cdots, n)$$

と書く. (5.16)で定められた $\varDelta(\boldsymbol{F}, \boldsymbol{G})$ を一般化した量として, 行列式

$$\varDelta(\boldsymbol{Y}_1, \boldsymbol{Y}_2, \cdots, \boldsymbol{Y}_n) \equiv \begin{vmatrix} y_{11} & y_{21} & \cdots & y_{n1} \\ y_{12} & y_{22} & \cdots & y_{n2} \\ \cdots & \cdots & \cdots & \cdots \\ y_{1n} & y_{2n} & \cdots & y_{nn} \end{vmatrix} \qquad (5.23)$$

を定義すると, 次の性質が成り立つ.

(I)　$\boldsymbol{Y}_1, \boldsymbol{Y}_2, \cdots, \boldsymbol{Y}_n$ が1次従属のとき, $\varDelta(\boldsymbol{Y}_1, \boldsymbol{Y}_2, \cdots, \boldsymbol{Y}_n)=0$

(II)　$\varDelta(\boldsymbol{Y}_1, \boldsymbol{Y}_2, \cdots, \boldsymbol{Y}_n)\neq 0$ のとき, $\boldsymbol{Y}_1, \boldsymbol{Y}_2, \cdots, \boldsymbol{Y}_n$ は1次独立

(5.16)をロンスキアンと呼んだのと同じ理由で(5.23)を**ロンスキアン**という.

基本解と初期値問題　n 元連立線形微分方程式

$$\frac{d\boldsymbol{Y}}{dx} = A\boldsymbol{Y}, \quad \boldsymbol{Y} = \begin{pmatrix} y_1 \\ \vdots \\ y_n \end{pmatrix}, \quad A = \begin{pmatrix} a_{11} & \cdots & a_{n1} \\ \cdots & \cdots & \cdots \\ a_{n1} & \cdots & a_{nn} \end{pmatrix} \qquad (5.24)$$

の n 個の1次独立な特解を**基本解**という.

n 個のベクトル関数 $\boldsymbol{Y}_j$ $(j=1, \cdots, n)$ が連立微分方程式(5. 24)の解であるとき，式(5. 23)で定義される $\varDelta(\boldsymbol{Y}_1, \boldsymbol{Y}_2, \cdots, \boldsymbol{Y}_n)$ は，常に 0 か，絶対に 0 にならないかのいずれかである．したがって，x のある値で $\varDelta(\boldsymbol{Y}_1, \cdots, \boldsymbol{Y}_n) \neq 0$ ならば，$\{\boldsymbol{Y}_1, \cdots, \boldsymbol{Y}_n\}$ は常に 1 次独立で，(5. 24)の基本解となる．

次に，初期条件

$$\boldsymbol{Z}_1(x_0) = \begin{pmatrix} 1 \\ 0 \\ \vdots \\ 0 \end{pmatrix}, \quad \boldsymbol{Z}_2(x_0) = \begin{pmatrix} 0 \\ 1 \\ \vdots \\ 0 \end{pmatrix}, \quad \cdots, \quad \boldsymbol{Z}_n(x_0) = \begin{pmatrix} 0 \\ 0 \\ \vdots \\ 1 \end{pmatrix} \tag{5. 25}$$

をみたすような解 $\boldsymbol{Z}_j(x)$ $(j=1, \cdots, n)$ を考えよう．これらは $x=x_0$ で 1 次独立であるから基本解である．いま，(5. 24)の解 $\boldsymbol{Y}(x)$ が初期条件

$$\boldsymbol{Y}(x_0) = \begin{pmatrix} C_1 \\ C_2 \\ \vdots \\ C_n \end{pmatrix} \equiv \boldsymbol{C} \tag{5. 26}$$

をみたすとき，式(5. 25)の基本解 $\boldsymbol{Z}_j$ $(j=1, \cdots, n)$ を用いて，$\boldsymbol{Y}(x)$ を次のように表すことができる．

$$\boldsymbol{Y}(x) = \sum_{j=1}^{n} C_j \boldsymbol{Z}_j \tag{5. 27}$$

初期値問題の解の一意性など　　連立微分方程式

$$\frac{d\boldsymbol{Y}}{dx} = \boldsymbol{F}(x, \boldsymbol{Y}) \tag{5. 28}$$

において，与えられた初期条件をみたす解が一意的に決まるためには，$\boldsymbol{F}$ がある条件をみたす必要がある．そのような条件を**一意性条件**という．

一般に，$\boldsymbol{F}$ が x や $\boldsymbol{Y}$ に関して m 回微分可能であるとき，解は $m+1$ 回微分可能な関数であることが知られている．

レゾルベント行列とその性質　　(5. 24)の基本解で，初期条件(5. 25)をみたす解を並べた行列

$$M(x;x_0) \equiv (\boldsymbol{Z}_1, \boldsymbol{Z}_2, \cdots, \boldsymbol{Z}_n) = \begin{pmatrix} z_{11}(x) & z_{21}(x) & \cdots & z_{n1}(x) \\ z_{12}(x) & z_{22}(x) & \cdots & z_{n2}(x) \\ \cdots & \cdots & \cdots & \cdots \\ z_{1n}(x) & z_{2n}(x) & \cdots & z_{nn}(x) \end{pmatrix} \tag{5.29}$$

を考える．式(5.27)により，この $M(x;x_0)$ は**レゾルベント行列**である．すなわち，初期条件(5.26)をみたすような(5.24)の解は，次のようになる．

$$\boldsymbol{Y}(x;x_0,\boldsymbol{C}) = M(x;x_0)\boldsymbol{C} \tag{5.30}$$

また，ベクトル $\boldsymbol{C}$ の各成分を任意定数とみなすと，(5.30)は一般解を与える．

レゾルベント行列は次に挙げるような諸性質をもつ．

(I)　E を単位行列として，$M(x;x)=E$

(II)　任意の x,y,z に対して $M(x;y)M(y;z)=M(x;z)$

(III)　任意の x,y に対して $M(x;y)^{-1}=M(y;x)$

(IV)　$\det[M(x;x_0)]=\exp\left[\int_{x_0}^{x}\mathrm{Tr}(A)dx\right]$

(V)　$\dfrac{d}{dx}M(x;x_0)=AM(x;x_0)$　　(ただし x_0 は定数)

(VI)　A が定数行列ならば，任意の x,y に対して $M(x;y)=M(x-y;0)$

非斉次方程式の解　　非斉次項をもつような連立方程式

$$\frac{d\boldsymbol{Y}}{dx} = A\boldsymbol{Y}+\boldsymbol{R} \tag{5.31}$$

の一般解を求めてみよう．非斉次項 $\boldsymbol{R}$ を取り除いた斉次方程式 $\dfrac{d\boldsymbol{Y}}{dx}=A\boldsymbol{Y}$ のレゾルベント行列を $M(x;x_0)$ とする．(5.31)の解が

$$\boldsymbol{Y}(x) = M(x;x_0)\boldsymbol{F}(x) \qquad (\boldsymbol{F}(x)\text{ は未知のベクトル関数}) \tag{5.32}$$

であると仮定し，代入すれば，$\boldsymbol{F}$ に関する方程式を得る．これを積分して $\boldsymbol{F}$ を求めれば，$\boldsymbol{Y}$ が求められる．このような方法を**定数変化法**という．その結果得られる(5.31)の一般解は

$$\boxed{\boldsymbol{Y}(x) = M(x;x_0)\boldsymbol{C}+\int_{x_0}^{x}M(x;x')\boldsymbol{R}(x')dx'} \qquad (\boldsymbol{C}\text{ は定ベクトル}) \tag{5.33}$$

となる(例題5.10参照)．第1項は余関数(斉次方程式の一般解)で n 個の任意

定数を含む．また，第2項は特解である．このように，1変数の微分方程式と同様，非斉次方程式の一般解は余関数と特解の和で表すことができる．なお，$\boldsymbol{R}$ が簡単な形であるときは，適当な形に仮定されたベクトル関数を方程式に代入することによって特解を求めること(**代入法**)も可能である．

Tips：　レゾルベント行列であるための必要十分条件

$\boldsymbol{Y}'=\boldsymbol{A}\boldsymbol{Y}$ のレゾルベント行列は，その各列に特解を並べたものである．よって，$M(x;x_0)$ は $M'(x;x_0)=AM(x;x_0)$ をみたす．また，$M(x_0;x_0)$ は単位行列でなくてはならない．以上を考えあわせると，

$$\frac{dM(x;x_0)}{dx}=AM(x;x_0),\quad M(x_0;x_0)=E \qquad (E \text{ は単位行列})$$

は $M(x;x_0)$ がレゾルベント行列であるための必要十分条件である．

解の存在と一意性

微分方程式の解の存在，一意性は重要な問題であるが，具体的な内容は本文では触れなかった．ここでは，1変数の1階微分方程式の初期値問題

$$y'=f(x,y) \tag{1}$$

$$y(a)=b \tag{2}$$

を例として，これらの問題を考えてみよう．コーシー(Cauchy, Augustin Louis: 1789–1857)によると，f と f_y が連続ならば，(1)は初期条件(2)をみたす唯一の解をもつ．しかしこの条件は，解の存在の観点からも一意性の観点からも強すぎる．たとえば，解の存在を議論するだけならば，**存在定理**が基本的な定理として知られている．簡単に述べると，$f(x,y)$ が連続かつ有界ならば，その場合に応じた x の範囲内で，初期値問題の解が存在する．

しかしすでに本文や例題で見たように，解の存在とその一意性とは別である．そこで，解の一意性を保障する**一意性条件**が必要となる．一意性条件に

は多くのものが知られているが，多くは**十分条件**であることに注意したい．その中の最も有名なものの1つが，リプシッツ(Lipschitz, Rudolf Otto Sigismund: 1832-1903)によって与えられた，次の条件である：

$$|f(x,y)-f(x,z)| \leqq L|y-z| \qquad (L \text{ は正定数}) \tag{3}$$

この条件は，解曲線が多少変化しても(「独立変数が」ではないことに注意！)元の微分方程式はそれほど急激には変化しないという状況を表す．(3)は f_y が存在するということとは異なる．たとえば，関数

$$f(x,y) = \begin{cases} -y & (x \geqq 0) \\ y & (x \leqq 0) \end{cases}$$

は，$x=0$ では偏微分不可能であるが，リプシッツの条件をみたしている．このとき(1)は一般解 $y=Ce^{-|x|}$ をもつ．この解は $x=0$ で微分できないが連続で，しかも一意的な解である．

微分方程式を解くことによって自然現象を解析，予測できるのは，多くの問題で一意性条件がみたされているからである．(一意性条件がみたされていないと，起こりうる未来が複数存在することになる．) なお，初期値問題の解が一意的であるための必要十分条件は岡村博(1905-1948)によって与えられた．この条件については，興味をもたれた読者の勉強にお任せしよう．

例題 5.8 n 行 n 列の行列 L の指数関数を，$\exp L \equiv \sum_{j=0}^{\infty} \frac{1}{j!} L^j$ のようにテイラー展開で定義する．ただし，$0! \equiv 1$, $L^0 \equiv E$ (単位行列) と定義する．

(i) 連立線形微分方程式

$$Y' = AY \qquad (Y \text{ は } n \text{ 次元ベクトル，} A \text{ は } n \times n \text{ の定数行列})$$

のレゾルベント行列が，行列の指数関数を用いて次式で与えられることを示せ．

$$M(x; x_0) = \exp[(x-x_0)A] \tag{1}$$

[ヒント：$\exp L$ を定義する級数は項別微分してもよいものとする．]

(ii) $\exp\left[t\begin{pmatrix} a & 0 \\ 0 & a \end{pmatrix}\right] = \begin{pmatrix} e^{at} & 0 \\ 0 & e^{at} \end{pmatrix}$, $\exp\left[t\begin{pmatrix} a & 1 \\ 0 & a \end{pmatrix}\right] = \begin{pmatrix} e^{at} & te^{at} \\ 0 & e^{at} \end{pmatrix}$ を示せ．

[解] (i) 式(1)で定義される $M(x; x_0)$ を x で微分すると，

$$\frac{dM(x; x_0)}{dx} = \frac{d}{dx} \sum_{n=0}^{\infty} \frac{(x-x_0)^n A^n}{n!} = \sum_{n=1}^{\infty} \frac{(x-x_0)^{n-1} A^n}{(n-1)!}$$

$$= \sum_{n=0}^{\infty} \frac{(x-x_0)^n A^{n+1}}{n!} = AM(x; x_0)$$

となる．また，$x = x_0$ とすると，$M(x_0; x_0) = \sum_{n=0}^{\infty} \frac{(x-x_0)^n A^n}{n!}\Big|_{x=x_0} = E$ という初期条件をみたす．これらにより，$M(x; x_0) = \exp[(x-x_0)A]$ は与えられた微分方程式のレゾルベント行列であることが確かめられた．

(ii) 行列 $\begin{pmatrix} a & 0 \\ 0 & a \end{pmatrix}$, $\begin{pmatrix} a & 1 \\ 0 & a \end{pmatrix}$ の n 乗を計算する．

$$\begin{pmatrix} a & 0 \\ 0 & a \end{pmatrix}^n = \begin{pmatrix} a^n & 0 \\ 0 & a^n \end{pmatrix}, \quad \begin{pmatrix} a & 1 \\ 0 & a \end{pmatrix}^n = \begin{pmatrix} a^n & na^{n-1} \\ 0 & a^n \end{pmatrix}$$

これらを行列の指数関数の定義に代入すると，

$$\exp\left[t\begin{pmatrix} a & 0 \\ 0 & a \end{pmatrix}\right] = \sum_{n=0}^{\infty} \frac{t^n}{n!} \begin{pmatrix} a^n & 0 \\ 0 & a^n \end{pmatrix} = \begin{pmatrix} \sum_{n=0}^{\infty} \frac{(at)^n}{n!} & 0 \\ 0 & \sum_{n=0}^{\infty} \frac{(at)^n}{n!} \end{pmatrix} = \begin{pmatrix} e^{at} & 0 \\ 0 & e^{at} \end{pmatrix}$$

$$\exp\left[t\begin{pmatrix} a & 1 \\ 0 & a \end{pmatrix}\right] = \begin{pmatrix} \sum_{n=0}^{\infty} \frac{a^n t^n}{n!} & \sum_{n=1}^{\infty} \frac{na^{n-1} t^n}{n!} \\ 0 & \sum_{n=0}^{\infty} \frac{a^n t^n}{n!} \end{pmatrix} = \begin{pmatrix} e^{at} & t\sum_{n=0}^{\infty} \frac{(at)^n}{n!} \\ 0 & e^{at} \end{pmatrix} = \begin{pmatrix} e^{at} & te^{at} \\ 0 & e^{at} \end{pmatrix}$$

例題 5.9 次に挙げる連立微分方程式のレゾルベント行列と一般解を求めよ．

(i) $\dfrac{d}{dx}\begin{pmatrix} y_1 \\ y_2 \end{pmatrix} = \begin{pmatrix} 0 & -1 \\ 2 & 3 \end{pmatrix}\begin{pmatrix} y_1 \\ y_2 \end{pmatrix}$ (ii) $\dfrac{d}{dx}\begin{pmatrix} y_1 \\ y_2 \end{pmatrix} = \begin{pmatrix} -2 & 9 \\ -1 & 4 \end{pmatrix}\begin{pmatrix} y_1 \\ y_2 \end{pmatrix}$

(iii) $\dfrac{d}{dx}\begin{pmatrix} y_1 \\ y_2 \\ y_3 \end{pmatrix} = \begin{pmatrix} -1 & -4 & -4 \\ 2 & 4 & 3 \\ -1 & -1 & 0 \end{pmatrix}\begin{pmatrix} y_1 \\ y_2 \\ y_3 \end{pmatrix}$

[解] 微分方程式中の係数行列を A とし，$x-x_0=\xi$ とする．

(i) 行列 A の特性方程式は $|A-kE|=k^2-3k+2=0$. これを解いて，固有値は $k=1,2$ であり，対応する固有ベクトルは，

$$k=1 \text{ に対して } \boldsymbol{x}_1=\begin{pmatrix} 1 \\ -1 \end{pmatrix}, \quad k=2 \text{ に対して } \boldsymbol{x}_2=\begin{pmatrix} -1 \\ 2 \end{pmatrix}$$

これらの固有ベクトルを並べて行列 $P=\begin{pmatrix} 1 & -1 \\ -1 & 2 \end{pmatrix}$ を作ると，

$$P^{-1}AP=\begin{pmatrix} 2 & 1 \\ 1 & 1 \end{pmatrix}\begin{pmatrix} 0 & -1 \\ 2 & 3 \end{pmatrix}\begin{pmatrix} 1 & -1 \\ -1 & 2 \end{pmatrix}=\begin{pmatrix} 1 & 0 \\ 0 & 2 \end{pmatrix}$$

レゾルベント行列は行列の指数関数 $e^{(x-x_0)A}$ を計算して求められ，

$$M(x;x_0)=e^{(x-x_0)A}=\sum_{j=0}^{\infty}\frac{\xi^j}{j!}A^j=P\left[\sum_{j=0}^{\infty}\frac{\xi^j}{j!}(P^{-1}AP)^j\right]P^{-1}$$

$$=\begin{pmatrix} 1 & -1 \\ -1 & 2 \end{pmatrix}\begin{pmatrix} e^{\xi} & 0 \\ 0 & e^{2\xi} \end{pmatrix}\begin{pmatrix} 2 & 1 \\ 1 & 1 \end{pmatrix}=\begin{pmatrix} 2e^{\xi}-e^{2\xi} & e^{\xi}-e^{2\xi} \\ 2e^{2\xi}-2e^{\xi} & 2e^{2\xi}-e^{\xi} \end{pmatrix}$$

また，ベクトル $\boldsymbol{C}=\begin{pmatrix} C_1 \\ C_2 \end{pmatrix}$ (C_1, C_2 は定数)を考えると，$M(x;0)\boldsymbol{C}$ は 2 つの任意定数を含む解となる．よって一般解は

$$\begin{pmatrix} y_1 \\ y_2 \end{pmatrix}=C_1\begin{pmatrix} 2e^{x}-e^{2x} \\ 2(e^{2x}-e^{x}) \end{pmatrix}+C_2\begin{pmatrix} e^{x}-e^{2x} \\ 2e^{2x}-e^{x} \end{pmatrix} \quad (C_1, C_2 \text{ は任意定数})$$

(ii) 行列 A の特性方程式は，$k^2-2k+1=0$. これは重根 $k=1$ をもつ．この固有値に対する固有ベクトルは，$\boldsymbol{x}_1=\begin{pmatrix} 3 \\ 1 \end{pmatrix}$. また，$(A-kE)\boldsymbol{x}_2=\boldsymbol{x}_1$ をみたす $\boldsymbol{x}_2$ を 1 つ求めると，$\boldsymbol{x}_2=\begin{pmatrix} 2 \\ 1 \end{pmatrix}$. よって，

$$P\equiv\begin{pmatrix} 3 & 2 \\ 1 & 1 \end{pmatrix}, \quad P^{-1}=\begin{pmatrix} 1 & -2 \\ -1 & 3 \end{pmatrix}, \quad P^{-1}AP=\begin{pmatrix} 1 & 1 \\ 0 & 1 \end{pmatrix}$$

を考えると，(i)と同様にしてレゾルベント行列が求められ，

$$M(x;x_0)=P\exp[\xi P^{-1}AP]P^{-1}=P\left[\sum_{j=0}^{\infty}\frac{\xi^j}{j!}\begin{pmatrix}1&1\\0&1\end{pmatrix}^j\right]P^{-1}=\begin{pmatrix}(1-3\xi)e^{\xi}&9\xi e^{\xi}\\-\xi e^{\xi}&(1+3\xi)e^{\xi}\end{pmatrix}$$

一般解も(i)と同様にして計算でき，次のようになる．

$$\begin{pmatrix}y_1\\y_2\end{pmatrix}=C_1\begin{pmatrix}1-3x\\-x\end{pmatrix}e^x+C_2\begin{pmatrix}9x\\1+3x\end{pmatrix}e^x\qquad(C_1, C_2\text{ は任意定数})$$

(iii)　A の特性方程式は，$|A-kE|=1-3k+3k^2-k^3=0$ となる．よって A の固有値は $k=1$ で，これは 3 重に縮退している．固有値 $k=1$ に属する固有ベクトル $\boldsymbol{x}_1$ と，$(A-E)\boldsymbol{x}_2=\boldsymbol{x}_1$, $(A-E)\boldsymbol{x}_3=\boldsymbol{x}_2$ をみたす $\boldsymbol{x}_2, \boldsymbol{x}_3$ を 1 つずつ選ぶと，

$$\boldsymbol{x}_1=\begin{pmatrix}0\\1\\-1\end{pmatrix},\quad \boldsymbol{x}_2=\begin{pmatrix}2\\0\\-1\end{pmatrix},\quad \boldsymbol{x}_3=\begin{pmatrix}3\\0\\-2\end{pmatrix}$$

これらのベクトルを用いると，

$$P\equiv\begin{pmatrix}0&2&3\\1&0&0\\-1&-1&-2\end{pmatrix},\quad P^{-1}=\begin{pmatrix}0&1&0\\2&3&3\\-1&-2&-2\end{pmatrix},\quad P^{-1}AP=\begin{pmatrix}1&1&0\\0&1&1\\0&0&1\end{pmatrix}$$

以上から，(i), (ii)と同様にしてレゾルベント行列を計算できる．

$$M(x;x_0)=P\exp[\xi P^{-1}AP]P^{-1}=P\begin{pmatrix}e^{\xi}&\xi e^{\xi}&\dfrac{\xi^2}{2}e^{\xi}\\0&e^{\xi}&\xi e^{\xi}\\0&0&e^{\xi}\end{pmatrix}P^{-1}$$

$$=\begin{pmatrix}(1-2\xi)e^{\xi}&-4\xi e^{\xi}&-4\xi e^{\xi}\\\xi(4-\xi)\dfrac{e^{\xi}}{2}&(1+3\xi-\xi^2)e^{\xi}&\xi(3-\xi)e^{\xi}\\-\xi(2-\xi)\dfrac{e^{\xi}}{2}&-\xi(1-\xi)e^{\xi}&(1-\xi+\xi^2)e^{\xi}\end{pmatrix}$$

また一般解は，$M(x;0)\begin{pmatrix}C_1\\C_2\\C_3\end{pmatrix}$ $(C_1, C_2, C_3$ は定数$)$ で与えられる．レゾルベント行列の具体形を代入して整理し，C_1 を改めて $2C_1$ とすると，

$$\begin{pmatrix}y_1\\y_2\\y_3\end{pmatrix}=C_1\begin{pmatrix}(2-4x)e^x\\x(4-x)e^x\\-x(2-x)e^x\end{pmatrix}+C_2\begin{pmatrix}-4xe^x\\(1+3x-x^2)e^x\\-x(1-x)e^x\end{pmatrix}+C_3\begin{pmatrix}-4xe^x\\x(3-x)e^x\\(1-x+x^2)e^x\end{pmatrix}$$

例題 5.10 非斉次連立微分方程式

$$\frac{d\boldsymbol{Y}}{dx} = A\boldsymbol{Y}+\boldsymbol{R} \tag{1}$$

を考える．$M(x;x_0)$ を $\boldsymbol{Y}'=A\boldsymbol{Y}$ のレゾルベント行列として，(1)の一般解が

$$\boldsymbol{Y}(x) = M(x;x_0)\boldsymbol{C}+\int_{x_0}^{x} M(x;x')\boldsymbol{R}(x')dx' \qquad (\boldsymbol{C}\text{ は定ベクトル}) \tag{2}$$

で与えられることを，$\boldsymbol{Y}(x)=M(x;x_0)\boldsymbol{F}(x)$ とすることにより示せ．

［解］ $M(x;x_0)$ は斉次方程式 $\dfrac{d\boldsymbol{Y}}{dx}=A\boldsymbol{Y}$ のレゾルベント行列であるから，

$$\frac{dM(x;x_0)}{dx} = AM(x;x_0) \tag{3}$$

をみたす．ここで $\boldsymbol{Y}=M(x;x_0)\boldsymbol{F}(x)$ として $\boldsymbol{Y}$ を微分すると，

$$\begin{aligned}\frac{d\boldsymbol{Y}}{dx} &= \frac{dM(x;x_0)}{dx}\boldsymbol{F}+M(x;x_0)\frac{d\boldsymbol{F}}{dx}\\ &= AM(x;x_0)\boldsymbol{F}+M(x;x_0)\frac{d\boldsymbol{F}}{dx}\\ &= A\boldsymbol{Y}+M(x;x_0)\frac{d\boldsymbol{F}}{dx}\end{aligned}$$

となる．ただし式(3)を用いた．これを方程式(1)に代入して整理すると，

$$M(x;x_0)\frac{d\boldsymbol{F}}{dx}=\boldsymbol{R}$$

ここで，$M(x;x_0)^{-1}=M(x_0;x)$ を用いて

$$\frac{d\boldsymbol{F}}{dx}=M(x_0;x)\boldsymbol{R}$$

これを積分すると，

$$\boldsymbol{F} = \int_{x_0}^{x} M(x_0;x')\boldsymbol{R}(x')dx'+\boldsymbol{C} \qquad (\boldsymbol{C}\text{ は定ベクトル})$$

仮定により，(1)の解 $\boldsymbol{Y}$ は，$\boldsymbol{Y}=M(x;x_0)\boldsymbol{F}$ であるから，

$$\boldsymbol{Y} = M(x;x_0)\boldsymbol{F} = \int_{x_0}^{x} M(x;x_0)M(x_0;x')\boldsymbol{R}(x')dx'+M(x;x_0)\boldsymbol{C}$$

レゾルベント行列の性質 $M(x;x_0)M(x_0;x')=M(x;x')$ を使うと

$$\boldsymbol{Y} = \int_{x_0}^{x} M(x;x')\boldsymbol{R}(x')dx'+M(x;x_0)\boldsymbol{C} \qquad (\boldsymbol{C}\text{ は定ベクトル})$$

を得る．n 元連立微分方程式のとき，$\boldsymbol{C}$ は n 個の任意定数をもつから，(2)が非斉次方程式(1)の一般解であることが示された．

例題 5.11　A を行列，$\boldsymbol{R}$ を与えられたベクトル関数として，$\boldsymbol{Y}$ を従属変数とする次のような非斉次連立微分方程式を考える．

$$\frac{d\boldsymbol{Y}}{dx}=A\boldsymbol{Y}+\boldsymbol{R} \tag{1}$$

$A, \boldsymbol{R}$ が以下のような関数であるとき，同時に挙げた $M(x;y)$ が方程式 $\boldsymbol{Y}'=A\boldsymbol{Y}$ のレゾルベント行列であることを示せ．また，対応する方程式(1)の一般解を求めよ．

(i)　$A=\dfrac{1}{x}\begin{pmatrix}2 & 1\\ 1 & 2\end{pmatrix},\quad \boldsymbol{R}=\begin{pmatrix}1\\ 1\end{pmatrix}x^3e^x,\quad M(x;y)=\dfrac{x}{2y^3}\begin{pmatrix}x^2+y^2 & x^2-y^2\\ x^2-y^2 & x^2+y^2\end{pmatrix}$

(ii)　$A=\begin{pmatrix}-\tan 2x & \sec 2x\\ \sec 2x & -\tan 2x\end{pmatrix},\quad \boldsymbol{R}=\begin{pmatrix}1\\ -1\end{pmatrix}e^x\cos 2x,$

$$M(x;y)=\frac{1}{\cos 2y}\begin{pmatrix}\cos(x+y) & \sin(x-y)\\ \sin(x-y) & \cos(x+y)\end{pmatrix}$$

［解］　$M(x;y)$ が微分方程式 $\boldsymbol{Y}'=A\boldsymbol{Y}$ のレゾルベント行列であることを示すには，

$$\frac{dM(x;y)}{dx}=AM(x;y),\qquad M(x;x)=\begin{pmatrix}1 & 0\\ 0 & 1\end{pmatrix} \tag{2}$$

が成り立つことを確かめればよい．

(i)　与えられた $M(x;y)$ を x で微分すると，

$$\frac{dM(x;y)}{dx}=\frac{1}{2y^3}\begin{pmatrix}3x^2+y^2 & 3x^2-y^2\\ 3x^2-y^2 & 3x^2+y^2\end{pmatrix}=AM(x;y)$$

よって，行列 $M(x;y)$ は(2)の第1式をみたす．また，$y=x$ とすると，$M(x;x)$ は単位行列となることが確かめられる．以上から，与えられた $M(x;y)$ はレゾルベント行列であることがわかった．ここで，

$$M(x;y)\boldsymbol{R}(y)=\frac{x}{2y^3}\begin{pmatrix}x^2+y^2 & x^2-y^2\\ x^2-y^2 & x^2+y^2\end{pmatrix}\begin{pmatrix}1\\ 1\end{pmatrix}y^3e^y=x^3e^y\begin{pmatrix}1\\ 1\end{pmatrix}$$

であるから，方程式(1)の特解を計算すると，

$$\int_{x_0}^{x}M(x;y)\boldsymbol{R}(y)dy=\begin{pmatrix}1\\ 1\end{pmatrix}x^3\int_{x_0}^{x}e^ydy=\begin{pmatrix}1\\ 1\end{pmatrix}x^3(e^x-e^{x_0}) \tag{3}$$

(3)に余関数を加え，e^{x_0} に比例する項は余関数にまとめて，一般解は

$$\boldsymbol{Y}=C_1\begin{pmatrix}1\\ -1\end{pmatrix}x+C_2\begin{pmatrix}1\\ 1\end{pmatrix}x^3+\begin{pmatrix}1\\ 1\end{pmatrix}x^3e^x\qquad (C_1, C_2 \text{ は任意定数})$$

(ii)　与えられた $M(x;y)$ に対して

$$AM(x;y)=\frac{1}{\cos 2y}\begin{pmatrix}-\tan 2x & \sec 2x\\ \sec 2x & -\tan 2x\end{pmatrix}\begin{pmatrix}\cos(x+y) & \sin(x-y)\\ \sin(x-y) & \cos(x+y)\end{pmatrix}$$

$$=\frac{1}{\cos 2y}\begin{pmatrix}-\sin(x+y) & \cos(x-y)\\ \cos(x-y) & -\sin(x+y)\end{pmatrix}=\frac{dM(x;y)}{dx}$$

また，明らかに $M(x;x)$ は単位行列であるから，$M(x;y)$ は(2)をみたし，レゾルベント行列であることがわかった．

次に，方程式(1)の特解を求める．いま，

$$\int_{x_0}^{x}M(x;y)\boldsymbol{R}(y)dy=\int_{x_0}^{x}\frac{1}{\cos 2y}\begin{pmatrix}\cos(x+y) & \sin(x-y)\\ \sin(x-y) & \cos(x+y)\end{pmatrix}\begin{pmatrix}1\\ -1\end{pmatrix}e^{y}\cos 2ydy$$

$$=\int_{x_0}^{x}e^{y}\begin{pmatrix}\cos(x+y)-\sin(x-y)\\ \sin(x-y)-\cos(x+y)\end{pmatrix}dy$$

$$=\left[\frac{e^{y}}{2}\begin{pmatrix}\cos(x+y)+\sin(x+y)-\sin(x-y)-\cos(x-y)\\ \sin(x-y)+\cos(x-y)-\cos(x+y)-\sin(x+y)\end{pmatrix}\right]_{y=x_0}^{y=x}$$

$$=(e^{x}\sin x-e^{x_0}\sin x_0)\left[\begin{pmatrix}\cos x\\ \sin x\end{pmatrix}-\begin{pmatrix}\sin x\\ \cos x\end{pmatrix}\right]$$

これに余関数を加え，C_1, C_2 を任意定数として，一般解は

$$\boldsymbol{Y}=e^{x}\sin x(\cos x-\sin x)\begin{pmatrix}1\\ -1\end{pmatrix}+C_1\begin{pmatrix}\cos x\\ \sin x\end{pmatrix}+C_2\begin{pmatrix}\sin x\\ \cos x\end{pmatrix}\tag{4}$$

(i)と同様，(4)の特解のうち余関数に含まれる部分は余関数にまとめた．

Tips：　一般解を求めるには，勘も大切

この章では，一般解を求めるために1つの変数を消去したり，解の公式(5.19)を使ったり，レゾルベント行列を利用したりした．これらの中からどのような方法を使うかは，状況に応じて決める．そのためには，それぞれの方法の取り扱いに習熟しておくほかに，さまざまな問題を経験したり，同じ問題をいろいろな方法で解いたりして，徐々に勘を養っておく必要があるだろう．

問　題 5-4

[1]　次の連立1階線形微分方程式のレゾルベント行列を求めよ．

(1)　$\dfrac{d}{dx}\begin{pmatrix} y_1 \\ y_2 \end{pmatrix}=\begin{pmatrix} 5 & -6 \\ 3 & -4 \end{pmatrix}\begin{pmatrix} y_1 \\ y_2 \end{pmatrix}$　　(2)　$\dfrac{d}{dx}\begin{pmatrix} y_1 \\ y_2 \end{pmatrix}=\begin{pmatrix} 3 & -6 \\ 0 & -3 \end{pmatrix}\begin{pmatrix} y_1 \\ y_2 \end{pmatrix}$

(3)　$\dfrac{d}{dx}\begin{pmatrix} y_1 \\ y_2 \end{pmatrix}=\begin{pmatrix} 2 & 2 \\ -5 & -4 \end{pmatrix}\begin{pmatrix} y_1 \\ y_2 \end{pmatrix}$　　(4)　$\dfrac{d}{dx}\begin{pmatrix} y_1 \\ y_2 \end{pmatrix}=\begin{pmatrix} 1 & 4 \\ -1 & 5 \end{pmatrix}\begin{pmatrix} y_1 \\ y_2 \end{pmatrix}$

(5)　$\dfrac{d}{dx}\begin{pmatrix} y_1 \\ y_2 \\ y_3 \end{pmatrix}=\begin{pmatrix} -1 & 3 & -3 \\ -2 & 3 & -2 \\ -2 & 1 & 0 \end{pmatrix}\begin{pmatrix} y_1 \\ y_2 \\ y_3 \end{pmatrix}$　　(6)　$\dfrac{d}{dx}\begin{pmatrix} y_1 \\ y_2 \\ y_3 \end{pmatrix}=\begin{pmatrix} 4 & -1 & -1 \\ 4 & 0 & -2 \\ 2 & -1 & 1 \end{pmatrix}\begin{pmatrix} y_1 \\ y_2 \\ y_3 \end{pmatrix}$

(7)　$\dfrac{d}{dx}\begin{pmatrix} y_1 \\ y_2 \\ y_3 \end{pmatrix}=\begin{pmatrix} 0 & -1 & 3 \\ 0 & 1 & -4 \\ 1 & 1 & -2 \end{pmatrix}\begin{pmatrix} y_1 \\ y_2 \\ y_3 \end{pmatrix}$　　(8)　$\dfrac{d}{dx}\begin{pmatrix} y_1 \\ y_2 \\ y_3 \end{pmatrix}=\begin{pmatrix} -2 & 4 & -1 \\ -3 & 5 & -1 \\ -2 & 3 & 0 \end{pmatrix}\begin{pmatrix} y_1 \\ y_2 \\ y_3 \end{pmatrix}$

(9)　$\dfrac{d}{dx}\begin{pmatrix} y_1 \\ y_2 \\ y_3 \\ y_4 \end{pmatrix}=\begin{pmatrix} -6 & 4 & 4 & -4 \\ 1 & 0 & -1 & -1 \\ -6 & 3 & 4 & -3 \\ 3 & -3 & -3 & 2 \end{pmatrix}\begin{pmatrix} y_1 \\ y_2 \\ y_3 \\ y_4 \end{pmatrix}$

(10)　$\dfrac{d}{dx}\begin{pmatrix} y_1 \\ y_2 \\ y_3 \\ y_4 \end{pmatrix}=\begin{pmatrix} 4 & 3 & 3 & -5 \\ 1 & 0 & 1 & 0 \\ -2 & 0 & -1 & 1 \\ 2 & 2 & 2 & -3 \end{pmatrix}\begin{pmatrix} y_1 \\ y_2 \\ y_3 \\ y_4 \end{pmatrix}$

[2]　レゾルベント行列を用いて次の非斉次微分方程式の特解を求めよ．

(1)　$\dfrac{d}{dx}\begin{pmatrix} y_1 \\ y_2 \end{pmatrix}=\begin{pmatrix} -3 & 0 \\ -7 & 4 \end{pmatrix}\begin{pmatrix} y_1 \\ y_2 \end{pmatrix}+\begin{pmatrix} 7 \\ 6 \end{pmatrix}e^{4x}$

(2)　$\dfrac{d}{dx}\begin{pmatrix} y_1 \\ y_2 \end{pmatrix}=\begin{pmatrix} 0 & -1 \\ 2 & 3 \end{pmatrix}\begin{pmatrix} y_1 \\ y_2 \end{pmatrix}+\begin{pmatrix} 2 \\ -2 \end{pmatrix}\cos x$

(3)　$\dfrac{d}{dx}\begin{pmatrix} y_1 \\ y_2 \end{pmatrix}=\begin{pmatrix} -2 & 5 \\ -2 & 4 \end{pmatrix}\begin{pmatrix} y_1 \\ y_2 \end{pmatrix}+\begin{pmatrix} 1 \\ 1 \end{pmatrix}e^{x}\cos x+\begin{pmatrix} 2 \\ 1 \end{pmatrix}e^{x}\sin x$

(4)　$\dfrac{d}{dx}\begin{pmatrix} y_1 \\ y_2 \end{pmatrix}=\begin{pmatrix} -5 & 3 \\ -3 & 1 \end{pmatrix}\begin{pmatrix} y_1 \\ y_2 \end{pmatrix}+\begin{pmatrix} 1 \\ 1 \end{pmatrix}x^{n-1}e^{-2x}$　　(n は1以上の整数)

[3]　各問題の後に挙げたような形に解を仮定することにより，次の微分方程式の特

解を求めよ．ただし，$a_j, b_j\ (j=1,2,3)$ は定数をあらわす．

(1) $\dfrac{d}{dx}\begin{pmatrix} y_1 \\ y_2 \end{pmatrix} = \begin{pmatrix} 5 & -4 \\ 3 & -3 \end{pmatrix}\begin{pmatrix} y_1 \\ y_2 \end{pmatrix} + \begin{pmatrix} 8 \\ 7 \end{pmatrix} e^x, \quad \begin{pmatrix} y_1 \\ y_2 \end{pmatrix} = \begin{pmatrix} a_1 \\ b_1 \end{pmatrix} e^x$

(2) $\dfrac{d}{dx}\begin{pmatrix} y_1 \\ y_2 \end{pmatrix} = \begin{pmatrix} 5 & -4 \\ 3 & -3 \end{pmatrix}\begin{pmatrix} y_1 \\ y_2 \end{pmatrix} + \begin{pmatrix} 4 \\ 4 \end{pmatrix} e^{-x}, \quad \begin{pmatrix} y_1 \\ y_2 \end{pmatrix} = \begin{pmatrix} a_1 x + a_2 \\ b_1 x + b_2 \end{pmatrix} e^{-x}$

(3) $\dfrac{d}{dx}\begin{pmatrix} y_1 \\ y_2 \end{pmatrix} = \begin{pmatrix} 4 & -2 \\ 7 & -5 \end{pmatrix}\begin{pmatrix} y_1 \\ y_2 \end{pmatrix} + \begin{pmatrix} -4 \\ -4 \end{pmatrix} x, \quad \begin{pmatrix} y_1 \\ y_2 \end{pmatrix} = \begin{pmatrix} a_1 x + a_2 \\ b_1 x + b_2 \end{pmatrix}$

(4) $\dfrac{d}{dx}\begin{pmatrix} y_1 \\ y_2 \end{pmatrix} = \begin{pmatrix} -2 & 3 \\ -3 & 4 \end{pmatrix}\begin{pmatrix} y_1 \\ y_2 \end{pmatrix} + \begin{pmatrix} 1 \\ 3 \end{pmatrix} e^x, \quad \begin{pmatrix} y_1 \\ y_2 \end{pmatrix} = \begin{pmatrix} a_1 x^2 + a_2 x + a_3 \\ b_1 x^2 + b_2 x + b_3 \end{pmatrix} e^x$

［4］ 次のオイラー型微分方程式のレゾルベント行列を求めよ．(4)から(6)については一般解も求めよ．

(1) $x\dfrac{d}{dx}\begin{pmatrix} y_1 \\ y_2 \end{pmatrix} = \begin{pmatrix} 6 & 2 \\ -3 & 1 \end{pmatrix}\begin{pmatrix} y_1 \\ y_2 \end{pmatrix}$　　(2) $x\dfrac{d}{dx}\begin{pmatrix} y_1 \\ y_2 \end{pmatrix} = \begin{pmatrix} 5 & -2 \\ 5 & -1 \end{pmatrix}\begin{pmatrix} y_1 \\ y_2 \end{pmatrix}$

(3) $x\dfrac{d}{dx}\begin{pmatrix} y_1 \\ y_2 \end{pmatrix} = \begin{pmatrix} -2 & 1 \\ -9 & 4 \end{pmatrix}\begin{pmatrix} y_1 \\ y_2 \end{pmatrix}$

(4) $x\dfrac{d}{dx}\begin{pmatrix} y_1 \\ y_2 \end{pmatrix} = \begin{pmatrix} 0 & -3 \\ 3 & 0 \end{pmatrix}\begin{pmatrix} y_1 \\ y_2 \end{pmatrix} + \dfrac{1}{x}\begin{pmatrix} 1 \\ 3 \end{pmatrix}$

(5) $x\dfrac{d}{dx}\begin{pmatrix} y_1 \\ y_2 \end{pmatrix} = \begin{pmatrix} -3 & 1 \\ 1 & -3 \end{pmatrix}\begin{pmatrix} y_1 \\ y_2 \end{pmatrix} + \dfrac{1}{x^4}\begin{pmatrix} 1 \\ 1 \end{pmatrix}$

(6) $x\dfrac{d}{dx}\begin{pmatrix} y_1 \\ y_2 \end{pmatrix} = \begin{pmatrix} -6 & 4 \\ -1 & -2 \end{pmatrix}\begin{pmatrix} y_1 \\ y_2 \end{pmatrix} + \dfrac{1}{x^4}\begin{pmatrix} 2 \\ 1 \end{pmatrix}$

［5］ 方程式 $\boldsymbol{Y}' = A\boldsymbol{Y}$ (A は $n\times n$ の行列関数)の n 個の解 $\boldsymbol{Y}_1, \cdots, \boldsymbol{Y}_n$ がある．これらの解を並べて作った行列の行列式 $\Delta(\boldsymbol{Y}_1, \cdots, \boldsymbol{Y}_n)$ が $C\exp\left[\int^x \mathrm{Tr}(A)dx'\right]$ (C は定数)という形になることを示せ．

［6］ 行列の指数関数 $e^A \equiv \sum_{j=0}^{\infty}\dfrac{1}{j!}A^j$ に関する次の式を示せ．ただし，$0! \equiv 1$, $A^0 \equiv E$ (E は単位行列)，$[B, A] \equiv BA - AB$ とし，A^{T} は A の転置行列を表す．

(1) $e^0 = E$ （0 は零行列）　　(2) $\left[A, \dfrac{dA}{dx}\right] = 0$ のとき，$\dfrac{de^A}{dx} = \dfrac{dA}{dx}e^A = e^A\dfrac{dA}{dx}$

(3) $[A, B] = 0$ のとき $e^A e^B = e^{A+B}$　　(4) $(e^A)^{-1} = e^{-A}$

(5) $Pe^A P^{-1} = e^{PAP^{-1}}$　　(6) $e^{A^{\mathrm{T}}} = (e^A)^{\mathrm{T}}$

(7) $Be^A = e^A \sum_{j=0}^{\infty}\dfrac{1}{j!}[[\cdots[[B, \overbrace{A], A], \cdots], A]}^{j}$

ヘビサイドと演算子法

例題 5.8 では行列の指数関数という概念が出てきた．この種類の概念にはあまりなじみのない人が多いのではないかと思う．しかし，行列に限らず演算子の関数はいろいろな分野で広く応用されている．

例題でも見たように，これらはテイラー展開を用いて定義される．たとえば，微分演算子の関数を使って線形微分方程式の特解を求めてみよう．微分方程式として $y'-y=e^{x/2}$ を考える．いま，x に関する微分を表す演算子を D と書くと，これは $(D-1)y=e^{x/2}$ となり，y に関して解いて

$$y=\frac{e^{x/2}}{D-1}$$

ここで，$(1-x)^{-1}$ のテイラー展開 $(1-x)^{-1}=\sum_{j=0}^{\infty}x^j$ にならうと，

$$y=-\sum_{j=0}^{\infty}D^je^{x/2}=-\sum_{j=0}^{\infty}\left(\frac{1}{2}\right)^je^{x/2}$$

となる．$e^{x/2}$ の係数は初項 -1，公比 $\frac{1}{2}$ の等比級数であるから和が求められ，-2 である．このようにして，特解 $-2e^{x/2}$ を得ることができる．確かにこれは与えられた微分方程式をみたしている（ここでは収束半径の問題や，演算子の級数の意味などは無視している）．これを拡張して一般に使えるようにしたものが，**演算子法**と呼ばれる微分方程式の解法である．

このようなアイディアは，電気工学者ヘビサイド (Heaviside, Oliver : 1850-1925) によりいろいろな問題に応用され，世に広まることになった．しかし，理論的な厳密さが欠けていたため，彼の業績は正しく評価されなかった．その後，この方法の簡便さや内容の豊富さが注目され，20 世紀初頭には多くの数学者がラプラス変換と呼ばれる手法を用いて理論的な裏付けを行なった．また，近年の応用数学における微分方程式の解析方法にもつながっている．このように，数学的厳密さから見ると一見いい加減な方法が，実はその奥により大きな発展の種をもっていたことは非常に興味深い．

微分方程式と相空間
——力学系の理論

微分方程式の研究は，解析的な方法で解を求めることだけに限るわけではない．これまでに述べてきた方法で解を求められないときに，解の性質を知る手段の1つとして相空間における解軌道の振舞いを調べる方法がある．ここでは，この方法について初歩的なことがらを紹介する．相空間と解軌道の概念は応用上もいろいろな分野で現れる．微分方程式に対する一般的な思考を進める上で，ぜひとも身につけておきたい．

6-1　物体の運動と相空間

まず最初に，力学系の理論を紹介するため，微分方程式の一例として，物体の運動を記述する運動方程式を考える．この節では独立変数として時間 t を選ぶ．力学系の理論に関する一般的な性質は次節以降に述べる．

相空間　一定の質量 m をもつ質点に，時間 t に依存する力 $\boldsymbol{F}(t)$ が働くとする．この質点の位置 $\boldsymbol{r}$ は次の微分方程式をみたす．

$$m\frac{d^2\boldsymbol{r}}{dt^2} = \boldsymbol{F}(t) \tag{6.1}$$

数学的には，この微分方程式の解を求めれば，質点の運動は完全にわかる．一方，力学的には，各時刻での位置 $\boldsymbol{r}$ と速度 $\boldsymbol{v}$ を決めれば質点の運動は決定される．ここで独立変数 t をパラメーターと考えて，(6.1)の解 $\boldsymbol{r}(t)$, $\boldsymbol{v}(t)=\dfrac{d\boldsymbol{r}}{dt}$ の各時刻における値を求め，$(\boldsymbol{r}, \boldsymbol{v})$ 空間内の点として配置していくと，それぞれの点は質点の運動の状態を表すことにする．質点が運動するにつれて，この点は $(\boldsymbol{r}, \boldsymbol{v})$ 空間内を移動して曲線を描く．このような $(\boldsymbol{r}, \boldsymbol{v})$ 空間のことを**相空間**，相空間内に描かれる曲線を**解軌道**という．たとえば1次元運動の場合，位置を r，速度を v とすると，相空間 (r, v) は図6-1で表されるように2次元平面となる．相空間とは第5章で解空間と呼ばれたものと同じ概念である．

解軌道の方程式　連立微分方程式の解軌道を求めるだけならば，解を t の

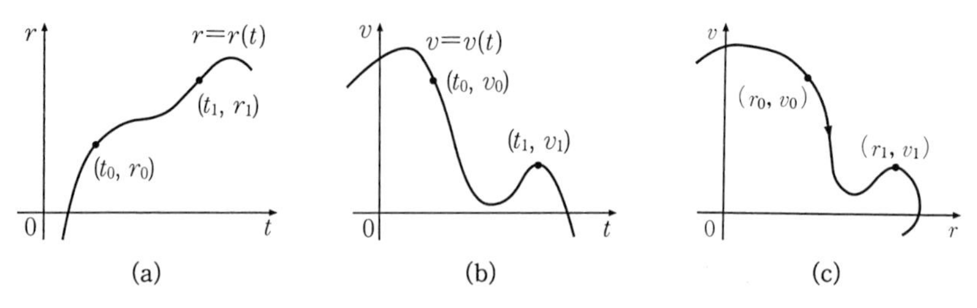

図6-1　方程式(6.1)の解の(a) $r(t)$，(b) $v(t)$ のグラフの例と，(c)その相空間 $(\boldsymbol{x}, v)$ での解軌道．

関数として具体的に求める必要はない．たとえば，図 6-1 を描くのに考えたような 1 次元運動の場合，$\dfrac{dr}{dt}=v$ であるから，合成関数・逆関数の微分公式(第 1 章公式(**G**)および(**H**))と運動方程式 $m\ddot{r}=F(t)$ (式(6.1)参照)により

$$\frac{dv}{dr}=\frac{dv}{dt}\frac{dt}{dr}=\frac{dv}{dt}\left(\frac{dr}{dt}\right)^{-1}=\frac{F(t)}{mv} \quad (6.2)$$

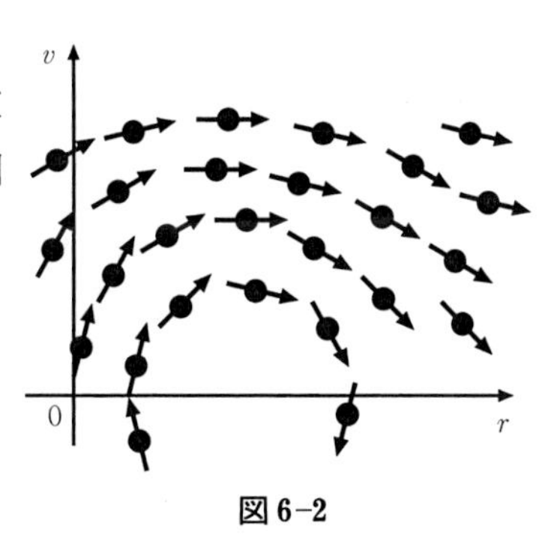

図 6-2

を得る．この方程式を解くことができれば，解の具体形を知ることなく解軌道を求められる．また，(6.2)が解けなくても，相空間の各点で $\dfrac{dv}{dr}$ を調べることにより，相空間での解軌道の概形を知ることができる(図 6-2)．

> **Tips：　相空間**
> この節では相空間の座標軸として便宜上位置 $\boldsymbol{r}$ と速度 $\boldsymbol{v}$ を考えた．一般に物理学では，速度のかわりに運動量 $\boldsymbol{p}=m\boldsymbol{v}$ を座標軸に選んだものを相空間と呼んでいる．運動方程式のような 2 階の微分方程式の場合，自由度(独立変数の個数)が $\boldsymbol{n}$ であるとすると，相空間の次元は $2n$ となる．3 次元空間における 1 つの質点の運動を記述する相空間は 6 次元ということになる．

例題 6.1　質量 m をもつ質点が，重力下で鉛直方向に 1 次元運動する．速度に比例する抵抗力があるとき，この質点の位置 y と速度 v を時間 t の関数として表せ．また，(t, y), (t, v) 平面におけるグラフ，および相空間 (y, v) における解軌道を描け．

［解］　重力加速度を g，抵抗力を $-\gamma v$ (γ は定数) とすれば，質点の運動方程式は

$$m\frac{d^2y}{dt^2} = -mg-\gamma v$$

この方程式は $v=\dfrac{dy}{dt}$ に関して 1 階の変数分離型方程式であるから，一般解は

$$v = C_1\exp\left(-\frac{\gamma t}{m}\right)-\frac{mg}{\gamma} \qquad (C_1 \text{ は任意定数}) \tag{1}$$

式(1)を t について積分して，位置 y に関する次の表現を得る．

$$y = -\frac{mC_1}{\gamma}\exp\left(-\frac{\gamma t}{m}\right)+C_2-\frac{mg}{\gamma}t \qquad (C_1, C_2 \text{ は任意定数}) \tag{2}$$

以上の $y(t)$, $v(t)$ をグラフに描くと図 6-3(a), (b)のようになる．

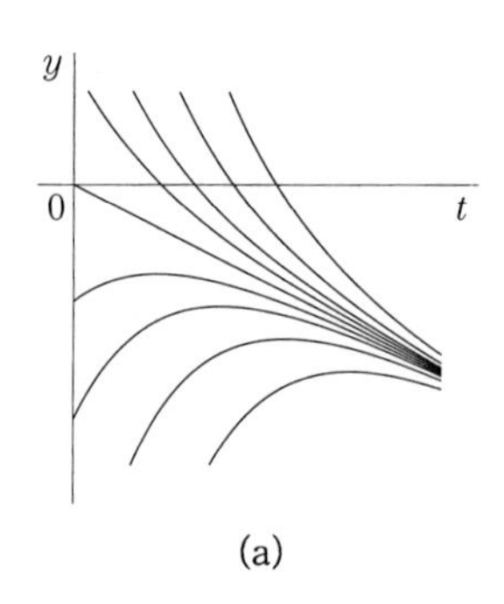

(a)

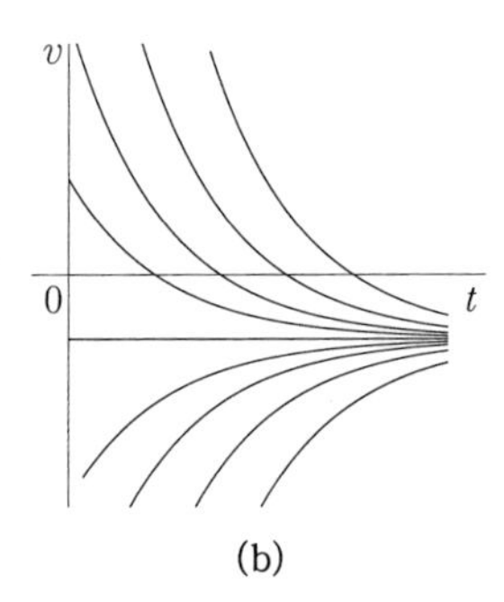

(b)

図 6-3　微分方程式(1)の解を表す関数(a) $y(t)$，(b) $v(t)$ のグラフ．

次に，(1), (2)から t を消去して y, v の関係を求め，$C\equiv C_2-\dfrac{m^2g}{\gamma^2}\log\left|\dfrac{C_1\gamma}{m}\right|$ と定義すると，

$$y = -\frac{m}{\gamma}\left(v+\frac{mg}{\gamma}\right)+\frac{m^2g}{\gamma^2}\log\left|v+\frac{mg}{\gamma}\right|+C$$

これを (y, v) 空間に描くと，図 6-4 のような解軌道となる．矢印は，時間の経過につれて点が解軌道上を動く向きを示す．

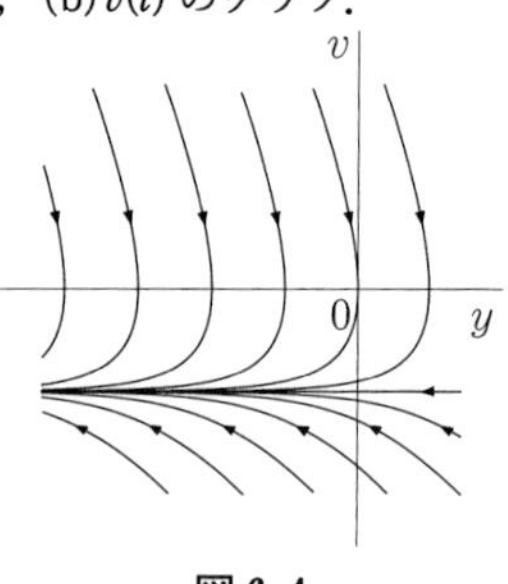

図 6-4

例題 6.2　フックの法則に従うバネ係数 k のバネにつながれて，直線上を滑らかに運動する質量 m の質点がある．平衡点から測ったこの質点の位置を $u(t)$ とするとき，質点の運動方程式

$$m\frac{d^2u}{dt^2} = -ku \qquad (m, k \text{ は正定数}) \tag{1}$$

に関して次の問いに答えよ．

(i)　この運動方程式の相空間における解軌道を求め，それが閉曲線となることを示せ．また，初期条件を変えると解軌道がどのように変化するか調べよ．

(ii)　(i)で求めた解軌道が囲む部分の面積 S を求めよ．

(iii)　S と質点のエネルギー，振動の周期の間の関係を調べよ．

［解］　(i)　微分方程式(1)の特性方程式は $\lambda^2+\dfrac{k}{m}=0$．よって $\lambda=\pm i\sqrt{\dfrac{k}{m}}$ で，(1)の一般解は

$$u(t) = A\sin\left(\sqrt{\frac{k}{m}}\,t+\phi\right) \qquad (A, \phi \text{ は任意定数}) \tag{2a}$$

これを t について微分すると，

$$v(t) = \frac{du}{dt} = A\sqrt{\frac{k}{m}}\cos\left(\sqrt{\frac{k}{m}}\,t+\phi\right) \tag{2b}$$

式(2a), (2b)から t を消去すれば，(u, v) 空間における解軌道の方程式

$$u^2+\frac{m}{k}v^2 = A^2 \tag{3}$$

が得られる．これを図に描くと，図 6-5 のような楕円となる．いま，$\dot{u}=v$ であるから，$v>0$ のときは t が増加するにつれて u が増加する方向に動き，$v<0$ のときはその逆に動く．すなわち，時計まわりに動く．

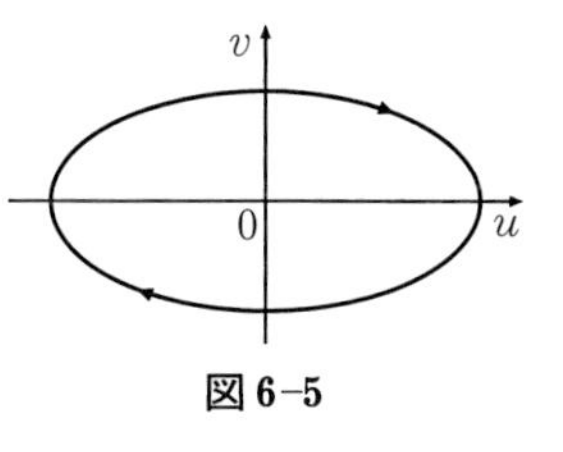

図 6-5

初期条件を変化させると式(2)の振幅 A と位相 ϕ が変わるが，解軌道(3)に影響するのは A のみである．よって，A の変化により楕円の大きさは変化するが，長軸と短軸の比は不変である．つまり，相似形を保って変化する．

(ii)　式(3)により，$v=\pm\sqrt{\dfrac{k}{m}(A^2-u^2)}$ であるから，求めるべき面積 S は

$$S = \oint v\,du = 2\sqrt{\frac{k}{m}}\int_{-A}^{A}\sqrt{A^2-u^2}\,du$$

この積分を計算し，$S=\pi A^2\sqrt{\dfrac{k}{m}}$．また，$\omega\equiv\sqrt{\dfrac{k}{m}}$ とすると，$S=\pi\omega A^2$.

(iii)　この運動方程式の解(2)は周期関数で，その周期は $T=2\pi\sqrt{\dfrac{m}{k}}=\dfrac{2\pi}{\omega}$ である．質点のエネルギー E は運動エネルギー $\dfrac{1}{2}mv^2$ とバネのポテンシャルエネルギー $\dfrac{1}{2}ku^2$ の和であるから，式(2a)，(2b)より

$$E=\frac{1}{2}mv^2+\frac{1}{2}ku^2=\frac{1}{2}kA^2\left[\cos^2\left(\sqrt{\frac{m}{k}}\,t+\phi\right)+\sin^2\left(\sqrt{\frac{m}{k}}\,t+\phi\right)\right]=\frac{1}{2}kA^2$$

$$=\frac{\pi A^2 m\omega}{T}$$

(ii)の結果と T の定義より A, k を消去して，

$$mS=ET$$

という関係をみたすことがわかる．

Tips：　周期運動の解軌道と作用変数

例題 6.2 で挙げた運動は周期的な運動である．このような周期運動では相空間内に描かれる解軌道は閉曲線となる．また，振り子の振れ角が独立変数であるから，これが 2π だけ増加しても系は同じ状態となる．このように，系が独立変数の周期関数であるようなときは，相空間における周期的な曲線も周期運動を表す．

この例題で現れた mS という量は，物理学では作用変数と呼ばれ，周期的な運動を解析するために重要な役割を果たす．相空間を (u, p) ($p=mv$ は運動量)で表すと，作用変数は $\oint pdu$ となる．こちらの方が本来の定義である．

問　題 6–1

［1］　微分方程式 $\dfrac{d^2q}{dt^2}=F(q)$ がある．相空間 (q, v) での解軌道が q 軸と共有点をもつとき，共有点において解軌道と q 軸が直交するか，共有点において点が静止するかいずれかであることを示せ．

［2］　水平な直線上を運動する質量 m の質点がある．この質点をフックの法則に従うバネ（バネ定数 k）につなぎ，バネの他方の端を壁面に固定した．運動方向に X 軸をとり，バネの伸びが 0 であるときに質点の座標が $X=0$ となるようにする．以下ではバネは十分に長く，質点は壁にぶつからないとする．また，質点と直線の間の静止摩擦係数を μ，動摩擦係数を λ，重力加速度を g と表す．

(1)　この質点を $X=X_0$ の位置まで移動させて静かに離す．このとき，質点が動き出すために X_0 がみたすべき条件を求めよ．

(2)　X_0 が (1) で求めた条件をみたすとき，動き出してから最初に速度が 0 になるまでにどのような運動をするか述べよ．

(3)　この質点が完全に静止するまでに相空間に描く解軌道を求めよ．

［3］　質量 m の質点が重力の中を鉛直方向に 1 次元運動し，質点に重力以外の力が働かないとする．また，鉛直方向上向きに y 軸を考え，重力加速度の大きさを g とする．

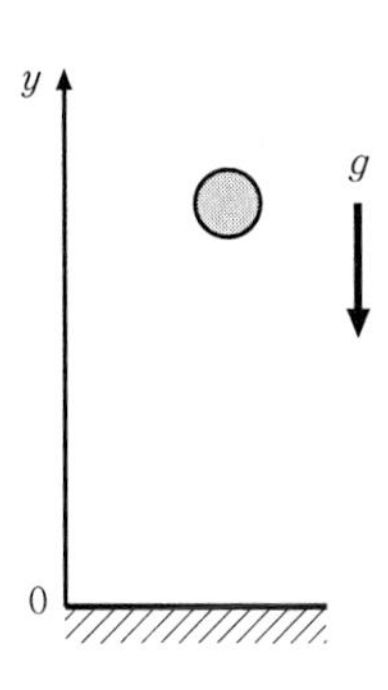

(1)　質点の位置と速度を時間の関数として求め，相空間における解軌道を描け．

(2)　$y=0$ の位置に水平な床を置いて，質点が $y>0$ の部分のみを運動するようにした（右図）．質点がこの床に衝突するとき，衝突直後の速さは衝突直前の速さの e 倍 $(0<e<1)$ になるものとする．このとき，相空間における解軌道を描け．

6-2　微分方程式と力学系

6-1節では，質点の運動方程式を例として，相空間と解軌道に関する初歩的なことに触れた．そこでは，質点の運動の状態，すなわち運動方程式の解の様子を調べるには，位置と速度の各成分を座標軸にもつような相空間を考え，その中での点の動きを調べればよいことがわかった．ここで，位置 $\boldsymbol{r}$ と速度 $\boldsymbol{v}$ が関係 $\dot{\boldsymbol{r}}=\boldsymbol{v}$ で結ばれていることに注意し，(6.1)を連立方程式に書き直すと

$$\frac{d\boldsymbol{r}}{dt}=\boldsymbol{v}, \qquad \frac{d\boldsymbol{v}}{dt}=\frac{\boldsymbol{F}(t)}{m} \tag{6.3}$$

となる．この式によると，連立微分方程式(6.3)の従属変数 $\boldsymbol{r}, \boldsymbol{v}$ を相空間の座標軸に選んだことになる．運動方程式でない一般の微分方程式や，従属変数が3個以上の場合も同様に扱えばよい．

力学系の理論　一般に独立変数を x，関数 $Y_1(x), Y_2(x), \cdots, Y_n(x)$ を成分にもつような n 次元ベクトルを $\boldsymbol{Y}(x)$，x と $\boldsymbol{Y}$ の関数である n 次元のベクトルを $\boldsymbol{F}(x, \boldsymbol{Y})$ とし，$\boldsymbol{Y}$ に対する連立微分方程式

$$\frac{d\boldsymbol{Y}}{dx}=\boldsymbol{F}(x, \boldsymbol{Y}) \tag{6.4}$$

を考える．6-1節で述べた概念を一般化して，n 次元空間 $(Y_1, Y_2, \cdots, Y_n)$ を微分方程式(6.4)の**相空間**，x の変化につれて解 $\boldsymbol{Y}(x)$ が相空間内に描く曲線を**解軌道**という．独立変数を任意に動かしたときに相空間に描かれる，(6.4)の解

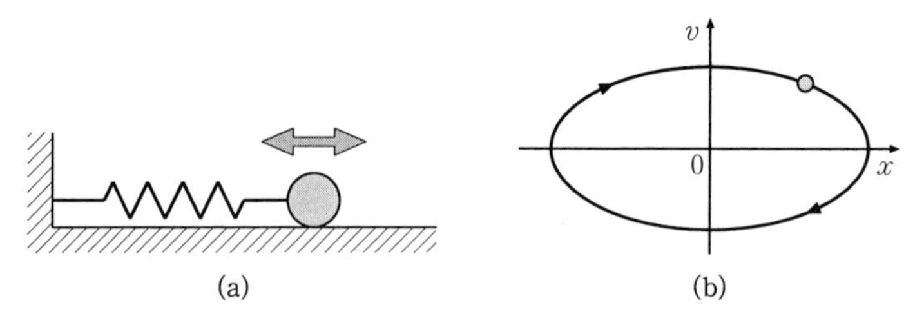

図6-6　フックの法則に従うバネにつながれたおもりの(a)実際の運動と(b)相空間における運動の例．

軌道の様子を調べる理論を**大域理論**という．

相空間内の各点は，独立変数 x のある値における解の状態を表していて，x の変化とともに解軌道に沿って動く．これは質点(粒子)が空間の中を運動する様子によく似ている(図6-6)．このような対応関係から連想すれば，微分方程式(6.4)の解を調べる問題を，n 次元空間内の粒子の運動を調べる問題とみなすことができる．したがって，この問題を**力学系の理論**ということもある．

平衡点　　微分方程式(6.4)があるとき，その相空間内の点 $\boldsymbol{C}$ において

$$\boldsymbol{F}(x, \boldsymbol{C}) = \boldsymbol{0} \tag{6.5}$$

が成り立つならば，$\boldsymbol{Y}=\boldsymbol{C}$ は(6.4)の解である．相空間におけるこのような点 $\boldsymbol{C}$ を**平衡点**という．平衡点は $\boldsymbol{F}(x, \boldsymbol{Y})=\boldsymbol{0}$ をみたす(6.4)の定数解に対応し，相空間の中で移動しない．

図6-7に挙げた例は，微分方程式

$$\dot{\theta} = \omega, \quad ml\dot{\omega} = -mg\sin\theta \qquad (m, l \text{ は定数}) \tag{6.6}$$

の相空間(θ, ω)における解軌道である(例題6.4参照)．式(6.6)は一定の長さ l の軽い棒の先端に，質量 m のおもりをつけた棒振り子の運動方程式である．この方程式の平衡点は $\theta=n\pi$ (n は整数)，$\omega=0$ であり，これらは下向き($\theta=2m\pi$)または上向き($\theta=(2m+1)\pi$)に振り子が止まった($\omega=0$)状態を表す．

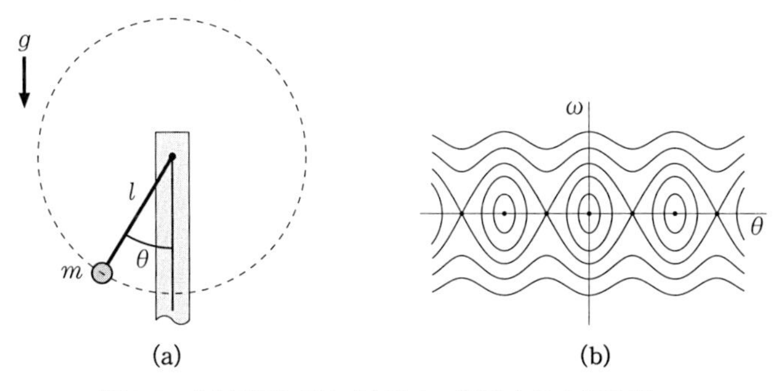

図6-7　(a)棒振り子と(b)質点の運動を示す解軌道．

例題 6.3　(i)　次の連立微分方程式の平衡点をすべて求めよ．

$$\frac{dy}{dx} = y^2 - z^2 - a^2, \quad \frac{dz}{dx} = 2yz \qquad (a \text{ は正定数}) \tag{1}$$

(ii)　連立微分方程式(1)の解軌道を求め，それを描け．

［解］　(i)　平衡点の定義に従って，$y'=0$, $z'=0$ を(1)に代入すると，$y^2-z^2-a^2=0$, $2yz=0$. これを解いて y, z を求めると，$y=\pm a$, $z=0$. よって，求めるべき平衡点は次の 2 つの点である．

$$(y, z) = (a, 0), (-a, 0)$$

(ii)　与えられた連立微分方程式から

$$\frac{dy}{dz} = \frac{y'}{z'} = \frac{y^2-z^2-a^2}{2yz}$$

この式の両辺に $2y$ をかけて整理すれば，

$$2y\frac{dy}{dz} = \frac{d(y^2)}{dz} = \frac{y^2}{z} - z - \frac{a^2}{z}$$

この式は y^2 を従属変数，z を独立変数とする 1 階の線形微分方程式である．その一般解を求めると

$$y^2 = 2Cz - z^2 + a^2 \qquad (C \text{ は定数}) \tag{2}$$

(2)を変形すれば $y^2+(z-C)^2 = C^2+a^2$ で，これは中心が $(0, C)$，半径が $\sqrt{C^2+a^2}$ であるような yz 平面の円を表している．このような円は z 軸上に中心をもち，点$(\pm a, 0)$を通る．解軌道は，図 6-8 のようになる．

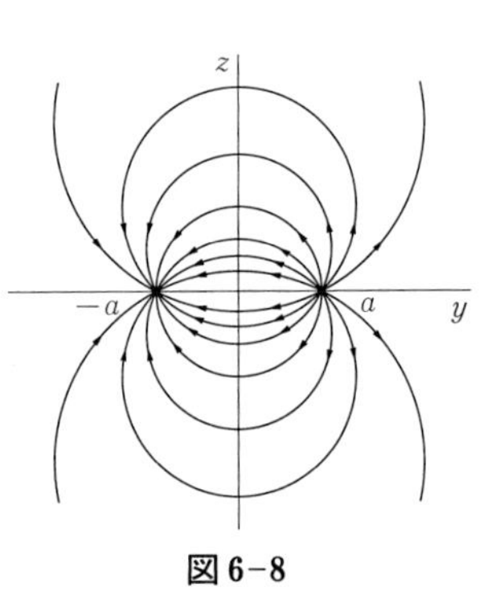

図 6-8

Tips：　平衡点を物理的にとらえると

平衡点とは何かを，質点の問題として力学的に考えよう．質点にはたらく力を F と書くと，運動方程式 $\dfrac{dx}{dt}=v$, $\dfrac{dv}{dt}=\dfrac{F}{m}$ が成り立つ．一方，平衡点で $\dot{x}=0$, $\dot{v}=0$ であるから，x=定数，$F=0$ となる．したがって，平衡点において質点は力の釣り合った静止状態にあることになる．

例題 6.4　連立微分方程式

$$y_1(x_0) = a, \quad y_2(x_0) = b, \quad y_1' = y_2, \quad y_2' = -\Omega^2 \sin y_1 \tag{1}$$

を考える．この方程式の相空間内の点がどのような解軌道を描くか調べよ．

［解］　相空間(y_1, y_2)で，横軸にy_1，縦軸にy_2を選ぶと，方程式(1)の解軌道上の各点において，次の式が成り立つ．

$$\frac{dy_2}{dy_1} = \frac{y_2'}{y_1'} = -\frac{\Omega^2 \sin y_1}{y_2} \tag{2}$$

これはy_1を独立変数，y_2を従属変数とする変数分離型の微分方程式で，一般解は，

$$\frac{1}{2}y_2^2 = \Omega^2 \cos y_1 + C \qquad (C\text{ は任意定数}) \tag{3}$$

いま，$|\cos y_1| \leqq 1$であるから，$C < -\Omega^2$のときは(3)をみたすようなy_1, y_2が存在しない．よって$C \geqq -\Omega^2$で考える．

(I)　$-\Omega^2 \leqq C < \Omega^2$のとき，すなわち$|b| < 2\Omega \cos \dfrac{a}{2}$のとき．

解軌道は$|y_1 - 2n\pi| \leqq \cos^{-1}\left(\dfrac{-C}{\Omega^2}\right)$（$n$は整数）に存在する閉曲線である．なお，$C = -\Omega^2$のときは1つの点になる．

(II)　$C = \Omega^2$のとき，すなわち$b = \pm 2\Omega \cos \dfrac{a}{2}$のとき．

$1 + \cos y_1 = 2\cos^2 \dfrac{y_1}{2}$だから(3)より，解軌道の方程式は$y_2 = \pm 2\Omega \cos \dfrac{y_1}{2}$となる．

(III)　$C > \Omega^2$のとき，すなわち$|b| > 2\Omega \cos \dfrac{a}{2}$のとき．

この場合は(3)の右辺はつねに正．よって解軌道は無限の遠方$y_1 \to \pm\infty$へ伸びる曲線である．また，$y_2 = \pm\sqrt{2(C + \Omega^2 \cos y_1)}$により，$y_2$は一定の符号をとる．

相空間内で，これらの解軌道はy_1方向に周期2πで同じものになる．$(y_1, y_2) = (0, 0)$の付近で上記の3通りの解軌道をまとめて描くと，図6-9のようになる．

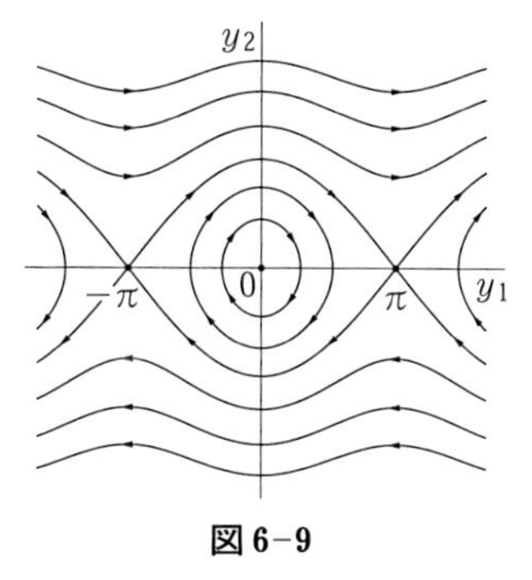

図6-9

問 題 6-2

[**1**] 次の微分方程式の平衡点を求めよ．独立変数を x とする．

(1) $y''+py'+qy=0$ (p,q は定数) (2) $y'=(1-z)y,\quad z'=-(1+y)z$

(3) $y'=zy(y-2),\quad z'=y^2+z^2-1$ (4) $y'=(y-1)(z+1),\quad z'=(y+1)(z-1)$

(5) $y'=(1-y-z)y,\quad z'=(3-y+z)z$

[**2**] 次の微分方程式の解軌道を求め，それを描け．独立変数を x とする．

(1) $y''=y^3(y-1)(3y-2)$ (2) $y''=\sin y/\cos^3 y$

(3) $y''=2y(y^2-a^2)$ (4) $y'=2yz,\quad z'=z^2-y^2+a^2$

(5) $y'=2z-2z^3,\quad z'=y$ (6) $y'=y^2-1,\quad z'=2yz$

[**3**] 下図に示すような回路がある．それぞれの問いで与えられた変数を座標軸にもつような相空間を考え，その中での解軌道を求めよ．

(1) 図(a)において，コンデンサーに蓄えられる電荷 q と回路に流れる電流 i．ただし $9L=2R^2C$．

(2) 図(b)において，容量 C の2つのコンデンサーに蓄えられる電荷 q_1, q_2．

(3) 図(c)においてコンデンサーに蓄えられる電荷 q と回路に流れる電流 i．ただし，$V(t)=V_0\sin\omega t$ (V_0, ω は定数) として $\omega=\dfrac{3}{\sqrt{LC}}, \dfrac{1}{\sqrt{LC}}$ の2通りの場合を考えよ．

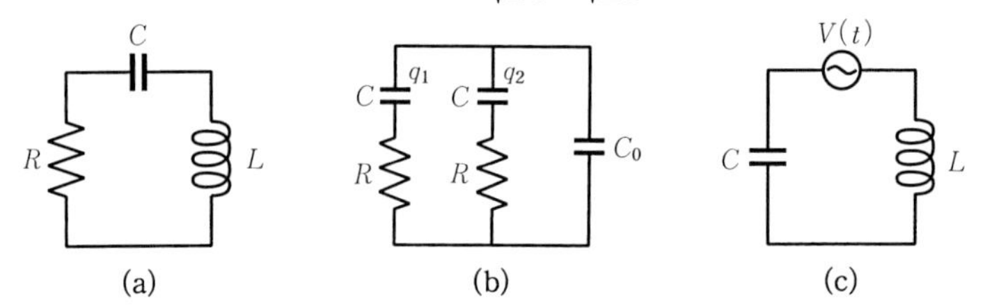

[**4**] 物理学においては，座標 q と運動量 p を用いて相空間の座標とすることが慣例である．質点が1次元運動し，質点に働く力が $-\dfrac{\partial U(q)}{\partial q}$ ($U(q)$ は座標のみの関数)と書けるとき，連立方程式 $\dot{q}=\dfrac{p}{m},\ \dot{p}=-\dfrac{\partial U(q)}{\partial q}$ が成り立つ．

(1) q,p の時間変化が，q,p のみの関数 $H(q,p)$ を用いて $\dot{q}=\dfrac{\partial H}{\partial p},\ \dot{p}=-\dfrac{\partial H}{\partial q}$ と表せるとする．このような H を1つ求めよ．

(2) (1)で求めた関数 $H(q,p)$ の時間変化がどうなっているか調べよ．

6–3　自励系の解軌道

自励系とその性質　微分方程式(6.4)において，$\boldsymbol{F}(x, \boldsymbol{Y})$ が直接には x によらないとき，すなわち $\boldsymbol{Y}(x)$ を通してしか x に依存しないとき，微分方程式は

$$\boxed{\frac{d}{dx}\boldsymbol{Y}(x) = \boldsymbol{F}(\boldsymbol{Y}(x))}$$

$$\boldsymbol{Y}(x) \equiv \begin{pmatrix} Y_1(x) \\ \vdots \\ Y_n(x) \end{pmatrix}, \quad \boldsymbol{F} \equiv \begin{pmatrix} F_1(\boldsymbol{Y}) \\ \vdots \\ F_n(\boldsymbol{Y}) \end{pmatrix} \tag{6.7}$$

となる．これを**自励系**または**自律系**という．物理的には，(6.7)は時間的に変化する外力が働いていない系に対応している．

自励系は以下のような性質をもつ．

(I)　$\boldsymbol{F}(\boldsymbol{Y})$ が相空間において一意性条件(2–5 節参照)をみたすとき，解の存在と一意性が保証される．

(II)　$\boldsymbol{Y}(x)$ が解であるとき，$\boldsymbol{Y}(x+c)$ (c は定数)も解である．

(III)　相空間内の 1 つの点を通る解軌道は 1 つしかない．

(IV)　2 本の解軌道は交わらない．

(V)　解軌道が端点をもつ場合，その端点は必ず平衡点である．また，解軌道上の点が平衡点に到達するのは $x \to \pm\infty$ の極限においてである．

(VI)　端点をもたない解軌道は，無限遠まで伸びるか，閉曲線を描くかのいずれかである．

(VII)　解が x の周期関数ならば，解軌道は閉曲線となる．逆に，解軌道が閉曲線ならば，解は周期関数である．このような解を周期解といい，周期解が相空間で描く閉曲線を**閉軌道**または**サイクル**という．

Tips：　自励系の解を相空間で見ると

上記の性質(II)のように，$\boldsymbol{Y}(x)$ と $\boldsymbol{Y}(x+c)$ がともに解であることは，相空間で見ると，ある 1 つの解軌道上を 1 つの点が先行する点を追いかけて行くことに対応し

ている．自励系の方程式(6.7)の右辺は外的な作用(物理的には外力)をあらわしているが，これが $\boldsymbol{Y}$ のみに依存して x によらないので，このような状況が実現することになる．

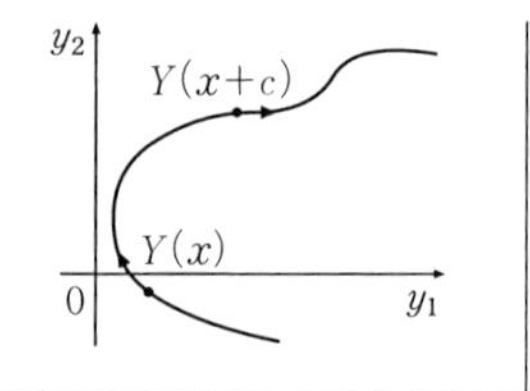

線形近似　相空間内の点 $\boldsymbol{Y}=\boldsymbol{C}$ が自励系(6.7)の平衡点である，すなわち

$$\boldsymbol{F}(\boldsymbol{C}) = \boldsymbol{0}, \quad \boldsymbol{C} \equiv \begin{pmatrix} C_1 \\ \vdots \\ C_n \end{pmatrix} \tag{6.8a}$$

であるとして，$\boldsymbol{C}$ の付近での解の振舞いを調べることにしよう．そのため，

$$\boldsymbol{Y}(x) = \boldsymbol{C}+\boldsymbol{Z}(x), \quad \boldsymbol{Z}(x) \equiv \begin{pmatrix} z_1(x) \\ \vdots \\ z_n(x) \end{pmatrix} \tag{6.8b}$$

として(6.7)に代入し，$\boldsymbol{C}$ を中心としてテイラー展開する(理工系の数学入門コース1『微分積分』参照)．ただし，$\|\boldsymbol{Z}(x)\|$ は微小であるとする．式(6.8a)から $\boldsymbol{F}(\boldsymbol{C})=\boldsymbol{0}$ であることを考慮し，$\boldsymbol{Z}$ に関して最低次の項のみを残すと，

$$\frac{d}{dx}\boldsymbol{Z}(x) = A\boldsymbol{Z}, \quad A_{jk} = \frac{\partial F_j(\boldsymbol{C})}{\partial C_k} \qquad (j, k=1, 2, \cdots, n) \tag{6.9}$$

ここで，$\dfrac{\partial F_j(\boldsymbol{C})}{\partial C_k}$ とは，$F_j(\boldsymbol{Y})$ を k 番目の成分 Y_k について微分してから $\boldsymbol{Y}=\boldsymbol{C}$ を代入したものを意味する．行列 A は定数行列であるから，(6.9)は $\boldsymbol{Z}$ を従属変数とする定数係数の n 元線形連立微分方程式である．このように，平衡点 $\boldsymbol{C}$ のまわりで方程式(6.7)を(6.9)で近似することを**線形近似**という．

Tips：　自励系とは実際にはどのような系か

直線上を運動する1つの質点を考えよう．運動方程式が自励系であるとすると，$\dot{r}=v$, $m\dot{v}=f(r, v)$ となる．これは質点に働く力が r と v のみによることを意味する．このような条件をみたす力には，保存力(ポテンシャルの微分で与えられる力)や速度に比例する抵抗力などがある．質点には時間的に変化する外力は働かないことになる．

2次元平衡点の分類　自励系の方程式(6.7)が2つの従属変数をもつとき，相空間は2次元平面であり，方程式(6.9)は次のようになる

$$\frac{d}{dx}\boldsymbol{Z}(x) = A\boldsymbol{Z}$$
$$A = \begin{pmatrix} a & b \\ c & d \end{pmatrix}, \quad \boldsymbol{Z} = \begin{pmatrix} z_1(x) \\ z_2(x) \end{pmatrix} \qquad (a, b, c, d \text{ は定数}) \tag{6.10}$$

このとき，平衡点付近での解軌道の様子は，行列Aの固有値によって分類することができる．いま，Aの特性方程式は，

$$|A-kE| = k^2-(a+d)k+(ad-bc) = 0 \qquad (E \text{ は単位行列}) \tag{6.11}$$

(6.11)の判別式$(a-d)^2+4bc$をDとすると，主な種類の平衡点の分類は表6–1のようになる．

線形近似が適当でない場合　多くの場合，線形近似は平衡点のまわりでの解軌道の特徴をうまく表すが，場合によっては平衡点の性質を変えてしまう可能性がある(例題6–7参照)．

リミットサイクル　独立変数の極限$x\to\infty$において，解軌道がある閉曲線に限りなく近づいていくことがある．そのようなとき，閉曲線を**リミットサイクル**または**極限閉軌道**という．

Tips：　解軌道の集積

自励系の解軌道を描いた場合，ある点で解軌道が集積する場合がある(例題6.4の図6–9や，図6–10等を参照)．これは一見解軌道が交わっていて155ページの性質(III)や(IV)に反しているように見える．しかし，解を実際に相空間に配置していくと，解軌道の集積点に到達するのは$x\to\infty$または$x\to-\infty$の極限においてであり，集積点を越えて点が移動することはない．すなわち集積点に集まる解軌道はそれぞれ別のものであることになり，これらの性質に反するものではない．実際，解軌道の集積点は平衡点となり，解軌道の端点である(性質(V)参照)．

表 6-1　$A=\begin{pmatrix} a & b \\ c & d \end{pmatrix}$としたときの方程式(6. 10)の平衡点$\begin{pmatrix} z_1 \\ z_2 \end{pmatrix}=\begin{pmatrix} 0 \\ 0 \end{pmatrix}$の分類．$D$は$A$の特性方程式(6. 11)の判別式で，$D\equiv(a-d)^2+4bc$．ただし，$a, b, c, d$のうち少なくとも1つは0でないものとする．

特性方程式の解	固有値の値とその条件	平衡点の種類	解軌道の概形	安定性など
2実解 $D>0$	同符号 $ad-bc>0$	結節点	図6-10 (a)	$a+d<0$では安定， $a+d>0$では不安定
	異符号 $ad-bc<0$	鞍点	図6-10 (b)	安定・不安定の区別はない
	1つが零 $ad-bc=0$	結節線	図6-10 (c)	$a+d<0$では安定， $a+d>0$では不安定
2複素数解 $D<0$	実部が非零 $a+d\neq0$	渦状点	図6-10 (d)	$a+d<0$では安定， $a+d>0$では不安定
	実部が零 $a+d=0$	渦心点	図6-10 (e)	安定・不安定の区別はない
重根 $D=0$	ともに非零 $a+d\neq0$	退化結節点	図6-10 (f), (g)	$a+d<0$では安定， $a+d>0$では不安定． b, cの値により解軌道の概形は異なる
	零 $a+d=0$	—	図6-10 (h)	平衡点を通る解軌道は存在しない

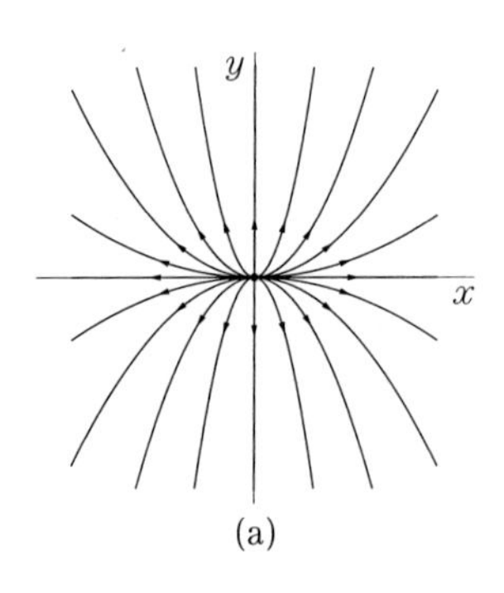

(a)

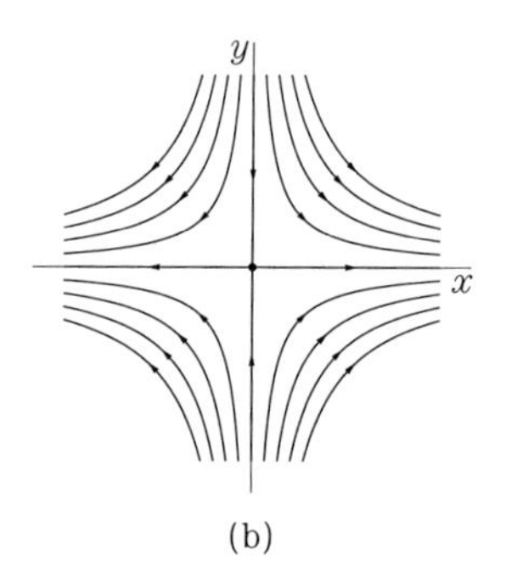

(b)

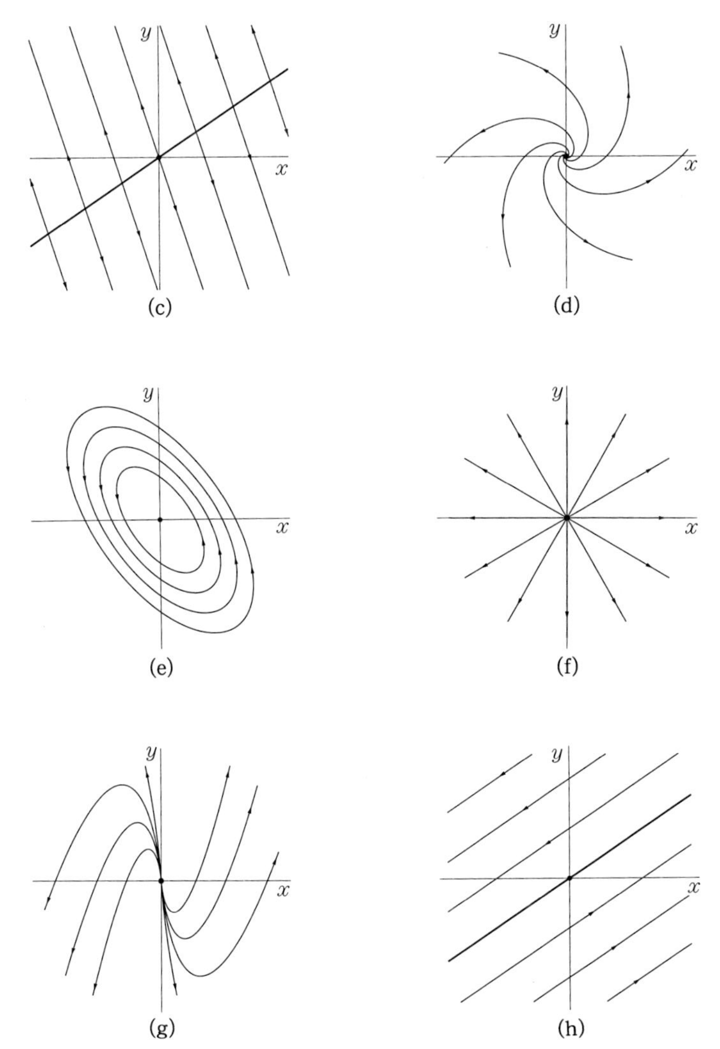

図 6-10 平衡点の近くでの方程式(6.10)の解軌道の典型的な例. (a)結節点, (b)鞍点, (c)結節線, (d)渦状点, (e)渦心点, (f), (g)退化結節点, (h)固有値が重根0である場合. いずれも原点が平衡点である. また, (c)と(h)は太線上の点もすべて平衡点となる. (a), (c), (d), (f), (g)は不安定な場合を描いた. 安定な平衡点の場合は矢印の向きは逆になる. 退化結節点は $b=c=0$ のときが(f), b, c いずれかが0でないときが(g)である. なお, 行列 A のすべての要素が0の場合は, すべての点が平衡点となる.

例題 6.5　次の微分方程式の平衡点のまわりでの解軌道の概形を描け．

［ヒント：微分方程式 $\boldsymbol{Y}'=A\boldsymbol{Y}$ の平衡点は $A\boldsymbol{Y}=\boldsymbol{0}$ によって求められる．］

(i) $\dfrac{d}{dx}\begin{pmatrix} y_1 \\ y_2 \end{pmatrix}=\begin{pmatrix} -5 & 1 \\ -4 & -1 \end{pmatrix}\begin{pmatrix} y_1 \\ y_2 \end{pmatrix}$　　(ii) $\dfrac{d}{dx}\begin{pmatrix} y_1 \\ y_2 \end{pmatrix}=\begin{pmatrix} 5 & -1 \\ -2 & 4 \end{pmatrix}\begin{pmatrix} y_1 \\ y_2 \end{pmatrix}$

(iii) $\dfrac{d}{dx}\begin{pmatrix} y_1 \\ y_2 \end{pmatrix}=\begin{pmatrix} 1 & -2 \\ -4 & -1 \end{pmatrix}\begin{pmatrix} y_1 \\ y_2 \end{pmatrix}$　　(iv) $\dfrac{d}{dx}\begin{pmatrix} y_1 \\ y_2 \end{pmatrix}=\begin{pmatrix} -6 & 3 \\ 4 & -2 \end{pmatrix}\begin{pmatrix} y_1 \\ y_2 \end{pmatrix}$

［解］ (i)　与えられた微分方程式の平衡点は $(y_1, y_2)=(0,0)$ に限る．いま，微分方程式中の行列の特性方程式は

$$\begin{vmatrix} -5-k & 1 \\ -4 & -1-k \end{vmatrix} = k^2+6k+9 = 0$$

よって，この行列は縮退した負の固有値 $k=-3$ をもち，平衡点 $(0,0)$ は安定な退化結節点である．

このとき固有ベクトルは $\begin{pmatrix} 1 \\ 2 \end{pmatrix}$．また $\begin{pmatrix} -2 & 1 \\ -4 & 2 \end{pmatrix}\begin{pmatrix} y_1 \\ y_2 \end{pmatrix}=\begin{pmatrix} 1 \\ 2 \end{pmatrix}$ をみたすベクトルを 1 つ選んで $\begin{pmatrix} 0 \\ 1 \end{pmatrix}$．与えられた方程式の一般解は

$$\begin{pmatrix} y_1 \\ y_2 \end{pmatrix} = C_1\begin{pmatrix} x \\ 2x+1 \end{pmatrix}e^{-3x}+C_2\begin{pmatrix} 1 \\ 2 \end{pmatrix}e^{-3x} \qquad (C_1, C_2 \text{ は任意定数})$$

この一般解から x を消去し，$C=-\dfrac{C_2}{C_1}+\dfrac{1}{3}\log|C_1|$ で新しい定数を定めて，

$$y_1-(2y_1-y_2)\left(\frac{1}{3}\log|2y_1-y_2|+C\right) = 0$$

これが解軌道の方程式である．解軌道の概形は図 6-11 (a) に示した．

(ii)　(i) と同様にして平衡点を求めると，$(y_1, y_2)=(0,0)$ に限る．与えられた微分方程式中の行列の特性方程式は

$$\begin{vmatrix} 5-k & -1 \\ -2 & 4-k \end{vmatrix} = k^2-9k+18 = 0$$

よって固有値は 2 つの異なる正の値 $k=3, 6$ である．以上により，平衡点 $(0,0)$ は不安定結節点．また固有ベクトルは，

$$k = 3 \text{ に対して } \begin{pmatrix} 1 \\ 2 \end{pmatrix}, \quad k = 6 \text{ に対して } \begin{pmatrix} 1 \\ -1 \end{pmatrix}$$

となるから，与えられた方程式の一般解は

$$\begin{pmatrix} y_1 \\ y_2 \end{pmatrix} = C_1\begin{pmatrix} 1 \\ 2 \end{pmatrix}e^{3x}+C_2\begin{pmatrix} 1 \\ -1 \end{pmatrix}e^{6x} \qquad (C_1, C_2 \text{ は任意定数})$$

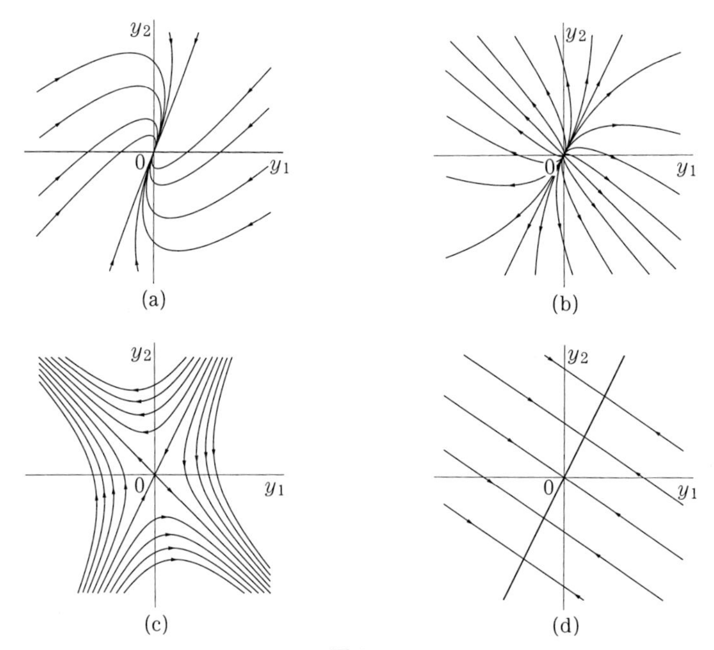

図 6-11

これらから x を消去して解軌道の方程式を求めると，$2y_1-y_2=C(y_1+y_2)^2$ $(C\equiv C_2/3C_1^2)$. これを図示すると図 6-11(b) のようになる．

(iii) この方程式の平衡点は，$(y_1, y_2)=(0, 0)$ のみである．行列 $\begin{pmatrix} 1 & -2 \\ -4 & -1 \end{pmatrix}$ の特性方程式は，

$$\begin{vmatrix} 1-k & -2 \\ -4 & -1-k \end{vmatrix} = k^2-9 = 0$$

固有値は異符号で $k=\pm 3$. よって平衡点は鞍点となる．それぞれの固有値に対する固有ベクトルは，

$$k=3 \text{ に対して } \begin{pmatrix} 1 \\ -1 \end{pmatrix}, \quad k=-3 \text{ に対して } \begin{pmatrix} 1 \\ 2 \end{pmatrix}$$

微分方程式の一般解を求めると，

$$\begin{pmatrix} y_1 \\ y_2 \end{pmatrix} = C_1\begin{pmatrix} 1 \\ 2 \end{pmatrix}e^{-3x}+C_2\begin{pmatrix} 1 \\ -1 \end{pmatrix}e^{3x} \qquad (C_1, C_2 \text{ は任意定数})$$

この一般解から解軌道の方程式を求めると，$(2y_1-y_2)(y_1+y_2)=C$ $(C=9C_1C_2)$. したが

って解軌道の概形は図 6-11 (c) のようになる．

(iv)　与えられた方程式の右辺を **0** とおいてまとめると，$2y_1=y_2$．これは，直線 $y_2=2y_1$ 上の点がすべて平衡点となることを意味する．よって解軌道は結節線 $y_2=y_1$ に等角度で交わる平行な直線群である．このとき，行列 $\begin{pmatrix} -6 & 3 \\ 4 & -2 \end{pmatrix}$ の特性方程式は

$$\begin{vmatrix} -6-k & 3 \\ 4 & -2-k \end{vmatrix} = k^2+8k = 0$$

したがって，$k=0,\ -8$．これは負の数と零であるから，平衡点は安定である．

ここで，それぞれの固有値に属する固有ベクトルは，$k=0$ に対して $\begin{pmatrix} 1 \\ 2 \end{pmatrix}$，$k=-8$ に対して $\begin{pmatrix} 3 \\ -2 \end{pmatrix}$ であるから，与えられた微分方程式の一般解は

$$\begin{pmatrix} y_1 \\ y_2 \end{pmatrix} = C_1\begin{pmatrix} 1 \\ 2 \end{pmatrix}+C_2\begin{pmatrix} 3 \\ -2 \end{pmatrix}e^{-8x} \qquad (C_1, C_2 \text{ は任意定数})$$

となる．この解を用いると，関係式

$$2y_1+3y_2 = 8C_1, \quad 2y_1-y_2 = 8C_2e^{-8x}$$

第 1 式は解軌道が直線群 $2y_1+3y_2=C$ (C は定数) であることを意味する．第 2 式は $x\to\infty$ で解軌道上の点が直線 $2y_1-y_2=0$ に近づくことを示す．図示すると図 6-11 (d) のようになる．

例題 6.6　次の連立微分方程式の平衡点を求め，それを分類せよ．

$$y_1' = y_2, \quad y_2' = -\Omega^2 \sin y_1 \tag{1}$$

［解］ (1) の平衡点は，$y_2=0,\ -\Omega^2\sin y_1=0$ を解いて，$y_1=n\pi,\ y_2=0$ (n は整数)．この付近での様子を調べるために，次式で新しい変数 (z_1, z_2) を導入する．

$$y_1 = n\pi+z_1, \quad y_2 = z_2$$

$|z_1|, |z_2|\ll 1$ としてテイラー展開すると，(1) の第 2 式の $\sin y_1$ は，

$$\sin(n\pi+z_1) = \sin(n\pi)+\cos(n\pi)z_1+\cdots \cong (-1)^n z_1$$

と近似できるので，平衡点 $(n\pi, 0)$ の近くでは，(1) は次のようになる．

$$\begin{pmatrix} z_1 \\ z_2 \end{pmatrix}' = \begin{pmatrix} 0 & 1 \\ (-1)^{n+1}\Omega^2 & 0 \end{pmatrix}\begin{pmatrix} z_1 \\ z_2 \end{pmatrix} \equiv A\begin{pmatrix} z_1 \\ z_2 \end{pmatrix} \tag{2}$$

(I)　n が偶数のとき，$A=\begin{pmatrix} 0 & 1 \\ \Omega^2 & 0 \end{pmatrix}$ となるから，A の固有値は純虚数 $\pm\Omega i$．よって (2) の一般解は

$$z_1 = C_1\cos\Omega x+C_2\sin\Omega x, \quad z_2 = -C_1\Omega\sin\Omega x+C_2\Omega\cos\Omega x \qquad (C_1, C_2 \text{ は任意定数})$$

これらから x を消去して，解軌道は次式で与えられる．

$$\Omega^2 z_1^2 + z_2^2 = \Omega^2 (C_1^2 + C_2^2)$$

これは z_1, z_2 方向の軸の長さの比が Ω の相似な楕円群を表している．したがって，平衡点 $(2m\pi, 0)$ (m は整数) は渦心点である．解軌道の概形は図 6-12(a) に示した．

(II)　n が奇数のとき，$A=\begin{pmatrix} 0 & 1 \\ \Omega^2 & 0 \end{pmatrix}$．(2) の一般解は

$$z_1 = C_1 e^{\Omega x} + C_2 e^{-\Omega x}, \quad z_2 = C_1 \Omega e^{\Omega x} - C_2 \Omega e^{-\Omega x} \qquad (C_1, C_2 \text{ は任意定数})$$

ここで，x を消去すれば，

$$(\Omega z_1 + z_2)(\Omega z_1 - z_2) = 4\Omega^2 C_1 C_2$$

これは漸近線が $\Omega z_1 \pm z_2 = 0$ の双曲線群である．よって，平衡点 $((2m+1)\pi, 0)$ (m は整数) は鞍点である．図 6-12(b) に解軌道の概形を示す．

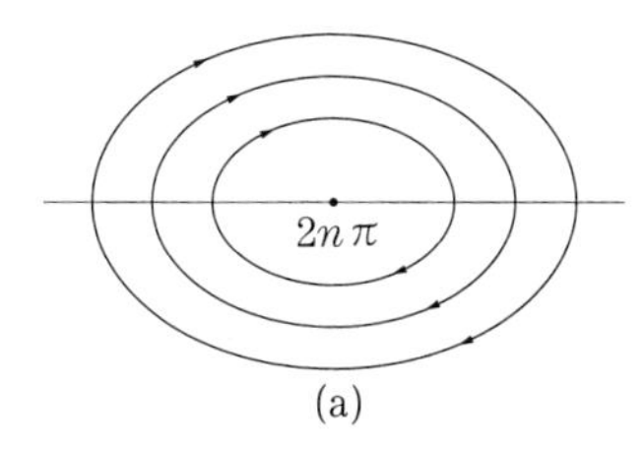

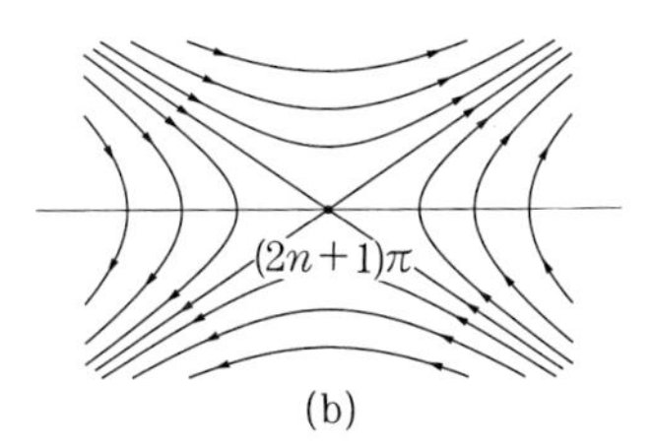

図 6-12

以上で求めた平衡点とそのまわりでの解軌道が実際に相空間に配置される様子を模式的に描くと，図 6-13 のようになる．

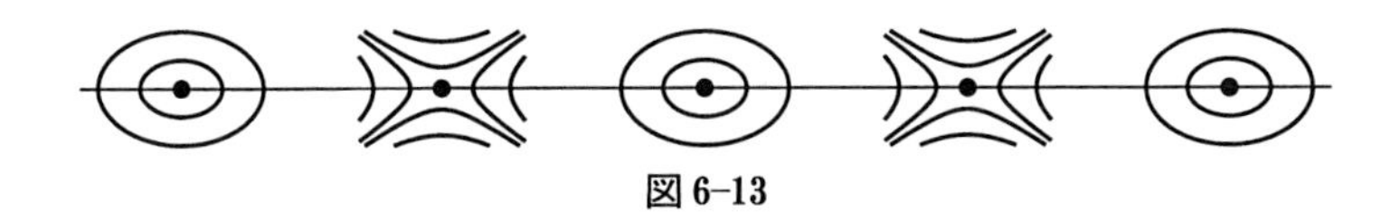

図 6-13

例題 6.7　次の微分方程式の平衡点を求めて，$x\to\infty$ の極限での解軌道の振舞いを調べよ．また，線形近似して平衡点を分類し，両方の結果を比較せよ．

(i)　$y_1' = -y_1\sqrt{y_1^2+y_2^2} - y_2, \quad y_2' = y_1 - y_2\sqrt{y_1^2+y_2^2}$

(ii)　$y_1' = y_1(1-\sqrt{2y_1^2+3y_2^2}) + 3y_2, \quad y_2' = -2y_1 + y_2(1-\sqrt{2y_1^2+3y_2^2})$

［解］　(i)　平衡点の定義により，与えられた方程式の右辺をそれぞれ 0 として，

$$-y_1\sqrt{y_1^2+y_2^2} - y_2 = 0, \quad y_1 - y_2\sqrt{y_1^2+y_2^2} = 0$$

これらを解いて，$y_1=0$, $y_2=0$ を得る．よって，平衡点は (y_1, y_2) 平面の原点でこれ以外には存在しない．いま，$y_1=r(x)\cos\theta(x)$, $y_2=r(x)\sin\theta(x)$ として与えられた方程式に代入すると，

$$r' = -r^2, \quad \theta' = 1$$

を得る．この方程式の解は，C_1, C_2 を定数として $r(x)=\dfrac{1}{x+C_1}$, $\theta(x)=x+C_2$ となるから，

$$y_1 = \frac{\cos(x+C_2)}{x+C_1}, \quad y_2 = \frac{\sin(x+C_2)}{x+C_1} \qquad (C_1, C_2 \text{ は任意定数})$$

この解によると，x が十分に大きいところでは x が増加するにつれて，解軌道上の点は反時計まわりに回転しながら原点に近づいていく．すなわち，平衡点は渦状点である．解軌道を図示すると，図 6-14 (a) のようになる．

一方，線形近似すると，与えられた方程式は

$$y_1' = -y_2, \quad y_2' = y_1$$

となるので，この解は

$$y_1 = A_1\cos x+A_2\sin x, \quad y_2 = A_1\sin x-A_2\cos x \qquad (A_1, A_2 \text{ は任意定数})$$

これは $y_1^2+y_2^2=A_1^2+A_2^2$ をみたし，線形近似による分類では，平衡点は渦心点となる．したがって，この場合線形近似は適当でない．

(ii)　平衡点は,

$$y_1(1-\sqrt{2y_1^2+3y_2^2})+3y_2 = 0, \quad -2y_1+y_2(1-\sqrt{2y_1^2+3y_2^2}) = 0$$

により，$(y_1, y_2)=(0, 0)$ に限る．いま，$y_1=\dfrac{r(x)}{\sqrt{2}}\cos\theta(x)$, $y_2=\dfrac{r(x)}{\sqrt{3}}\sin\theta(x)$ として与えられた方程式に代入すると，

$$r'\cos\theta-r\theta'\sin\theta = (1-r)r\cos\theta+\sqrt{6}\,r\sin\theta$$
$$r'\sin\theta+r\theta'\cos\theta = (1-r)r\sin\theta-\sqrt{6}\,r\cos\theta$$

となるので，r, θ に関する微分方程式

$$r' = (1-r)r, \quad \theta' = -\sqrt{6}$$

を得る．これを解くと，

$$r(x) = \frac{1}{1+C_1e^{-x}}, \quad \theta(x) = -\sqrt{6}\,x+C_2 \qquad (C_1, C_2 \text{ は任意定数}) \tag{1}$$

となる．$x\to\infty$ の極限では $r\to1$ となるから，解軌道は，この極限で楕円 $2y_1^2+3y_2^2=1$ に近づき，この楕円が極限閉軌道となる．解軌道を図示すると図 6-14 (b) に示すようになり，楕円 $2y_1^2+3y_2^2=1$ の内側から出た点は内側から，外側から出た点は外から時計まわりにまわって極限閉軌道に近づく．

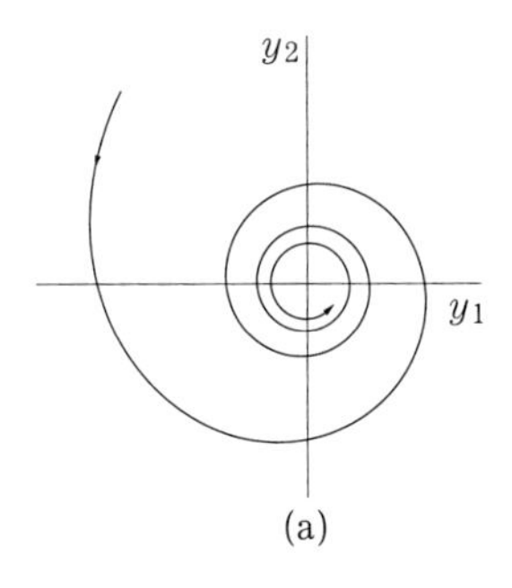

(a)

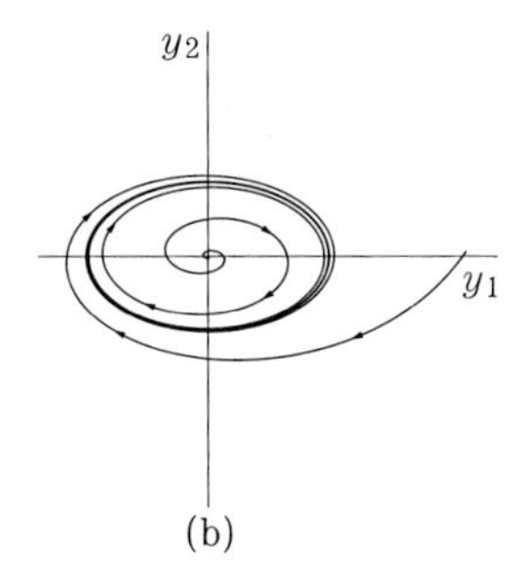

(b)

図 6–14

一方，線形近似によると，

$$y_1' = y_1 + 3y_2, \quad y_2' = -2y_1 + y_2$$

となる．A_1, A_2 を任意定数とすると，この解は

$$y_1 = e^x(A_1 \cos \sqrt{6}\, x + A_2 \sin \sqrt{6}\, x), \quad y_2 = \sqrt{6}\, e^x(-A_1 \sin \sqrt{6}\, x + A_2 \cos \sqrt{6}\, x)$$

これは平衡点が不安定渦状点となることを示している．厳密解(1)と比較すると，極限閉軌道の内側で線形近似が正しくなることがわかる．

Tips：　線形近似が正しいとき，正しくないとき

例題 6.7(i)では線形近似の結果，特異点の性質が変化したことになる．一般にどのようなときに線形近似が成立しないかは難しい問題である．特に渦心点となるときに注意が必要である．渦心点のまわりでは解軌道が 1 周した後，ちょうど同じ位置に戻らないと閉曲線にならないからである．

一方(ii)では，極限閉軌道が存在しているが，極限閉軌道の内側で解軌道は平衡点から離れていて，ここでは線形近似が正しくなる．しかし，極限閉軌道の外側では厳密解の解軌道は極限閉軌道に漸近的に近づくため，線形近似は正しくない．

問 題 6-3

[**1**] 次の微分方程式の原点 $(y_1, y_2)=(0, 0)$ のまわりでの解軌道の振舞いを調べ，原点がどのような平衡点であるか分類せよ．(1)から(4)までは解軌道も求めよ．

(1) $\dfrac{d}{dx}\begin{pmatrix} y_1 \\ y_2 \end{pmatrix}=\begin{pmatrix} 2 & 4 \\ -3 & -5 \end{pmatrix}\begin{pmatrix} y_1 \\ y_2 \end{pmatrix}$ (2) $\dfrac{d}{dx}\begin{pmatrix} y_1 \\ y_2 \end{pmatrix}=\begin{pmatrix} -1 & -2 \\ 3 & 4 \end{pmatrix}\begin{pmatrix} y_1 \\ y_2 \end{pmatrix}$

(3) $\dfrac{d}{dx}\begin{pmatrix} y_1 \\ y_2 \end{pmatrix}=\begin{pmatrix} 2 & 1 \\ 4 & -1 \end{pmatrix}\begin{pmatrix} y_1 \\ y_2 \end{pmatrix}$ (4) $\dfrac{d}{dx}\begin{pmatrix} y_1 \\ y_2 \end{pmatrix}=\begin{pmatrix} 4 & 6 \\ -2 & -3 \end{pmatrix}\begin{pmatrix} y_1 \\ y_2 \end{pmatrix}$

(5) $\dfrac{d}{dx}\begin{pmatrix} y_1 \\ y_2 \end{pmatrix}=\begin{pmatrix} -2 & 1 \\ -1 & -1 \end{pmatrix}\begin{pmatrix} y_1 \\ y_2 \end{pmatrix}$ (6) $\dfrac{d}{dx}\begin{pmatrix} y_1 \\ y_2 \end{pmatrix}=\begin{pmatrix} 3 & 5 \\ -1 & -1 \end{pmatrix}\begin{pmatrix} y_1 \\ y_2 \end{pmatrix}$

(7) $\dfrac{d}{dx}\begin{pmatrix} y_1 \\ y_2 \end{pmatrix}=\begin{pmatrix} -3 & -1 \\ 1 & -1 \end{pmatrix}\begin{pmatrix} y_1 \\ y_2 \end{pmatrix}$ (8) $\dfrac{d}{dx}\begin{pmatrix} y_1 \\ y_2 \end{pmatrix}=\begin{pmatrix} 2 & 2 \\ -4 & -2 \end{pmatrix}\begin{pmatrix} y_1 \\ y_2 \end{pmatrix}$

[**2**] 次の微分方程式の平衡点を求め，そのまわりでの解の様子を線形近似を使って調べよ．ただし，a, b, c, d は正定数とする．

(1) $y'' = y^3(y-1)(3y-2)$ (2) $y'' = \dfrac{\sin y}{\cos^3 y}$

(3) $y'' = 2y(y^2-a^2)$ (4) $y' = 2yz,\quad z' = z^2-y^2+a^2$

(5) $y' = 2z-2z^3,\quad z' = y$ (6) $y' = y^2-1,\quad z' = 2yz$

(7) $y' = y^2-z^2-a^2,\quad z' = 2yz$ (8) $y' = ay-byz,\quad z' = -cz+dyz$

(9) $y' = y(3-y-2z),\quad z' = z(2-y-z)$

[**3**] 自励系 $\dfrac{d\boldsymbol{Y}}{dx}=\boldsymbol{F}(\boldsymbol{Y}(x))$ を平衡点のまわりで線形近似する．このとき，平衡点のまわりでの解軌道が，互いに相似な曲線で，平衡点が相似の中心となることを示せ．

[**4**] 次のような微分方程式を考える．

$$\frac{d\boldsymbol{Y}}{dx} = A\boldsymbol{Y},\quad \boldsymbol{Y} = \begin{pmatrix} y_1(x) \\ y_2(x) \end{pmatrix}\quad (A \text{ は } 2\times 2 \text{ の定数行列})$$

以下の各問に挙げた A に対し，相空間の原点のまわりでの解軌道の方程式を求め，どのような曲線になるか調べよ．

(1) $A = \begin{pmatrix} a & 0 \\ 0 & a \end{pmatrix}$ (2) $A = \begin{pmatrix} a & 1 \\ 0 & a \end{pmatrix}$

計算力と数学

偉大な数学者には，計算力に秀でていたという伝説をもつ人が多いようである．たとえば，オイラーは「最大の計算家」と呼ばれていた．また，近代数学の帝王ガウス(Gauss, Carl Friedrich: 1777–1855)は，幼い頃に1から100までの和の計算法を見出したという，有名な説話をはじめ，その計算力については多くの話が伝えられている．他の分野の研究者に目を転じても，物理学者ファインマン(Feynman, Richard Phillips: 1918–1988)のエッセイには，次々に難しそうな計算問題を出してくる数学科の同級生を打ち負かしたエピソードがある．細かい計算をするうちに，背後に隠された法則に思い至ることもあるから，計算力があれば研究上有利なことは間違いないだろう．

しかし，計算力があれば立派な研究者になれるというわけではない．（もしそうならば，暗算大会のチャンピオンは必ず大数学者ということになるが，そのような話はいまだかつて聞いたことがない．）オイラーにしてもガウスにしても，彼らが数学史に名を残したのは，莫大な量の計算を行なったからではなく，その結果に潜む真理を見出し，新しい発展の種をまいたからである．そこには，量の積み重ねというよりはむしろ，質的な飛躍があるように思われる．このような発展のためには，目的を明確にし，はっきりとした構想のもとに計算を行なわなければならないことは，言うまでもない．

何の展望もなく行なわれたり，考察を加えない計算は，ただの数字や文字の羅列に過ぎない．と同時に，いくらよいアイディアをもっていても，計算の裏付けがなければ，それは単なる夢想でしかないだろう．音楽や絵画における技術と叙情性，スポーツでのテクニックと戦術眼などを想い起こせば，創造的な仕事の背景には，異質のものがバランスよく統合されているようだ．学問もまた創造的な活動である以上，同じことである．

ファインマンは，討論の相手に「式はどうでもいいから，本質を言葉で説明してくれ」と言っていたそうである．胸に刻んでおきたい言葉である．

問題解答

第1章

問題 1-1

[1] (1) $4x^3+3x^2+2x+1$. (2) ax^{a-1}. (3) $ca(ax+b)^{c-1}$ ((G)-1 を使う). (4) $-a\sin ax\sin bx+b\cos ax\cos bx$. (5) $\log x+1$(積の微分公式(E)-1を使う). (6) $a^x\log a$ ($a^x=e^{x\log a}$ と(A)-5を使う). (7) $\dfrac{1}{\cos^2 x}$$\left(\tan x=\dfrac{\sin x}{\cos x}\right.$として商の微分公式(F)を用いる$\left.\right)$. (8) $\dfrac{-x^2+1}{(x^2+1)^2}$. (9) $2xe^{x^2}$. (10) $-\dfrac{\sin\log|x|}{x}$. (11) $\dfrac{1}{x\log|x|}$. (12) $-iae^{-iax}$ ($e^{-iax}=\cos ax-i\sin ax$ に三角関数の微分公式を適用し，オイラーの公式を用いてまとめる). (13) $x^x(1+\log x)$ ($\log x^x=x\log x$ の両辺を x で微分して $(x^x)'$ について解く). (14) $2x^{\log|x|-1}\log|x|$

[2] (1) $\dfrac{1}{a}\arctan ax$ ($ax=\tan z$ として(G)-2を使う). (2) $\arcsin\dfrac{x}{a}$ ($x=a\sin z$ として(G)-2を使う). (3) $\dfrac{1}{a}\tanh ax$$\left((\tanh ax)'=\dfrac{a}{\cosh^2 ax}\right.$を用いる．または，$e^{ax}=z$ と変換して $\cosh ax=\dfrac{e^{ax}+e^{-ax}}{2}$ と(G)-2を使う$\left.\right)$. (4) $2\arctan e^x$ ($e^x=z$ と置換して(G)-2により計算する). (5) $\dfrac{1}{2}\arctan x^2$ ((G)-2 で $x^2=z$ と変数変換する). (6) $x\log|x|-x$ $\left(\int\log|x|dx=\int(x)'\log|x|dx\right.$ に(E)-3を適用する$\left.\right)$. (7) $\dfrac{e^x}{2}(\cos x+\sin x)$ $\left(\int e^x\cos xdx\equiv I,\ \int e^x\sin xdx\equiv J\right.$ としてそれぞれに(E)-3を適用し，I,J に関して解く$\left.\right)$. (8) $\int x\sin xdx=-\int x(\cos x)'dx$ と(E)-3より，$\sin x-x\cos x$.

［3］ (1) オイラーの公式から e^{ix}, e^{iy} を三角関数を用いて表し，積を計算すると，

$$\begin{aligned} e^{ix}e^{iy} &= (\cos x + i\sin x)(\cos y + i\sin y) \\ &= \cos x\cos y - \sin x\sin y + i(\sin x\cos y + \cos x\sin y) \\ &= \cos(x+y) + i\sin(x+y) = e^{i(x+y)} \end{aligned}$$

(2) オイラーの公式 $e^{ix} = \cos x + i\sin x$ において，x のかわりに $3x$ を代入すると，$e^{3ix} = \cos 3x + i\sin 3x$ を得る．また，オイラーの公式の両辺を3乗すると，

$$\begin{aligned} e^{3ix} &= (\cos x + i\sin x)^3 = \cos^3 x + 3i\cos^2 x\sin x - 3\cos x\sin^2 x - i\sin^3 x \\ &= \cos^3 x - 3\cos x(1-\cos^2 x) + i[-\sin^3 x + 3\sin x(1-\sin^2 x)] \\ &= 4\cos^3 x - 3\cos x + i(-4\sin^3 x + 3\sin x) \end{aligned}$$

これらの実部と虚部をそれぞれ比較すれば，与えられた等式を得る．

問題 1-2

［1］ (1) 放射性元素の個数を $N(t)$ とすると，この元素が単位時間あたりに壊変する数は $-\dfrac{dN}{dt}$．これが $N(t)$ に比例するから，λ を正定数として，$\dfrac{dN}{dt} = -\lambda N$.

(2) 物体の表面から距離 x の地点での光線の強度を $I(x)$ とする．単位長あたりの吸収線量は $-\dfrac{dI}{dx}$ で，これが $I(x)$ に比例する．$\dfrac{dI}{dx} = -\alpha I(x)$ (α は正定数).

［2］ 人口が取り得る値の上限値を N_∞ (定数) とする．単位時間あたりの人口変化は，$N(t)$, $N_\infty - N(t)$ の両方に比例するから，$\dfrac{dN}{dt} = \mu N(N_\infty - N)$ (μ は定数).

［3］ (1) 質点は鉛直面内で円周上を動く．この軌道の接線方向の運動方程式を考える．この方向への力の成分は，重力の成分 $-mg\sin\theta$ と，外力の成分 $qE_0\sin\omega t\cos\theta$ の2つである．また，この質点の加速度は $l\ddot{\theta}$ で与えられるから，質点は運動方程式

$$ml\ddot{\theta} = -mg\sin\theta + qE_0\sin\omega t\cos\theta \qquad (*)$$

をみたす．両辺を ml で割り，新しく定数 $\Omega_g \equiv \sqrt{g/l}$, $\Omega_e \equiv \sqrt{qE_0/ml}$ を導入すると，求めるべき微分方程式は，$\ddot{\theta} = -\Omega_g^2\sin\theta + \Omega_e^2\sin\omega t\cos\theta$.

(2) 質点の速度は $v = l\dot{\theta}$ で与えられるから，抵抗力は $-\gamma l\dot{\theta}$．したがって，運動方程式は式(*)の右辺に $-\gamma l\dot{\theta}$ を加えたものになる．ここで，$2\alpha \equiv \gamma/m$ と定めると，θ のみたすべき微分方程式は，$\ddot{\theta} = -\Omega_g^2\sin\theta + \Omega_e^2\sin\omega t\cos\theta - 2\alpha\dot{\theta}$.

(3) $|\theta| \ll 1$ であるから，$\sin\theta, \cos\theta$ のテイラー展開の最低次の項をとって，$\sin\theta \cong \theta$, $\cos\theta \cong 1$．これらを(2)で求めた微分方程式に代入して，$\ddot{\theta} + 2\alpha\dot{\theta} + \Omega_g^2\theta = \Omega_e^2\sin\omega t$.

［4］ (1) 題意により，質点に働く抵抗力は $-\gamma v$ (γ は定数) である．質点の加速度は $\dot{v}$ であるから，運動方程式は $m\dot{v} = -\gamma v + F(t)$．また，改めて $\Gamma \equiv \gamma/m$, $F(t)/m \equiv f(t)$ とすると，求めるべき微分方程式は $\dot{v} + \Gamma v = f(t)$.

(2) 質点にはたらく復元力は $-kx$ (k は正定数)，質点の加速度は $\ddot{x}$ である．ここで，

$\Omega\equiv\sqrt{k/m}$, $f(t)\equiv F(t)/m$ とすれば，微分方程式は $\ddot{x}+\Omega x=f(t)$.

問題 1-3

［1］ (1) $(x^a)''=a(a-1)x^{a-2}$, $(x^a)'=ax^{a-1}$ を代入して確かめる． (2) $(\cos x)''=-\cos x$ により明らか． (3) $(e^{ax})'=ae^{ax}$ により明らか． (4) $(C_1e^{ax})''=a^2C_1e^{ax}$, $(C_2e^{-ax})''=a^2C_2e^{ax}$ より，$(C_1e^{ax}+C_2e^{-ax})''=a^2(C_1e^{ax}+C_2e^{-ax})$. (5) $(e^{C_1x})'=C_1e^{C_1x}$, $\log(e^{C_1x})=C_1x$ により，e^{C_1x} は $xy'=y\log y$ をみたす．

［2］ (1) 与えられた $N(t)$ に対して $\dfrac{dN}{dt}$ を計算すると，$\dfrac{dN}{dt}=\dfrac{C_1\mu N_\infty^2e^{-\mu N_\infty t}}{(1+C_1e^{-\mu N_\infty t})^2}$. また，$N(N_\infty-N)=\dfrac{N_\infty}{1+C_1e^{-\mu N_\infty t}}\cdot\dfrac{C_1e^{-\mu N_\infty t}N_\infty}{1+C_1e^{-\mu N_\infty t}}=\dfrac{C_1N_\infty^2e^{-\mu N_\infty t}}{(1+C_1e^{-\mu N_\infty t})^2}$. よって，この関数は微分方程式 $\dfrac{dN}{dt}=\mu N(N_\infty-N)$ の解であることがわかる．

(2) ・$\alpha>\Omega_g$ のとき，

$$\dot{\theta}(t)=(-\alpha+\beta)C_1e^{(-\alpha+\beta)t}+(-\alpha-\beta)C_2e^{(-\alpha-\beta)t}+\frac{\Omega_e^2}{2\alpha}\sin\Omega_gt$$

$$\ddot{\theta}(t)=(-\alpha+\beta)^2C_1e^{(-\alpha+\beta)t}+(-\alpha-\beta)^2C_2e^{(-\alpha-\beta)t}+\frac{\Omega_g\Omega_e^2}{2\alpha}\cos\Omega_gt$$

また，$\alpha>\Omega_g$ であるから，$\beta^2=\alpha^2-\Omega_g^2$. 以上を与えられた方程式に代入すれば，$\ddot{\theta}+2\alpha\dot{\theta}+\Omega_g^2\theta=\Omega_e^2\sin\Omega_gt$. よって，与えられた関数は題意の微分方程式の解である．

・$\alpha=\Omega_g$ のとき，

$$\dot{\theta}(t)=-\Omega_gC_1e^{-\Omega_gt}+(1-\Omega_gt)C_2e^{-\Omega_gt}+\frac{\Omega_e^2}{2\Omega_g}\sin\Omega_gt$$

$$\ddot{\theta}(t)=\Omega_g^2C_1e^{-\Omega_gt}+\Omega_g(-2+\Omega_gt)C_2e^{-\Omega_gt}+\frac{\Omega_e^2}{2}\cos\Omega_gt$$

これらを与えられた微分方程式に代入し，$\alpha=\Omega_g$ を用いると，$\ddot{\theta}+2\Omega\dot{\theta}+\Omega_g^2\theta=\Omega_e^2\sin\Omega_gt$ が成り立つ．よって，この場合も $\theta(t)$ は解である．

・$\alpha<\Omega_g$ のとき，

この場合，$\beta^2=\Omega_g^2-\alpha^2$. よって，$C_1e^{-\alpha t}\cos\beta t+C_2e^{-\alpha t}\sin\beta t$ は $\ddot{\theta}+2\alpha\dot{\theta}+\Omega_g^2\theta=0$ をみたす．また，$-\dfrac{\Omega_e^2}{2\alpha\Omega_g^2}\cos\Omega_gt$ は与えられた微分方程式をみたすから，$\theta(t)$ は解である．

(3) $\dot{v}(t)=-\Gamma C_1e^{-\Gamma t}-\Gamma e^{-\Gamma t}\displaystyle\int_{t_0}^tf(t')e^{\Gamma t'}dt'+f(t)$ であるから，この関数は微分方程式 $\dot{v}(t)=-\Gamma v(t)+f(t)$ をみたし，解であることが確かめられる．

(4) $\dfrac{d^2}{dt^2}\left[-\dfrac{1}{\Omega}\displaystyle\int_{t_0}^tf(t')\sin\Omega(t'-t)dt'\right]=f(t)+\Omega\displaystyle\int_{t_0}^tf(t')\sin\Omega(t'-t)dt'$ が成り立つ．また，$\dfrac{d^2}{dt^2}(C_1\cos\Omega t+C_2\sin\Omega t)=-\Omega^2(C_1\cos\Omega t+C_2\sin\Omega t)$ となるので，ここに挙げられた $x(t)$ は与えられた微分方程式の解である．

［**3**］ ・$\omega \neq \beta$ のとき，$\dfrac{d^2}{dt^2}\sin\omega t+\beta^2\sin\omega t=(\beta^2-\omega^2)\sin\omega t$ である．したがって，$\dfrac{f_0}{\beta^2-\omega^2}\sin\omega t$ は与えられた方程式をみたす．

・$\omega=\beta$ のとき，$\dfrac{d^2}{dt^2}(t\cos\beta t)+\beta^2(t\cos\beta t)=-2\beta\sin\beta t$. よって，$-\dfrac{f_0}{2\beta}\sin\omega t$ は与えられた方程式をみたす．

また，$x_0(t)\equiv C_1\cos\beta t+C_2\sin\beta t$ は $\ddot{x}_0+\beta^2x_0=0$ をみたす．以上により，与えられた $x(t)$ は，題意の微分方程式の解であることが示された．

問題 1–4

［**1**］ (1) 1階1次. (2) 2階1次. (3) 2階2次. (4) 1階2次. (5) 1階1次. (6) 2階1次. (7) 1階1次. (8) 2階1次. (9) 2階1次.

［**2**］ 正規形のものは(3), (4)以外のすべて．また，線形のものは(1), (6), (8).

［**3**］ (3), (4).

［**4**］ (1) 与えられた一般解で $y(x_0)=C_1$ となるので $C_1=1$. よって求める特解は $\exp\left[\int_{x_0}^{x}f(x')dx'\right]$. (2) 与えられた一般解から，$y'=C_1e^x+2C_2e^{2x}$. 初期条件を用いて $C_1+C_2=0$, $C_1+2C_2=-1$. よって $C_1=1$, $C_2=-1$. 求める特解は，e^x-e^{2x}. (3) 一般解より $y'=-C_1\Omega\sin\Omega x+C_2\Omega\cos\Omega x-(1/2\Omega)\cos\Omega x+(x/2)\sin\Omega x$. 初期条件を用いて $y(0)=C_1=y_0$, $y'(0)=C_2\Omega-1/2\Omega=0$. したがって特解は $(y_0-x/2\Omega)\cos\Omega x+(1/2\Omega^2)\sin\Omega x$. (4) $y'(x)=C_1+C_2(1+\log x)$ であるから，初期条件より $y(1)=C_1=1$, $y'(1)=C_1+C_2=2$. これを解いて，$C_1=C_2=1$ となるので，$x(1+\log x)$. (5) $x^2+y^2=C_1$ に $x=1/2$, $y=-\sqrt{3}/2$ を代入して，$C_1=1$. y に関して解くと $y=\pm\sqrt{1-x^2}$ であるが，初期条件から $y(x)<0$ に注意し，$y=-\sqrt{1-x^2}$. (6) 与えられた一般解に $x=0$, $y=2$ を代入すると，$C_1=1/3$ となるので，特解は $\dfrac{3+e^x}{3-e^{-x}}$.

［**5**］ (1) $N(t_0)=N_0=\dfrac{N_\infty}{1+Ce^{-\mu N_\infty t_0}}$ となるので，$C=\left(\dfrac{N_\infty}{N_0}-1\right)e^{\mu N_\infty t_0}$. よって，与えられた初期条件をみたす特解は，$\dfrac{N_\infty N_0}{N_0+(N_\infty-N_0)e^{-\mu N_\infty(t-t_0)}}$.

(2) それぞれの場合につき，$\theta(0), \dot{\theta}(0)$ を計算してまとめると，次表のようになる．

	$\theta(0)$	$\dot{\theta}(0)$
$\alpha>\Omega_g$	$C_1+C_2-\Omega_e^2/2\alpha\Omega_g$	$-\alpha(C_1+C_2)+\beta(C_1-C_2)$
$\alpha=\Omega_g$	$C_1-\Omega_e^2/2\Omega_g^2$	$-\Omega_gC_1+C_2$
$\alpha<\Omega_g$	$C_1-\Omega_e^2/2\alpha\Omega_g$	$-\alpha C_1+\beta C_2$

よって，初期条件 $\theta(0)=0$, $\dot{\theta}(0)=\Omega_0$ を用いて，C_1, C_2 を求めると，

$$\begin{cases} C_1=\dfrac{\Omega_0}{2\beta}+\dfrac{\Omega_e^2(\alpha+\beta)}{4\alpha\beta\Omega_g}, \quad C_2=-\dfrac{\Omega_0}{2\beta}+\dfrac{\Omega_e^2(\beta-\alpha)}{4\alpha\beta\Omega_g} & (\alpha>\Omega_g) \\ C_1=\dfrac{\Omega_e^2}{2\Omega_g^2}, \quad C_2=\dfrac{\Omega_e^2}{2\Omega_g}+\Omega_0 & (\alpha=\Omega_g) \\ C_1=\dfrac{\Omega_e^2}{2\alpha\Omega_g}, \quad C_2=\dfrac{\Omega_e^2}{2\beta\Omega_g}+\dfrac{\Omega_0}{\beta} & (\alpha<\Omega_g) \end{cases}$$

これらをもとに与えられた初期条件をみたす特解を求めると，次のようになる．

$$\theta(t)=\begin{cases} \dfrac{\Omega_e^2}{2\alpha\Omega_g}e^{-\alpha t}\cosh\beta t+\left(\dfrac{\Omega_0}{\beta}+\dfrac{\Omega_e^2}{2\beta\Omega_g}\right)e^{-\alpha t}\sinh\beta t-\dfrac{\Omega_e^2}{2\alpha\Omega_g}\cos\Omega_g t & (\alpha>\Omega_g) \\ \left[\dfrac{\Omega_e^2}{2\Omega_g^2}+\left(\Omega_0+\dfrac{\Omega_e^2}{2\Omega_g}\right)t\right]e^{-\Omega_g t}-\dfrac{\Omega_e^2}{2\Omega_g^2}\cos\Omega_g t & (\alpha=\Omega_g) \\ \dfrac{\Omega_e^2}{2\alpha\Omega_g}e^{-\alpha t}\cos\beta t+\left(\dfrac{\Omega_0}{\beta}+\dfrac{\Omega_e^2}{2\beta\Omega_g}\right)e^{-\alpha t}\sin\beta t-\dfrac{\Omega_e^2}{2\alpha\Omega_g}\cos\Omega_g t & (\alpha<\Omega_g) \end{cases}$$

(3) $v(t_0)=C_1e^{-\Gamma t_0}$ より $C_1=V_0e^{\Gamma t_0}$．よって $v(t)=V_0e^{-\Gamma(t-t_0)}+e^{-\Gamma t}\displaystyle\int_{t_0}^{t}f(t')e^{\Gamma t'}dt'$.

(4) $x(t_0)=C_1\cos\Omega t_0+C_2\sin\Omega t_0$, $\dot{x}(t_0)=-C_1\Omega\sin\Omega t_0+C_2\Omega\cos\Omega t_0$ と $x(t_0)=0$, $\dot{x}(t_0)=v_0$ を使うと，$C_1=-(v_0/\Omega)\sin\Omega t_0$, $C_2=(v_0/\Omega)\cos\Omega t_0$．これらを代入し，三角関数の加法定理を用いて変形すると，$\dfrac{v_0}{\Omega}\sin\Omega(t-t_0)-\dfrac{1}{\Omega}\displaystyle\int_{t_0}^{t}f(t')\sin\Omega(t'-t)dt'$.

[6] ・$\omega\neq\beta$ のとき，$x(0)=C_1$, $\dot{x}(0)=\beta C_2+\dfrac{\omega f_0}{\beta^2-\omega^2}$．よって初期条件から $C_1=x_0$, $C_2=\dfrac{\omega f_0}{\beta(\omega^2-\beta^2)}$．特解は，$x(t)=x_0\cos\beta t+\dfrac{\omega f_0}{\beta(\omega^2-\beta^2)}\sin\beta t+\dfrac{f_0}{\beta^2-\omega^2}\sin\omega t$.

・$\omega=\beta$ のとき，$x(0)=C_1$, $\dot{x}(0)=\beta C_2-\dfrac{f_0}{2\beta}$．したがって，$C_1=x_0$, $C_2=\dfrac{f_0}{2\beta^2}$ これらから，$x(t)=\left(x_0-\dfrac{f_0}{2\beta}t\right)\cos\beta t+\dfrac{f_0}{2\beta^2}\sin\beta t$.

第2章

問題 2-1 任意定数を C とする．

[1] (1) 変数分離して $\dfrac{dy}{(\gamma+\delta y)}=(\alpha+\beta x)dx$ を得る．この式の両辺を積分すると，$y=-\gamma/\delta+Ce^{\delta(\alpha x+\beta x^2/2)}$ $(\delta\neq0)$, $y=\alpha\gamma x+(\beta\gamma/2)^2+C$ $(\delta=0)$.

(2) 変数分離すると，$y^{-\beta}dy=\gamma x^\alpha dx$．いま，$\displaystyle\int y^{-\beta}dy=\dfrac{y^{1-\beta}}{1-\beta}$ $(\beta\neq1)$, $\log|y|$ $(\beta=1)$．また $\displaystyle\int x^\alpha dx=\dfrac{x^{1+\alpha}}{1+\alpha}$ $(\alpha\neq-1)$, $\log|x|$ $(\alpha=-1)$ であるから，これらを組み合わせて解を求めると，$(\alpha+1)y^{1-\beta}=\gamma(1-\beta)x^{1+\alpha}+C$ $(\alpha\neq-1,\ \beta\neq1)$, $y=Ce^{\gamma x^{\alpha+1}/(\alpha+1)}$ $(\alpha\neq-1,\ \beta=1)$, $y^{1-\beta}=\log|x|^{\gamma(1-\beta)}+C$ $(\alpha=-1,\ \beta\neq1)$, $y=Cx^\gamma$ $(\alpha=-1,\ \beta=1)$.

(3)　変数分離すると，$(y-\beta)dy=(x-\alpha)dx$ となるので，$(x-\alpha)^2-(y-\beta)^2=C$.

(4)　変数分離した式は，$\dfrac{dy}{1+y^2}=2xdx$ となり，積分すると $y=\tan(x^2+C)$.

(5)　与式は，$(1+x)yy'=(1-y)x$ となるので，変数分離すると $\dfrac{ydy}{1-y}=\dfrac{xdx}{1+x}$. これを積分して，$x+y+\log\left|\dfrac{y-1}{x+1}\right|=C$.

(6)　変数分離して，$\dfrac{ydy}{1+y^2}=\dfrac{xdx}{1+x^2}$. 解は $y^2=C(x^2+1)-1$.

(7)　三角関数の加法定理より $\cos(x+y)+\cos(x-y)=2\cos x\cos y$ であるから変数分離でき，$\dfrac{2dy}{\cos y}=\cos xdx$. これを積分すると $\log\left|\dfrac{1+\sin y}{1-\sin y}\right|=\sin x+C$.

(8)　与式を y' に関して解くと，$y'=-y$. よって $dy/y=-dx$ となり，解は $y=Ce^{-x}$.

［**2**］　(1)　$z=y+x^3$ を与式に代入し，$xz'=2z$. この一般解は $z=Cx^2$. よって求めるべき一般解 $y=Cx^2-x^3$ を得る.

(2)　$z'=e^{xy}(y+xy')=z(y+xy')$. よって，与式は $z'=3xz$ と変形される. これを解くと $2\log|z|=3x^2+C$ となり，$y=3x/2+C/x$. ただし，$C/2$ を改めて C とした.

(3)　$z=y/x^2$ を与式に代入し，$xz'+z(z+4)=0$. これを解くと $x^4z/(z+4)=C$. z を y に戻して，$\dfrac{x^4y}{4x^2+y}=C$.

(4)　z を与式に代入して整理し，$x^2z'=z$. これを解いて $z=Ce^{-1/x}$. よって一般解は，$y=\arctan(Ce^{-1/x}-x^2)$.

［**3**］　求める曲線を $y=f(x)$ とすると，点 $(x_0, f(x_0))$ でこの曲線に直交する直線の方程式は，$y=-\dfrac{1}{f'(x_0)}(x-x_0)+f(x_0)$. この直線が原点を通るので，$(x, y)=(0, 0)$ を代入し，x_0 を改めて x とすれば，$f+x/f'=0$. これを変数分離して解き，f を y に書き直せば，一般解は $x^2+y^2=C$. よって，求める曲線は原点を中心とする円.

［**4**］　液体の残量を V，孔から測った液面の高さを z とすると，$V=(\pi\tan^2\theta/3)z^3$ で，単位時間あたりの体積増加は $\dot{V}=\pi\tan^2\theta z^2\dot{z}$ で与えられる. 一方，孔からの単位時間の噴出量(＝体積減少)は噴出速度に比例するから，比例係数を a として $a\sqrt{z}$. これらから，$\pi\tan^2\theta z^2\dot{z}=-a\sqrt{z}$. この微分方程式を解くと，$z=\left(C-\dfrac{5at}{2\pi\tan^2\theta}\right)^{\frac{2}{5}}$.

問題 2–2　C を任意定数とする.

［**1**］　(1)　$y=xu$ とすると，与式は $(2+u)(u+xu')=1-2u$ となる. 変数分離すれば，$\dfrac{(2+u)du}{1-4u-u^2}=\dfrac{dx}{x}$. これを積分して u を y に戻すと $y^2+4xy-x^2=C$.

(2)　$y=xu$ とすると，$(1+u^2)(u+xu')=2u$. 変数分離で $\dfrac{1+u^2}{u-u^3}du=\dfrac{dx}{x}$. これを積分し，$\dfrac{Cu}{1-u^2}=x$. よって $(y+C)^2-x^2=C^2$. ただし，C を $2C$ と改めた.

(3)　$u=y/x$ とすると，$x^2u'=xe^u$. これを積分して，$\log|x|+e^{-u}=C$ となる. u を y

に戻せば，$y=-x\log(\log|C/x|)$．ただし，e^C を改めて C とした．

(4)　$u=y/x$ として，$xu'=1/\log u$ を得る．積分すると $u\log|u|-u=\log|x|+C$ となるから，$y(\log|y|-\log|x|-1)-x\log|x|=Cx$．

(5)　$X=x,\ Y=y-1/2$ とすると，$y'=dY/dX$ より $(X+Y)dY/dX=-X+3Y$．これは同次型で，$Y=Xu(X)$ とおくと $\log|Xu-X|+2/(1-u)=C$ となる．もとの変数に戻すと $y=\dfrac{1}{2}+x+C\exp\left(\dfrac{4x}{2y-2x-1}\right)$．ただし e^C を改めて C とした．

(6)　$X=x+1,\ Y=y-1$ で X,Y とすると，$\dfrac{dY}{dX}=\dfrac{Y^2}{X^2+XY+Y^2}$．$Y=Xu(X)$ として $X\dfrac{du}{dX}=-\dfrac{u(1+u^2)}{1+u+u^2}$．よって $\log|Xu|+\arctan u=C$．もとの変数に書き改め，e^C を改めて C として，$y=1+C\exp\left[-\arctan\left(\dfrac{y-1}{x+1}\right)\right]$．

［2］　同次型方程式の一般解は式(2.5)，すなわち

$$x=C_1\exp\left[\int^{y/x}\frac{du}{f(u)-u}\right] \qquad (*)$$

で与えられる．この式において x,y を同時に a 倍すると，右辺は不変，左辺は a 倍されるので，C_1 を $1/a$ 倍した解曲線に移る．$(x,y)\to(ax,ay)$ (a は定数)という変換は，原点を中心とする拡大($a>1$)，縮小($0<a<1$)，反転($a<0$)を表すから，題意が示された．

［3］　$\dfrac{p(x,y)}{q(x,y)}=\sum\limits_{j=0}^{n}a_jx^{n-j}y^j\Big/\sum\limits_{j=0}^{n}b_jx^{n-j}y^j$ であるから，分母・分子をそれぞれ x^n で割り，$u=\dfrac{y}{x}$ とすると，$\dfrac{p(x,y)}{q(x,y)}=\sum\limits_{j=0}^{n}a_ju^j\Big/\sum\limits_{j=0}^{n}b_ju^j$．したがって $f\left(\dfrac{p(x,y)}{q(x,y)}\right)$ は u のみの関数で，$\dfrac{dy}{dx}=f\left(\dfrac{p(x,y)}{q(x,y)}\right)$ は同次型となる．

次に，$p(\lambda x,\lambda y)=\lambda^np(x,y)$，$q(\lambda x,\lambda y)=\lambda^nq(x,y)$ が成り立つ場合は，$y=xu$ とすると，$p(x,y)=p(x\cdot 1,xu)=x^np(1,u)$，$q(x,y)=x^nq(1,u)$ となり，$f\left(\dfrac{p(x,y)}{q(x,y)}\right)=f\left(\dfrac{p(1,u)}{q(1,u)}\right)$．与式の左辺は $u\equiv\dfrac{y}{x}$ のみの関数であるから，$y'=F(u)$ の形で，同次型となる．

［4］　円 $x^2-2px+y^2=0$ の上の点 (x,y) における微分係数は，両辺を x で微分して y' について解き，$y'=\dfrac{p-x}{y}=\dfrac{y^2-x^2}{2xy}$．よって円に直交する曲線を $y=f(x)$ とすると，$f'=\dfrac{2xf}{x^2-f^2}$．これは同次型だから，解を求めて f を y にもどすと，$x^2+y^2+2Cy=0$．これは，$(0,-C)$ を中心とする半径 $|C|$ の円で，解曲線は C をパラメーターとする1パラメーター族をなす．

［5］　反射の法則から，問題の図に与えられた角 θ,ϕ に対して，光が x 軸の正の向きに進むとき $\phi=2\theta$，負の向きに進むとき $\phi+\pi=2\theta$ がそれぞれ成り立ち，いずれの場合も $\tan\phi=\dfrac{2\tan\theta}{1-\tan^2\theta}$．いま，$f'=\tan\theta$，$\dfrac{f}{x}=\tan\phi$ であるから，f のみたす微分方程式

は，$f'=-\dfrac{x}{f}\pm\sqrt{\dfrac{x^2}{f^2}+1}$．これは同次型の方程式であるから，$u=\dfrac{f}{x}$ とすると解が求められ，$x(\sqrt{1+u^2}\mp1)=$定数．これから $f^2=2Cx+C^2$ (C は任意定数)となるので，求める曲線は$y^2=2Cx+C^2$．これは x 軸を対称軸とする放物線である．

問題 2–3

[1] C を任意定数とする．

(1) 与式は変数分離型で，$dy/y=2dx$ により $\log|y|=2x+C$．よって一般解は $y=Ce^{2x}$．ただし e^C を C とした．

(2) 変数分離すると $\dfrac{dy}{y}=-x^n\,dx$．$n\neq-1$ だから $\log|y|=-\dfrac{x^{n+1}}{n+1}+C$．これを y について解き，e^C を C と改めて $y=C\exp\left(-\dfrac{x^{n+1}}{n+1}\right)$．

(3) 変数分離すると $dy/y=\log x\,dx$．一般解は $y=C\exp[x(\log x-1)]=Cx^xe^{-x}$．

(4) 変数分離により $\dfrac{dy}{y}=-\dfrac{1-x^2}{1-x^4}dx=-\dfrac{dx}{1+x^2}$．よって $y=C\exp(-\arctan x)$．

(5) 余関数を求めると，(1)を参考にして $y=Ce^{2x}$．$y=f(x)e^{2x}$ とすると $f'(x)e^{2x}=e^x$．これをみたす f を求めると，$f=-e^x+C$ となるから，$y=Ce^{2x}-e^x$．

(6) (5)と同様に，$y=f(x)e^{2x}$ とすると，$f'(x)e^{2x}=e^{2x}$．よって $f(x)=x+C$ となる．一般解は，$y=Ce^{2x}+xe^{2x}$．

(7) (5), (6)と同様に，$y=f(x)e^{2x}$ として $f'(x)e^{2x}=2x^2$．これを解いて f を求めると，$f(x)=-(x^2+x+1/2)e^{-2x}$．よって $y=Ce^{2x}-x^2-x-1/2$．

(8) 余関数は $y=Ce^{-ax}$ である．ここで，係数・非斉次項ともに定数であるから，特解も定数と仮定して $y=c$ とする．これを微分方程式に代入すると $ac=b$．$a\neq0$ のときは $c=b/a$ で，一般解は $y=Ce^{-ax}+b/a$．また $a=0$ のときは $y'=b$ により $y=bx+C$．

(9) 余関数は $y=C/x$．$y=f(x)/x$ として与式に代入し，$f'(x)/x=\sin x/x$．これを解いて f を求め，$f(x)=-\cos x+C$．よって，求める解は $y=C/x-\cos x/x$．

(10) 余関数は $y=C/x^a$．$y=f(x)/x^a$ として微分方程式に代入すると，$f'(x)=x^{a+b}$．これを積分して，$y=\dfrac{C}{x^a}+\dfrac{x^{b+1}}{a+b+1}\,(a+b+1\neq0)$，$y=\dfrac{C}{x^a}+\dfrac{\log|x|}{x^a}\,(a+b+1=0)$．

(11) $z=y^3$ とすると，$z'-z=x^3-4x^2+2$．この方程式の余関数は $z=Ce^x$．非斉次項が3次関数だから $z=ax^3+bx^2+cx+d$ と仮定して特解を求めると，$z=-x^3+x^2+2x$．z を y に戻すと $y=(Ce^x-x^3+x^2+2x)^{1/3}$．

(12) $t=\sqrt{1+x^2}$ とすると，$\dfrac{d}{dx}=\dfrac{x}{\sqrt{1+x^2}}\dfrac{d}{dt}$．このとき与式は $\dfrac{dy}{dt}+y=2e^t$．この微分方程式の一般解は $y=Ce^{-t}+e^t$．もとの独立変数では $y=Ce^{-\sqrt{1+x^2}}+e^{\sqrt{1+x^2}}$．

[2] (1) 与式は1階の線形方程式である．その余関数は $v_0 \equiv C\exp\left[-\int^t \frac{\gamma dt'}{m(t')}\right]$ (C は定数)．$v=f(t)v_0(t)$ とすれば，$\frac{df}{dt}=-\left[g+V\frac{\dot{m}(t)}{m(t)}\right]\exp\left[\int^t \frac{\gamma dt'}{m(t')}\right]$．これより f を求めると一般解が得られる．

$$v=\left\{C-\int^t dt'\left[g+V\frac{\dot{m}(t')}{m(t')}\right]\exp\left[\gamma\int^{t'}\frac{dt''}{m(t'')}\right]\right\}\exp\left[-\gamma\int^t\frac{dt'}{m(t')}\right]$$

(2) $0\leqq t\leqq T$ では $m(t)=M+(T-t)m_0/T$．これを(1)で求めた解に代入して $v(0)=0$ を用いると，$C=\left[\frac{(M+m_0)gT}{\gamma T-m_0}-\frac{Vm_0}{\gamma T}\right]\left[\frac{1}{(M+m_0)T}\right]^{\gamma T/m_0}$．よって

$$v=\frac{m_0gt}{\gamma T-m_0}+\left[\frac{(M+m_0)gT}{\gamma T-m_0}-\frac{Vm_0}{\gamma T}\right]\left\{\left[1-\frac{m_0t}{(M+m_0)T}\right]^{\gamma T/m_0}-1\right\}$$

[3] (1) 両辺に y をかけて $2yy'-y^2+x^3=0$．$y^2=z$ とすると，$z'-z=-x^3$．これは線形微分方程式で，余関数は $z=Ce^x$，特解は $z=x^3+3x^2+6x+6$．z を y にもどして，$y^2=Ce^x+x^3+3x^2+6x+6$．

(2) 両辺を y^3 で割って $z=y^{-2}$ とすると，$xz'+2z=2xe^x$ を得る．この方程式の余関数は $z=Cx^{-2}$．$z=f(x)x^{-2}$ とすると，$f'=2x^2e^x$ となり，$f=(2x^2-4x+4)e^x+C$．これから z を求め，さらに y に戻すと $y^2=\frac{x^2}{C+2(x^2-2x+2)e^x}$．

(3) 両辺を y^5 で割って $z=y^{-4}$ とすると，$z'+4x^5z=-4x^2$．この方程式の余関数は $z=Ce^{-2x^6/3}$．よって $z=f(x)e^{-2x^6/3}$ とすると $f(x)=C-4\int^x t^2e^{2t^6/3}\,dt$．求めるべき一般解は $y^4=e^{2x^6/3}\left(C-4\int^x t^2e^{2t^6/3}dt\right)^{-1}$．

(4) $z=y^{-1}$ とすると $z'+\frac{\sin x}{\cos^2 x}z+\frac{\sin x}{\cos^3 x}=0$ となるから，余関数は $z=Ce^{-1/\cos x}$．$z=f(x)\,e^{-1/\cos x}$ とすると $f'(x)=-\frac{\sin x}{\cos^3 x}e^{1/\cos x}$．よって $f(x)=C+e^{1/\cos x}\left(1-\frac{1}{\cos x}\right)$ を得る．一般解は $y=\left[Ce^{-1/\cos x}+\left(1-\frac{1}{\cos x}\right)\right]^{-1}$．

(5) $y=u+x^2$ とすると，u は $u'+u+x^2u^2=0$ をみたす．ここで，$z=u^{-1}$ とすれば，$z'-z=x^2$ となるから $z=Ce^x-x^2-2x-2$．一般解は $y=x^2+\frac{1}{Ce^x-x^2-2x-2}$．

(6) $y=e^{ax}+u$ とすると，$u'+2xu+(1+xe^{-ax})u^2=0$ を得る．ここで，$z=u^{-1}$ とすれば，$z'-2xz=1+xe^{-ax}$ となる．$\phi(x)\equiv\int^x e^{-x^2}(1+xe^{-ax})dx$ と定義すると，この解は $z=e^{x^2}[C+\phi(x)]$．よって $y=e^{ax}+\frac{1}{e^{x^2}[C+\phi(x)]}$．

[4] (1) 両辺を y^k で割り $z=y^{1-k}$ とすると，$z'/(1-k)+p(x)z+q(x)=0$．これは線形微分方程式で，余関数は $z=C\exp\left[(k-1)\int^x p(x')dx'\right]$．この関数の C を $f(x)$ と置き換えると，$f'=(k-1)q(x)\exp\left[(1-k)\int^x p(x')dx'\right]$．よって一般解は，

$$z = y^{1-k} = \phi(x)\left\{C+(k-1)\int^x \frac{q(x')}{\phi(x')}dx'\right\},\quad \phi(x) \equiv \exp\left[(k-1)\int^x p(x')dx'\right]$$

(2)　$y=y_1(x)+u(x)$ とおいてリッカチの微分方程式に代入すると，

$$\begin{aligned} &y_1'+u'+P(x)(y_1^2+2y_1u+u^2)+Q(x)(y_1+u)+R(x) \\ &= u'+P(x)u^2+[2P(x)y_1+Q(x)]u = 0 \end{aligned}$$

ただし，y_1 がリッカチの微分方程式の解であることを用いた．これは(1)のベルヌーイの微分方程式で，k を 2，$p(x)$ を $2P(x)y_1+Q(x)$, $q(x)$ を $P(x)$ としたものである．

［5］　(1)　$y=fz+g$ を代入すると，$fz'+af^2z^2+(f'+2afg)z+g'+ag^2=bx^c$ を得る．これが $z'+\alpha x^{-2}z^2=\beta x^\gamma$ の形となるためには $f'+2afg=0$, $g'+ag^2=0$ でなくてはならない．これらを解くと，$g=\dfrac{1}{ax+C_1}$，$f=\dfrac{C_2}{(ax+C_1)^2}$ (C_1, C_2 は定数)．このとき，与えられた微分方程式は $z'+\dfrac{aC_2z^2}{(ax+C_1)^2}=\dfrac{bx^c(ax+C_1)^2}{C_2}$．題意をみたすには $C_1=0$ に限る．また C_2 は任意であるが，a^2 と選べば z は $z'+az^2/x^2=bx^{c+2}$ をみたす．

(2)　$c=-2$ のとき同次型方程式となる．

(3)　与えられた変換により，$\dfrac{d}{dx}=\mu_1x_1^{1-1/\mu_1}\dfrac{d}{dx_1}$ であるから，(1)で求めた微分方程式は $\dfrac{dy_1}{dx_1}+\dfrac{bx_1^{-1+(c+3)/\mu_1}}{\mu_1}y_1^2=\dfrac{a}{\mu_1}x_1^{-1-1/\mu_1}$ と変形される．題意をみたすには，y_1^2 の係数が定数でなくてはならないので，$\mu_1=c+3$ を得る．このとき

$$a_1 = \frac{b}{\mu_1} = \frac{b}{c+3},\quad b_1 = \frac{a}{\mu_1} = \frac{a}{c+3},\quad c_1 = -1-\frac{1}{\mu_1} = -\frac{c+4}{c+3}$$

このようにして得られた方程式が解けるには，ヒントにあるように a_1, b_1, c_1 のいずれかが 0 であるか，(2)で求めたように c_1 が -2 であればよい．与えられた条件から a_1, b_1 は明らかに 0 ではないので，$c_1=0$ または $c_1=-2$．よって $c=-4, -2$．

(4)　(1), (3)の手順を n 回繰り返すと，与えられた微分方程式は $dy_n/dx_n+a_ny_n^2=b_nx^{c_n}$ の形に変形され，

$$\begin{aligned} &a_n = \frac{b_{n-1}}{c_{n-1}+3},\quad b_n = \frac{a_{n-1}}{c_{n-1}+3},\quad c_n = -\frac{c_{n-1}+4}{c_{n-1}+3} \\ &a_0 = a,\quad b_0 = b,\quad c_0 = c \end{aligned}$$

をみたす．よって $c_n=\dfrac{-2(c+2)n+c}{(c+2)n+1}$．(3)と同様に，これが 0 または -2 のときに解が求められる．よって $c=\dfrac{4n}{1-2n}$ (n は整数) または $c=-2$．

問題解答2

問題 2–4

［1］ dx の係数を $P(x,y)$, dy の係数を $Q(x,y)$ とし，C を任意定数とする．

(1) $P_y=Q_x=0$ で完全微分型．$P=\Phi_x$ とすれば，$\Phi=\sin x+f(y)$．また，$Q=\sin y$ と $Q=\Phi_y=f'(y)$ から $f(y)=-\cos y+C$．よって $\sin x-\cos y=C$.

(2) $P_y=Q_x=e^x+e^y$ で完全微分型．$P=\Phi_x$ とすると，$\Phi=(x+y)e^x+xe^y+f(y)$．これを $Q=\Phi_y$ に代入して f を求めると，$f=-ye^y+C$．一般解は $(x+y)e^x+(x-y)e^y=C$.

(3) $P_y=Q_x=3y^{1/2}-3x^{1/2}$ で完全微分型．$P=\Phi_x$ とすると $\Phi=2xy^{3/2}-2x^{3/2}y+f(y)$．これと $Q=\Phi_y$ から，$f'(y)=0$．よって $xy^{3/2}-x^{3/2}y=C$.

(4) $P_y=Q_x=-e^x\sin(x+y)-e^x\cos(x+y)$ で完全微分型．$P=\Phi_x$ として Φ を求めると，$\Phi=e^x\cos(x+y)+f(y)$．$Q=\Phi_y$ から，$f'(y)=0$．したがって $e^x\cos(x+y)=C$.

(5) $P_y=Q_x=-e^{x-y}$ により完全微分型．$P=\Phi_x$ とすると，$\Phi=e^{2x}+e^{x-y}+f(y)$．これと $Q=\Phi_y$ より $f'(y)=-2e^{2y}$．よって $e^{2x}+e^{x-y}-e^{2y}=C$.

(6) $P_y=-3$, $Q_x=-3$ で完全微分型．$P=\Phi_x$ とすると，$\Phi=x^2-3xy+2x+f(y)$．これを $Q=\Phi_y$ に代入して f を求め，$f(y)=2y^2-4y$．よって $(x-2y)(x-y+2)=C$.

［2］ dx, dy の係数をそれぞれ $P(x,y)$, $Q(x,y)$，積分因子を $\mu(x,y)$，C を任意定数とする．$(\mu P)_y=(\mu Q)_x$ により，$Q_x-P_y=\dfrac{\mu_yP-\mu_xQ}{\mu}$ となることに注意(例題 2.7 の解参照).

(1) $Q_x-P_y=-y+\dfrac{5x^2}{y^2}$．$\mu=x^my^n$ と仮定すると，$(n-m)y+\dfrac{5nx^2}{y^2}=-y+\dfrac{5x^2}{y^2}$．これより $m=2$, $n=1$ で，積分因子は $\mu=x^2y$．よって与えられた方程式は $(x^2y^3+5x^4)dx+x^3y^2dy=0$ となり，一般解は $x^3y^3+3x^5=C$.

(2) $Q_x-P_y=6+\dfrac{14x}{y}+\dfrac{4x^2}{y^2}$ となる．積分因子を $\mu=x^my^n$ とすると，$\dfrac{\mu_y}{\mu}P-\dfrac{\mu_x}{\mu}Q=-6m+\dfrac{7(n-m)x}{y}+\dfrac{4nx^2}{y^2}$ であるから，3つの式 $-6m=6$, $7(n-m)=14$, $4n=4$ を得る．これらを同時にみたす m,n を求めると $m=-1$, $n=1$ となり，$\mu=y/x$．よってこれを両辺にかけて一般解を求め，$2x^2+7xy+3y^2=C$.

(3) $Q_x-P_y=-2y=-Q$ であるので，μ を x のみの関数であると仮定する．このとき，$\mu_x/\mu=1$．これをみたす μ を1つ求め，$\mu=e^x$ となる．一般解は $e^x(1+y^2)=C$.

なお，$Q_x-P_y=-2yP/(1+y^2)$ でもあるから，μ を y のみの関数であると仮定しても積分因子が求められる．そのときは $\mu_y/\mu=-2y/(1+y^2)$ となり，$\mu=1/(1+y^2)$.

(4) $Q_x-P_y=\sin x-\sin x\sec^2 y=-\sin x\tan^2 y=-P\tan y$ となる．μ を y のみの関数であるとして，$\dfrac{\mu_y}{\mu}=-\tan y=\dfrac{(\cos y)'}{\cos y}$ を得る．これをみたす μ の1つは $\mu=\cos y$ であるから，これが積分因子である．一般解は $\cos x\sin y=C$.

(5) $Q_x-P_y=x\cos y+\cos x=Q/x$ となるから，μ を x だけの関数と仮定し，$\mu_x/\mu=-1/x$ を得る．これをみたす μ を1つ選んで，$\mu=x^{-1}$．これを与式の両辺にかけて積分し，$x\sin y+y\cos x=C$.

(6)　$Q_x-P_y=-e^{x+y}\cos y-\cos x=-P$．積分因子を y だけの関数とすれば，$\mu_y/\mu=-1$．これをみたす μ を1つ選び，$\mu=e^{-y}$．よって一般解は $e^x\cos y+e^{-y}\sin x=C$.

［**3**］　与えられた方程式を書き直して $X(x)Y(y)dx-dy=0$．$P=XY$，$Q=-1$ とすると，$Q_x-P_y=-XY'=-(Y'/Y)P$．Y は y だけの関数だから積分因子 μ もそうであるとすると(例題2.7の解および問題2-4[2]の解参照)，$Q_x-P_y=-(Y'/Y)P=(\mu_y/\mu)P$ となるから，$(\mu Y)_y=0$．よって $\mu=C/Y(y)$．任意定数 C を1と選べば題意が示される．

［**4**］　与えられた微分方程式は完全微分型である．よって，$P=\Phi_x, Q=\Phi_y$ となるような $\Phi(x,y)$ があれば，一般解は $\Phi=C$ (C は任意定数)．ここで，$P=\Phi_x$ を x で積分すると，$\Phi=\int_a^x P(x',y)dx'+Y(y)$ (a は定数，$Y(y)$は y だけの関数)．これを $Q=\Phi_y$ に代入すると，

$$Q(x,y)=\int_a^x\frac{\partial P}{\partial y}(x',y)dx'+Y'(y)=\int_a^x\frac{\partial Q}{\partial x'}(x',y)dx'+Y'(y)$$
$$=Q(x,y)-Q(a,y)+Y'(y)$$

ただし，完全微分型の方程式では $P_y=Q_x$ であることを用いた．これを y について積分すると，$Y(y)=\int_b^y Q(a,y')dy'+c$ (c は定数)．よって与えられた微分方程式の解は

$$\int_a^x P(x',y)dx'+\int_b^y Q(a,y')dy'=C \qquad (C \text{ は定数})$$

もう一方の等式についても同様にして示すことができる．

［**5**］　(1)　気体が断熱変化するので $\delta Q=0$ であり，$CdT+pdV=0$．この式に $p=KT/V$ を代入し，$CdT+(KT/V)dV=0$．ここで積分因子を求めると，$\mu=1/T$ となるので，$(C/T)dT+(K/V)dV=0$ を得る．これを積分して $T^{C/K}V=A$ (A は任意定数)．

(2)　ファンデルワールスの状態方程式から，$p=\dfrac{KT}{V-b}-\dfrac{a}{V^2}$ となるので，(1)と同様に $CdT+\left(\dfrac{KT}{V-b}-\dfrac{a}{V^2}\right)dV=0$．積分因子は $\mu=(V-b)^{K/C}$．よって

$$C(V-b)^{K/C}dT+\left[KT(V-b)^{K/C-1}-\frac{a(V-b)^{K/C}}{V^2}\right]dV=0$$

この式を積分して $CT(V-b)^{K/C}-a\int^V(V'-b)^{K/C}V'^{-2}dV'=A$ (A は任意定数)．

［**6**］　(1)　物体は，Δt の間に外力 $F(x)$ を受けて運動するので，ニュートンの第2法則より，その間の運動量変化は $dp=F(x)\Delta t$．また，物体の質量を m とすると，位置の変化は $dx=\dfrac{p}{m}\Delta t$．両者を比較し，$\dfrac{m}{p}dx-\dfrac{1}{F}dp=0$.

(2)　積分因子の1つは $\mu=-\dfrac{pF}{m}$ で，このとき(1)で求めた方程式は $-F\,dx+\dfrac{pdp}{m}$

$=0$. 解は $\dfrac{p^2}{2m}-\int^x F(x')dx'=C$ (C は定数). 第 1 項は物体の運動エネルギー, 第 2 項は外力による仕事である. 力が保存力である場合はエネルギー保存則を意味する.

(3) $F=-kx$ で $\dfrac{p^2}{2m}+\dfrac{kx^2}{2}=C$. $F=-\dfrac{k}{x^2}$ で $x=\dfrac{2mk}{p^2-C}$. (いずれも C は定数)

問題 2–5

［1］ C, C_1, C_2, C_3 は任意定数を表す.

(1) $y'=\pm\sqrt{4y-2}$ となるから, 変数分離して一般解を求めると, $y=(x+C)^2+1/2$. 特異解は $y=1/2$.

(2) y' に関して解くと, $y'=y^{1/3}$ で, 一般解は $y=(2\sqrt{6}/9)(x+C)^{3/2}$. 特異解は $y=0$.

(3) 与式を変形して $y'(y'^2-4y^2)=0$. よって $y'=0$, $y'=\pm 2y$. これらを解いて, 一般解は $y=C_1$, $y=C_2e^{2x}$, $y=C_3e^{-2x}$. 特異解は存在しない.

(4) 与式は $(y'-2x)(y'^2-y)=0$ となる. これから, $y'=2x$, $y'=\pm\sqrt{y}$. 一般解は $y=x^2+C_1$, $y=(x+C_2)^2/4$. 特異解は $y=0$.

(5) 与式は $(y'-2x)(y'-y)(y'+y)=0$ となるから, $y'=2x, y'=\pm y$. よって一般解は $y=x^2+C_1$, $y=C_2e^x$, $y=C_3e^{-x}$ である. 特異解は存在しない.

［2］ C は任意定数をあらわす.

(1) 両辺を x で微分して $xp'+2pp'-p'=0$. よって $p'=0$ または $x+2p-1=0$. 前者からは $p=C$ となり, 一般解 $y=Cx+C(C-1)$ を得る. 後者より $p=(1-x)/2$ となり, 特異解 $y=-(x-1)^2/4$ が得られる.

(2) 与式より $xp'+p'\log|p|=p'(x+\log|p|)=0$. これから $p'=0$, $x=-\log|p|$. 前者から一般解 $y=Cx+C(\log|C|-1)$, 後者から特異解 $y=\pm e^{-x}$ を得る.

(3) 与式から $xp'-p'\tan p=0$. これから $p'=0$, $x=\tan p$ を得る. 前者から一般解は $y=Cx+\log|\cos C|$. 後者から特異解は $y=x\arctan x-\dfrac{1}{2}\log(1+x^2)$ となる.

(4) 与式から $xp'-p'\sinh p=0$. よって $p'=0$, $x=\sinh p$. 一般解は前者より求められ, $y=Cx-\cosh C$. また, 後者からは $e^p=\sqrt{x^2+1}+x$ となる. これから特異解を求めると, $y=x\log(\sqrt{x^2+1}+x)-\sqrt{x^2+1}$.

(5) 与式より $\dfrac{p}{a-1}dx+\left(\dfrac{1}{p}+\dfrac{ax}{a-1}\right)dp=0$. この式の積分因子は $\mu=p^{a-1}$ で, これを両辺にかけて積分し, $\dfrac{xp^a}{a-1}+\dfrac{p^{a-1}}{a-1}=C$. よって p をパラメーターとして, 一般解は $x=-\dfrac{1}{p}+\dfrac{C}{p^a}$, $y=\dfrac{a}{a-1}xp+\log|p|$. ただし, $(a-1)C$ を改めて C とした.

(6) 与式を x で微分して変形すると, $pdx+(6p+2x)dp=0$. 積分因子を求めると $\mu=p$. これをかけて積分し, $xp^2+2p^3=C$. 一般解は $x=-2p+C/p^2$, $y=2xp+3p^2$. また

特異解は $p=0$ となるときで，$y=0$.

(7)　与式より $-pdx+(6p^2+x)dp=0$. 積分因子は $\mu=p^{-2}$. よって $-x/p+6p=C$ を得る．p をパラメーターとし，$-C$ を C に書き改めて，一般解は $x=p(C+6p)$, $y=xp/2+p^3$. 特異解は $p=0$ のときで，$y=0$.

［3］ a をパラメーターとすると，包絡線の方程式は $(x-a)^2-y+2a=0$, $\dfrac{\partial}{\partial a}[(x-a)^2-y+2a]=0$. 第2式から $a=x-1$. これと第1式から a を消去すると，直線の方程式 $y=2x-1$ を得る．これが求めるべき包絡線である．

［4］ 点 $(X, f(X))$ における接線の方程式は，$y=f'(X)(x-X)+f(X)$. このとき，P は $([Xf'(X)-f(X)]/f'(X), 0)$, Q は $(0, f(X)-Xf'(X))$ である．

(1)　$X, f(X), f'(X)$ を x, y, p と書くと，題意の3角形の面積は，$\overline{\mathrm{OP}}\cdot\overline{\mathrm{OQ}}/2=(y-xp)^2/2|p|$. よって α を定数とすると，

$$y=\begin{cases} xp+\alpha\sqrt{p} & (p>0) \\ xp+\alpha\sqrt{-p} & (p<0) \end{cases}$$

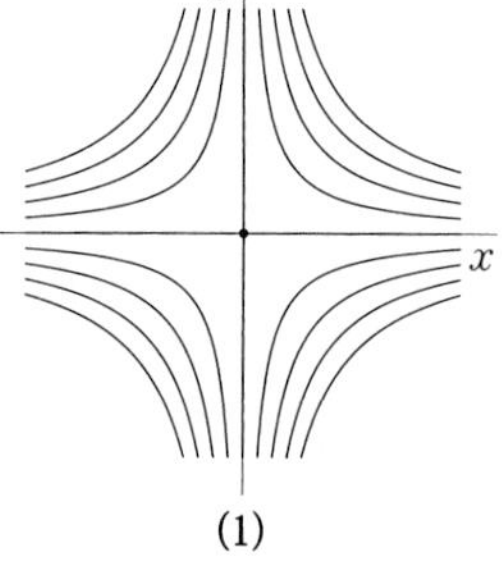

(1)

これらはクレローの方程式である．$p>0$ の場合，両辺を x で微分して $p'=0$, $x=-\alpha/2\sqrt{p}$. 前者は直線 $y=cx+\alpha\sqrt{c}$，後者は双曲線 $y=-\alpha^2/4x$ を与える．$p<0$ の場合も同様で，両者をまとめて，直線 $y=ax+b$ または双曲線 $xy=a$ (a, b は定数).

(2)　円の半径を R, $X_0\equiv[Xf'(X)-f(X)]/f'(X)$ とする．P で x 軸に接する円の方程式は，$(x-X_0)^2+(y-R)^2=R^2$. これが Q を通るので $X_0\{[1+f'(X)^2]X_0+2Rf'(X)\}=0$. $X, f(X), f'(X)$ を x, y, p と書くと，$X_0=(xp-y)/p$ であるから $xp-y=0$, $(1+p^2)(xp-y)+2Rp^2=0$. 前者からは直線 $y=Cx$ を得るが円は一意には決まらない．後者からは直線 $y=Cx+\dfrac{2C^2R}{1+C^2}$ とパラメーター表示の曲線 $x=-\dfrac{4pR}{(1+p^2)^2}$, $y=\dfrac{2p^2(p^2-1)R}{(1+p^2)^2}$ を得る．図(2a)に前者を，(2b)に後者を示した．

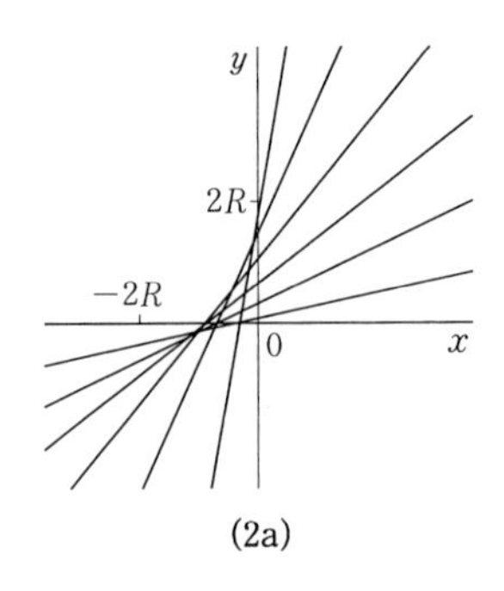

(2a)

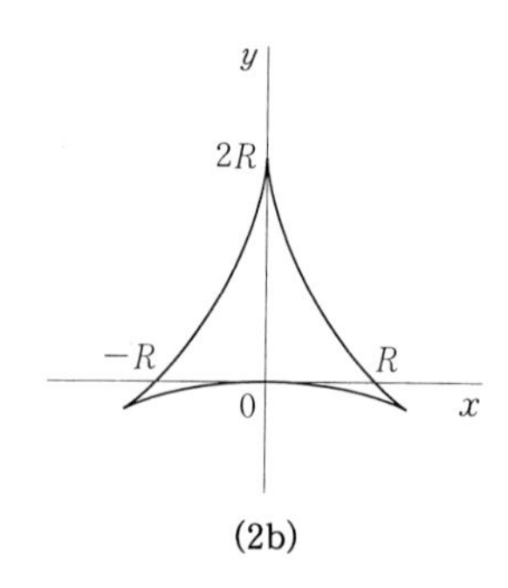

(2b)

第3章

問題 3–1

[1]　・$k\neq 0$ のとき，$y=e^{kx}$ は解の 1 つ．$y=f(x)e^{kx}$ とすると，$f''+2kf'=0$．これを f' について解いて，さらに x で積分すると，$f=C_1+C_2e^{-2kx}$ (C_1, C_2 は定数)．よって一般解は $y=C_1e^{kx}+C_2e^{-kx}$．

または，例題 3.1 の別解にならって，$y''-k^2y=0$ の両辺に y' をかけて変形すると，$[y'^2-k^2y^2]'=0$．c を定数として変数分離すると $\displaystyle\int\frac{dy}{\sqrt{k^2y^2-c}}=\pm\int dx$．$c>0$ のときは $y=\dfrac{\sqrt{c}}{k}\cosh t$，$c<0$ のときは $y=\dfrac{\sqrt{-c}}{k}\sinh t$ として置換積分する．

・$k=0$ のとき，与えられた微分方程式は $y''=0$．よって $y=C_1+C_2x$．

[2]　$y=f(x)z(x)$ とすると，$y''+py'+qy=fz''+(2f'+pf)z'+(f''+pf'+qf)z=0$．$z'$ の係数を 0 とすれば標準形となるので，$2f'+pf=0$．これは変数分離形で，解を求めると $f=Ce^{-px/2}$ (C は定数)．ここで，$C=1$ と選ぶと，$f=e^{-px/2}$ となり，与えられた変換が求めるものであることがわかった．

そのとき微分方程式は $z''+\left(q-\dfrac{p^2}{4}\right)z=0$ で，$a=q-\dfrac{p^2}{4}$．

[3]　$y(x)=f(x)z(x)$ とし，[2]にならって $f(x)$ と z のみたすべき方程式を求める．z'' の係数が 1 でないときは，そうなるように両辺を定数で割ったものを挙げる．

(1)　$f(x)=e^{-x}$，$z''+2z=0$．　(2)　$f(x)=e^{3x/2}$，$z''+\dfrac{3}{4}z=0$．　(3)　$f(x)=e^{3x/2}$，$z''-\dfrac{1}{4}z=0$．　(4)　両辺を 2 で割ると，$p=-\dfrac{1}{2}$，$q=-\dfrac{1}{2}$．よって $f(x)=e^{x/4}$，$z''-\dfrac{9}{16}z=0$．　(5)　$f(x)=e^{5x/2}$，$z''-\dfrac{1}{4}z=0$．　(6)　両辺を 9 で割ると，$p=-\dfrac{2}{3}$，$q=\dfrac{1}{9}$ となるから，$f(x)=e^{x/3}$，$z''=0$．

[4]　[3]で求めた標準形微分方程式に公式(3.6)を用いる．C_1, C_2 を任意定数とする．

(1)　$z=C_1\cos\sqrt{2}\,x+C_2\sin\sqrt{2}\,x$．　(2)　$z=C_1\cos\dfrac{\sqrt{3}\,x}{2}+C_2\sin\dfrac{\sqrt{3}\,x}{2}$．

(3)　$z=C_1e^{x/2}+C_2e^{-x/2}$．　(4)　$z=C_1e^{3x/4}+C_2e^{-3x/4}$．　(5)　$z=C_1e^{x/2}+C_2e^{-x/2}$．

(6)　$z=C_1+C_2x$．

[5]　運動する質点が $x=-a, a$ にある電荷 Q から受ける力はそれぞれ $\dfrac{qQ}{(u+a)^2}$，$-\dfrac{qQ}{(u-a)^2}$．$|u|\ll a$ では $\dfrac{1}{(u\pm a)^2}=\dfrac{1}{a^2}\dfrac{1}{(1\pm u/a)^2}=\dfrac{1}{a^2}\left(1\mp\dfrac{2u}{a}+\dfrac{3u^2}{a^2}\mp\cdots\right)$．よって電荷 q の質点が受ける力は近似的に $-(4qQ/a^3)u$．運動する質点の質量を m とすると，u がみたす方程式は $\ddot{u}=-(4qQ/ma^3)u$．これは標準形の方程式で，公式(3.6)から解が求められる．q と Q が同符号の場合には

$$u(t) = C_1 \cos\left(2t\sqrt{\frac{qQ}{ma^3}}\right) + C_2 \sin\left(2t\sqrt{\frac{qQ}{ma^3}}\right) \qquad (C_1, C_2 \text{ は定数})$$

これは角振動数 $2\sqrt{qQ/ma^3}$ で振動する解である．q と Q が異符号の場合は

$$u(t) = C_1 \exp\left(2t\sqrt{\frac{|qQ|}{ma^3}}\right) + C_2 \exp\left(-2t\sqrt{\frac{|qQ|}{ma^3}}\right) \qquad (C_1, C_2 \text{ は定数})$$

この解は，$\exp(2|t|\sqrt{|qQ|/ma^3})$ の程度で原点から指数関数的に離れる運動を表す．

問題 3–2

［1］ $q<0$ の場合，$\mu=\lambda$ とすれば 2 つの解の公式は一致する．$q=0$ の場合も 2 つの公式は一致する．これらの場合，任意定数の間の関係は，$A_1=C_1$，$A_2=C_2$．解が実数であるから A_1, A_2 も実数．

次に，$q>0$ の場合，$\mu=\sqrt{q}\,i=\lambda i$ であるから，第 1 の公式から $y=A_1e^{i\lambda x}+A_2e^{-i\lambda x}$．これにオイラーの公式を用いると $y=(A_1+A_2)\cos\lambda x+i(A_1-A_2)\sin\lambda x$ となる．よって $A_1=(C_1-iC_2)/2$, $A_2=(C_1+iC_2)/2$ とすれば両者が一致する．この場合，解が実数であるためには，C_1, C_2 は実数，すなわち $\bar{A}_2=A_1$（上付きの横線は複素共役を表す）．

［2］ C_1, C_2 は任意定数とする．

(1) 特性方程式は $\lambda^2-4\lambda-5=0$．この解は $\lambda=-1, 5$ で，$y=C_1e^{-x}+C_2e^{5x}$．

(2) 特性方程式は $\lambda^2-4\lambda+4=0$．この解は $\lambda=2$（重根）．$y=C_1e^{2x}+C_2xe^{2x}$．

(3) 特性方程式は，$\lambda^2-4\lambda+5=0$ で，$\lambda=2\pm i$．よって，解は $y=C_1e^{(2+i)x}+C_2e^{(2-i)x}$（$C_1, C_2$ は共役な複素数）．これをオイラーの公式により変形し，C_1+C_2，$i(C_1-C_2)$ を C_1, C_2 と改め，$y=C_1e^{2x}\cos x+C_2e^{2x}\sin x$ としてもよい．

(4) 特性方程式は $\lambda^2+2\lambda-8=0$ で，$\lambda=2, -4$．よって解は $y=C_1e^{2x}+C_2e^{-4x}$．

(5) 特性方程式は $\lambda^2+3\lambda+2=0$ で，$\lambda=-1, -2$．よって $y=C_1e^{-x}+C_2e^{-2x}$．

(6) 特性方程式は，$2\lambda^2-5\lambda+3=0$ となり，$\lambda=1, \dfrac{3}{2}$．したがって $y=C_1e^{3x/2}+C_2e^x$．

(7) 特性方程式は $2\lambda^2-4\lambda+3=0$ であるから，$\lambda=1\pm i/\sqrt{2}$ となる．よって一般解は $y=C_1e^{(1+i/\sqrt{2})x}+C_2e^{(1-i/\sqrt{2})x}$．または，オイラーの公式を用いて指数関数を三角関数にし，C_1+C_2，$i(C_1-C_2)$ を C_1, C_2 と改めて，$y=C_1e^x\cos(x/\sqrt{2})+C_2e^x\sin(x/\sqrt{2})$．

［3］ ・一般解が $y=C_1e^{\lambda_1x}+C_2e^{\lambda_2x}$ で与えられる場合，$y'=\lambda_1e^{\lambda_1x}C_1+\lambda_2e^{\lambda_2x}C_2$，$y''=\lambda_1^2e^{\lambda_1x}C_1+\lambda_2^2e^{\lambda_2x}C_2$．これらから C_1, C_2 を消去して $y''-(\lambda_1+\lambda_2)y'+\lambda_1\lambda_2y=0$．

・一般解が $y=C_1e^{\lambda x}+C_2xe^{\lambda x}$ の場合も同様にして，$y'=\lambda C_1e^{\lambda x}+(1+\lambda x)C_2e^{\lambda x}$，$y''=\lambda^2C_1e^{\lambda x}+(2\lambda+\lambda^2x)C_2e^{\lambda x}$．$C_1, C_2$ を消去すると，$y''-2\lambda y'+\lambda^2y=0$．

［4］ 質点に働く力は，重力の斜面に平行な成分 $-mg\sin\alpha$ と，抵抗力 $-\gamma l\dot{\theta}$ である．質点の軌道の接線方向への，これらの力の成分は，それぞれ $-mg\sin\alpha\sin\theta$，$-\gamma l\dot{\theta}$．

また，同じ方向への加速度の成分は，$l\ddot{\theta}$ である．したがって，質点がみたす運動方程式は，$ml\ddot{\theta}=-mg\sin\alpha\sin\theta-\gamma l\dot{\theta}$ である．微小振動の近似 $\sin\theta\cong\theta$ を考慮して整理すると，$\ddot{\theta}+\dfrac{\gamma}{m}\dot{\theta}+\dfrac{g\sin\alpha}{l}\theta=0$．これは，例題3.4で $q\to\theta$, $L\to m$, $R\to\gamma$, $C\to l/mg\sin\alpha$ としたものであるから，まったく同様にして解くことができる．

問題 3–3

［1］ C_1, C_2 を定数として，$C_1y_1+C_2y_2=0$ が $C_1=C_2=0$ 以外に解をもたないならば，定義により y_1, y_2 は1次独立である．

(1) $e^x\neq0$ であるから，$C_1e^x+C_2xe^x=0$ の両辺を e^x で割り，x の各次数の項の係数を比較して $C_1=C_2=0$.

(2) $C_1e^x+C_2e^{2x}=0$ の両辺を e^x で割り，$C_1+C_2e^x=0$．e^x は常に微分可能であるから，両辺を x で微分して $C_2e^x=0$．これらの式から $C_1=C_2=0$.

(3) $C_1(x^2+2x+5)+C_2(2x^2+2x+3)=0$ の各次数の係数を比較して $C_1+2C_2=0$, $2C_1+2C_2=0$, $5C_1+3C_2=0$．これら3式を同時にみたす C_1, C_2 を求めて $C_1=C_2=0$.

(4) $\cos ax, \sin bx$ は常に何回でも微分可能である．よって $a\neq b$ のとき，$C_1\cos ax+C_2\sin bx=0$ とその両辺を2回微分した式 $-a^2C_1\cos ax-b^2C_2\sin bx=0$ を連立させると $(b^2-a^2)C_1\cos ax=0, (a^2-b^2)C_2\sin bx=0$ となるので，$C_1=C_2=0$.

$a=b$ のとき，$C_1\cos ax+C_2\sin ax=0$ とその両辺の1回微分した式 $-aC_1\sin ax+aC_2\cos ax=0$ を連立させる．$\begin{vmatrix}\cos ax & \sin ax\\ -a\sin ax & a\cos ax\end{vmatrix}=a\neq0$ であるから $C_1=C_2=0$.

(5) $C_1x^3+C_2|x|^3$ を考える．$x\geqq0$ では $|x|=x$ であるから，$C_1x^3+C_2|x|^3=(C_1+C_2)x^3$ で $C_1+C_2=0$．$x<0$ では $C_1x^3+C_2|x|^3=(C_1-C_2)x^3$ となるから，$C_1-C_2=0$．以上が同時に成り立つから $C_1=C_2=0$.

［2］ (1) 特性方程式の解を求めると $\lambda=-\dfrac{1}{2}\pm\dfrac{\sqrt{3}\,i}{2}$．したがって求めるべき基本解は $e^{-x/2}\cos\dfrac{\sqrt{3}\,x}{2}, e^{-x/2}\sin\dfrac{\sqrt{3}\,x}{2}$.

(2) 特性方程式の解は $\lambda=2, -3$．基本解は e^{2x}, e^{-3x}.

(3) 特性方程式の解は $\lambda=-1/2$ で重根．基本解は $e^{-x/2}, xe^{-x/2}$.

(4) 特性方程式の解は $\lambda=-1/2, -1$．基本解は e^{-x}, $e^{-x/2}$.

(5) 特性方程式の解は $\dfrac{1}{3}\pm\dfrac{\sqrt{2}\,i}{3}$．基本解は $e^{x/3}\cos\dfrac{\sqrt{2}\,x}{3}, e^{x/3}\sin\dfrac{\sqrt{2}\,x}{3}$.

(6) 特性方程式の解は $\dfrac{2\sqrt{6}}{3}$ で重根．基本解は $e^{2\sqrt{6}\,x/3}, xe^{2\sqrt{6}\,x/3}$.

［3］ 与えられた2つの基本解を y_1, y_2 として，$y=C_1y_1+C_2y_2$ (C_1, C_2 は定数)と表し，C_1, C_2 を消去する．なお，問題3–2［3］を参照のこと．

(1) $y''-2y'-3y=0$.　(2) $y''-2y'-3y=0$.　(3) $y''+2y'+2y=0$.

(4)　$y''-4y'+4y=0.$

［**4**］［2］で求めたそれぞれの基本解の1次結合をつくり，与えられた初期条件をみたすように結合定数を求めればよい．

(1)　(a) $y_1=e^{-x/2}\left(\cos\dfrac{\sqrt{3}\,x}{2}+\dfrac{1}{\sqrt{3}}\sin\dfrac{\sqrt{3}\,x}{2}\right),\quad y_2=\dfrac{2e^{-x/2}}{\sqrt{3}}\sin\dfrac{\sqrt{3}\,x}{2}$

(b) $y_1=e^{-x/2}\left(\cos\dfrac{\sqrt{3}\,x}{2}+\sqrt{3}\sin\dfrac{\sqrt{3}\,x}{2}\right),\quad y_2=e^{-x/2}\left(\cos\dfrac{\sqrt{3}\,x}{2}-\dfrac{1}{\sqrt{3}}\sin\dfrac{\sqrt{3}\,x}{2}\right)$

(2)　(a) $y_1=\dfrac{3e^{2x}}{5}+\dfrac{2e^{-3x}}{5},\quad y_2=\dfrac{e^{2x}}{5}-\dfrac{e^{-3x}}{5}$

(b) $y_1=\dfrac{4e^{2x}}{5}+\dfrac{e^{-3x}}{5},\quad y_2=\dfrac{2e^{2x}}{5}+\dfrac{3e^{-3x}}{5}$

(3)　(a) $y_1=e^{-x/2}+\dfrac{xe^{-x/2}}{2},\quad y_2=xe^{-x/2}$

(b) $y_1=e^{-x/2}+\dfrac{3xe^{-x/2}}{2},\quad y_2=e^{-x/2}-\dfrac{xe^{-x/2}}{2}$

(4)　(a) $y_1=-e^{-x}+2e^{-x/2},\quad y_2=-2e^{-x}+2e^{-x/2}$

(b) $y_1=-3e^{-x}+4e^{-x/2},\quad y_2=e^{-x}$

(5)　(a) $y_1=e^{x/3}\left(\cos\dfrac{\sqrt{2}\,x}{3}-\dfrac{1}{\sqrt{2}}\sin\dfrac{\sqrt{2}\,x}{3}\right),\quad y_2=\dfrac{3e^{x/3}}{\sqrt{2}}\sin\dfrac{\sqrt{2}\,x}{3}$

(b) $y_1=e^{x/3}\left(\cos\dfrac{\sqrt{2}\,x}{3}+\sqrt{2}\sin\dfrac{\sqrt{2}\,x}{3}\right),\quad y_2=e^{x/3}\left(\cos\dfrac{\sqrt{2}\,x}{3}-2\sqrt{2}\sin\dfrac{\sqrt{2}\,x}{3}\right)$

(6)　(a) $y_1=e^{2\sqrt{6}\,x/3}-(2\sqrt{6}/3)xe^{2\sqrt{6}\,x/3},\quad y_2=xe^{2\sqrt{6}\,x/3}$

(b) $y_1=e^{2\sqrt{6}\,x/3}+(1-2\sqrt{6}/3)xe^{2\sqrt{6}\,x/3},\quad y_2=e^{2\sqrt{6}\,x/3}-(1+2\sqrt{6}/3)xe^{2\sqrt{6}\,x/3}$

［**5**］　与えられた微分方程式の一般解は例題3.4で与えられている．与式は一般解以外の解をもたないから，$q_1(t), q_2(t)$ は上記の解に含まれている．したがって，初期条件を用いて任意定数を決め，基本解を求める．$\alpha\equiv\dfrac{R}{2L}$, $\beta\equiv\dfrac{R}{2L}\sqrt{\left|1-\dfrac{4L}{R^2C}\right|}$ とすると，

・$4L<R^2C$ のとき，$q_1(t)=Q_0e^{-\alpha t}\left(\cosh\beta t+\dfrac{\alpha}{\beta}\sinh\beta t\right)$, $q_2(t)=\dfrac{I_0e^{-\alpha t}\sinh\beta t}{\beta}$.

・$4L=R^2C$ のとき，$q_1(t)=Q_0e^{-\alpha t}(1+\alpha t)$, $q_2(t)=I_0te^{-\alpha t}$.

・$4L>R^2C$ のとき，$q_1(t)=Q_0e^{-\alpha t}\left(\cos\beta t+\dfrac{\alpha}{\beta}\sin\beta t\right)$, $q_2(t)=\dfrac{I_0e^{-\alpha t}\sin\beta t}{\beta}$.

以上で求めた基本解のグラフを描くと，次ページに示すようなものとなる．ただし，$q_1(t)$ を破線，$q_2(t)$ を実線で示した．

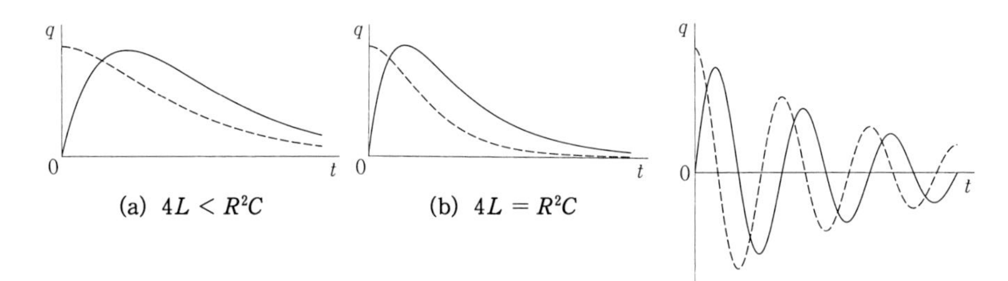

(a) $4L < R^2C$　　(b) $4L = R^2C$　　(c) $4L > R^2C$

［6］ (i)⇒(ii)⇒(iii)⇒(i) の順に示す.

(I) (i)⇒(ii) の証明. y_1, y_2 を1次独立な斉次方程式の解とする. このとき, ある $x=x_0$ において,

$$C_1y_1+C_2y_2 = 0 \qquad (C_1, C_2 \text{ は定数}) \tag{1}$$

となるのは $C_1=C_2=0$ のときに限る. この式の両辺を x で微分して

$$C_1y_1'+C_2y_2' = 0 \tag{2}$$

(1), (2) は C_1, C_2 を変数とする連立方程式である. これが $C_1=C_2=0$ 以外の解をもたない条件は, $x=x_0$ で係数行列が正則であること, すなわち,

$$\begin{vmatrix} y_1(x_0) & y_2(x_0) \\ y_1'(x_0) & y_2'(x_0) \end{vmatrix} \neq 0$$

よって, (i) ならば (ii) が成り立つ.

(II) (ii)⇒(iii) の証明. $y_1(x), y_2(x)$ を $y''+py'+qy=0$ の解とする. 関数 $W(x)$ を微分すると, $dW/dx=-pW$. これを解いて $W(x)=Ce^{-px}$. この式から, ある x で $W\neq 0$ ならばすべての x で $W\neq 0$. したがって, (ii) ならば (iii) が成り立つ.

(III) (iii)⇒(i) の証明. C_1, C_2 を定数として関係式 $C_1y_1(x)+C_2y_2(x)=0$ が成り立つとする. この式と, この式の両辺を微分した式を考えて, 連立方程式

$$\begin{pmatrix} y_1(x) & y_2(x) \\ y_1'(x) & y_2'(x) \end{pmatrix}\begin{pmatrix} C_1 \\ C_2 \end{pmatrix} = \begin{pmatrix} 0 \\ 0 \end{pmatrix} \tag{3}$$

を得る. 仮定により, 任意の x に対して $\begin{vmatrix} y_1(x) & y_2(x) \\ y_1'(x) & y_2'(x) \end{vmatrix} = W(x) \neq 0$. このとき, 連立方程式 (3) は $C_1=0, C_2=0$ 以外の解をもたず, y_1, y_2 は1次独立となる. したがって (iii) ならば (i) が成り立つ.

問題 3–4

［1］ C_1, C_2 を任意定数とする．

(1) $y = e^{-x/2}\left(C_1 \cos\dfrac{\sqrt{3}\,x}{2} + C_2 \sin\dfrac{\sqrt{3}\,x}{2}\right) + \dfrac{e^x}{3}.$

(2) $y = e^x(C_1 \cos 2x + C_2 \sin 2x) + \dfrac{1}{4} x e^x \sin 2x.$

(3) $y = C_1 e^{-2x} + C_2 e^{-3x} + \dfrac{\cos x}{10} + \dfrac{\sin x}{10}.$　　(4) $y = C_1 e^{-x} + C_2 e^{-5x} + \dfrac{e^{5x}}{60}.$

(5) $y = C_1 e^{-2x} + C_2 x e^{-2x} + \dfrac{x^2}{4} - \dfrac{x}{4} + \dfrac{1}{8}.$　　(6) $C_1 e^x + C_2 x e^x + \dfrac{x^3 e^x}{6}.$

［2］ $y = f(x)e^{\alpha x}$ とすると，$y'' + py' + qy = e^{\alpha x}[f'' + (2\alpha + p)f' + (\alpha^2 + p\alpha + q)f] = e^{\alpha x}$．両辺を $e^{\alpha x}$ で割り，$\alpha^2 + p\alpha + q = 0$ を用いて，

$$f'' + (2\alpha + p)f' = 1 \qquad (*)$$

ここで $p^2 - 4q = p^2 - 4(-\alpha^2 - p\alpha) = (2\alpha + p)^2$ であるから，

・$2\alpha + p \neq 0$ すなわち $p^2 - 4q \neq 0$ のとき，(*)を積分して $f = \dfrac{x}{p + 2\alpha} + C_1 + C_2 e^{-(p+2\alpha)x}$．$C_1 = C_2 = 0$ と選び，$y = e^{\alpha x} f$ を用いると，$y = \dfrac{x e^{\alpha x}}{p + 2\alpha}$．

・$2\alpha + p = 0$ ($p^2 - 4q = 0$)のとき，(*)は $f'' = 1$ となる．これをみたす解を 1 つ選び，$f = x^2/2$．求める特解は $y = x^2 e^{\alpha x}/2$．

［3］ ・$p^2 - 4q \neq 0$ のとき，与えられた関数を微分すると，

$$y''(x) = \frac{\lambda_1 e^{\lambda_1 x}}{\lambda_1 - \lambda_2}\int^x e^{-\lambda_1 x'} r(x')dx' + \frac{\lambda_2 e^{\lambda_2 x}}{\lambda_2 - \lambda_1}\int^x e^{-\lambda_2 x'} r(x')dx'$$

$$y'(x) = r(x) + \frac{\lambda_1^2 e^{\lambda_1 x}}{\lambda_1 - \lambda_2}\int^x e^{-\lambda_1 x'} r(x')dx' + \frac{\lambda_2^2 e^{\lambda_2 x}}{\lambda_2 - \lambda_1}\int^x e^{-\lambda_2 x'} r(x')dx'$$

これらを与えられた微分方程式に代入し，$\lambda_1^2 + p\lambda_1 + q = 0$, $\lambda_2^2 + p\lambda_2 + q = 0$ を用いると，与えられた関数 $y(x)$ は解であることがわかる．

・$p^2 - 4q = 0$ のとき，与えられた関数を微分すると，

$$y'(x) = \lambda e^{\lambda x}\left[x\int^x e^{-\lambda x'} r(x')dx' - \int^x x' e^{-\lambda x'} r(x')dx'\right] + e^{\lambda x}\int^x e^{-\lambda x'} r(x')dx'$$

$$y''(x) = r(x) + \lambda^2 e^{\lambda x}\left[x\int^x e^{-\lambda x'} r(x')dx' - \int^x x' e^{-\lambda x'} r(x')dx'\right]$$

$$+ 2\lambda e^{\lambda x}\int^x e^{-\lambda x'} r(x')dx'$$

$\lambda^2 + p\lambda + q = 0$ であるから，$y'' + py' + qy = r(x) + (2\lambda + p)e^{\lambda x}\displaystyle\int^x e^{-\lambda x'} r(x')dx'$ が成り立つ．ここで，$p^2 - 4q = (2\lambda + p)^2 = 0$ であるから，この式の右辺は $r(x)$．

以上から，与えられた関数は微分方程式の解であることが確かめられた．

[4]　q がみたす微分方程式は，例題 3.4 を参考にして $L\ddot{q}+R\dot{q}+q/C=V(t)$．よって，この方程式の余関数は，例題 3.4 に挙げられた一般解で，次の関数の 1 次結合である．

	$4L<R^2C$	$4L=R^2C$	$4L>R^2C$
y_1, y_2	$e^{(-\alpha+\beta)t},\ e^{(-\alpha-\beta)t}$	$e^{-\alpha t},\ te^{-\alpha t}$	$e^{-\alpha t}\cos\beta t,\ e^{-\alpha t}\sin\beta t$

$$\alpha\equiv\frac{R}{2L},\quad \beta\equiv\frac{R}{2L}\sqrt{\left|1-\frac{4L}{R^2C}\right|}$$

このとき，解の公式(3.15b)中の $G(t,t')$ は次のようになる．

$$\frac{[y_2(t)y_1(t')-y_1(t)y_2(t')]e^{Rt'/L}}{[y_1(0)y_2'(0)-y_1'(0)y_2(0)]}=\begin{cases}-\dfrac{1}{\beta}e^{\alpha(t'-t)}\sinh\beta(t'-t) & (4L<R^2C)\\ -(t'-t)e^{\alpha(t'-t)} & (4L=R^2C)\\ -\dfrac{1}{\beta}e^{\alpha(t'-t)}\sin\beta(t'-t) & (4L>R^2C)\end{cases}$$

(1)　非斉次項は $V(t)=V_0$．(3.15b)により特解を求めると，いずれの場合も $q=CV_0$．したがって与えられた初期条件をみたす解は，

・$4L<R^2C$ の場合，$q(t)=CV_0+e^{-\alpha t}\left[\dfrac{(I_0-\alpha CV_0)}{\beta}\sinh\beta t-CV_0\cosh\beta t\right]$

・$4L=R^2C$ の場合，$q=CV_0(1-e^{-\alpha t})+(I_0-\alpha CV_0)te^{-\alpha t}$

・$4L>R^2C$ の場合，$q(t)=CV_0+e^{-\alpha t}\left[-CV_0\cos\beta t+\left(\dfrac{I_0-\alpha CV_0}{\beta}\right)\sin\beta t\right]$

(2)　非斉次項は $V(t)=V_0\sin\omega_0 t$．R, L, C の値により次のように場合分けされる．

・$R\neq 0$ または $\omega_0^2LC\neq 1$ のとき，特解を $Q(t)$ とすると，

$$Q(t)\equiv\frac{-\omega_0RC^2V_0\cos\omega_0t}{(1-LC\omega_0^2)^2+R^2C^2\omega_0^2}+\frac{(1-LC\omega_0^2)CV_0\sin\omega_0t}{(1-LC\omega_0^2)^2+R^2C^2\omega_0^2}$$

よって与えられた初期条件をみたす解は，

$$q=Q(t)+\frac{\omega_0RC^2V_0y_1}{(1-LC\omega_0^2)^2+R^2C^2\omega_0^2}+\left[I_0-\frac{\omega_0CV_0(1-LC\omega_0^2-\alpha RC)}{(1-LC\omega_0^2)^2+R^2C^2\omega_0^2}\right]y_2$$

ただし，y_1, y_2 は次の表で与えられる関数である．

	$4L<R^2C$	$4L=R^2C$	$4L>R^2C$
y_1	$e^{-\alpha t}\cosh\beta t$	$e^{-\alpha t}$	$e^{-\alpha t}\cos\beta t$
y_2	$\dfrac{e^{-\alpha t}\sinh\beta t}{\beta}$	$te^{-\alpha t}$	$\dfrac{e^{-\alpha t}\sin\beta t}{\beta}$

問題解答3

・$R=0$ かつ $\omega_0^2 LC=1$ のとき，特解を $Q(t)$ とすると，

$$Q(t) \equiv -\frac{V_0}{2}\sqrt{\frac{C}{L}}\, t\cos\frac{t}{\sqrt{LC}}$$

ここで，$\alpha=0$, $\beta=\dfrac{1}{\sqrt{LC}}$, $L>0$ に注意し，

$$q = Q(t)+\left(\frac{CV_0}{2}+I_0\sqrt{LC}\right)\sin\frac{t}{\sqrt{LC}}$$

問題 3–5

［1］ a, b を定数とする．

(1) 非斉次項は x の 1 次式だから，$y=ax+b$ とする．$y=x/3+7/36$.

(2) 非斉次項 e^x は $y''-7y'+12y=0$ をみたさない．$y=ae^x$ とする．$y=e^x/6$.

(3) 非斉次項 e^{3x} は $y''-7y'+12y=0$ をみたす．$y=axe^{3x}$ と仮定する．$y=-xe^{3x}$.

(4) $y''+4y'-5y=x$ の特解は $y=ax+b$ と仮定して求め，$y=-x/5-4/25$.
$y''+4y'-5y=e^x$ の特解は，$y=axe^x$ と仮定することにより $y=xe^x/6$. 解の重ね合わせを用いると，特解は $y=-x/5-4/25+xe^x/6$.

(5) $\cos x, \sin x$ ともに $y''+4y'-5y=0$ をみたさないので $y=a\cos x+b\sin x$ として定数 a, b を決める．$y=-(5/26)\cos x-(1/26)\sin x$.

(6) e^x は $y''+6y'+9y=0$ をみたさないので $y=ae^x$ とする．$y=e^x/16$.

(7) e^{3x}, xe^{3x} ともに $y''-6y'+9y=0$ をみたすので，$y=ax^2e^{3x}$ と仮定する．

または，$y=f(x)e^{3x}$ とすると，$f''(x)=1$. これから $f=x^2/2+ax+b$ (a, b は定数)で，$a=b=0$ と選んで $f=x^2/2$. 以上から $y=x^2e^{3x}/2$.

(8) $\Omega\neq\omega$ のとき，$\cos\Omega x$ は $y''+\omega^2y=0$ をみたさない．よって $y=a\cos\Omega x$ として解を求める．$y=\dfrac{A\cos\Omega x}{\omega^2-\Omega^2}$.

$\Omega=\omega$ のとき，$\cos\Omega x$ は $y''+\omega^2y=0$ をみたす．$y=f(x)\cos\omega x$ を微分方程式に代入し，$f''-2\omega\tan\omega x f'=A$. よって $f''=\dfrac{Ax}{2\cos^2\omega x}+\dfrac{A\sin\omega x}{2\omega\cos\omega x}+\dfrac{C}{\cos^2\omega x}$ (C は定数)．これをもう 1 度積分して $f=Ax\tan\omega x/2\omega+(C/\omega)\tan\omega x+D$ (C, D は定数)．ここで，$C=0$, $D=0$ と選ぶと $f=Ax\tan\omega x/2\omega$. 特解は $y=(Ax/2\omega)\sin\omega x$.

(9) $y''+2y'+y=e^{-x}$ の特解を ax^2e^{-x}, $y''+2y'+y=xe^x$ の特解を axe^x+be^x とおいてそれぞれ求めて足し合わせる．$y=\dfrac{x^2e^{-x}}{2}+\dfrac{x-1}{4}e^x$.

(10) 関数 $e^{-\alpha x}\cos\beta x$ は $y''+2\alpha y'+(\alpha^2+\beta^2)y=0$ をみたす．よって与えられた方程式の特解を $y=f(x)e^{-\alpha x}\cos\beta x$ とおく．$f''-2\beta\tan\beta x f'=1$ となるから，$f=\dfrac{x\tan\beta x}{2\beta}+C\tan\beta x+D$. したがって特解は $y=\dfrac{x}{2\beta}e^{-\alpha x}\sin\beta x$.

[2]　$y=f(x)r(x)$ として与式に代入し，両辺を r で割ると，$f''+\left(p+2\frac{r'}{r}\right)f'=1$．これを解いて $f'=\frac{1}{e^{px}r(x)^2}\left[C+\int^x e^{px'}r(x')^2dx'\right]$．さらにもう1度積分し，任意定数を適当に選んで $y(x)=\int^x dx'\frac{1}{e^{px'}r(x')^2}\int^{x'}dx''e^{px''}r(x'')^2$．

[3]　この物体の運動方程式は $m\ddot{x}+kx=qE_0\cos\Omega t$．この微分方程式の一般解を求め，初期条件から任意定数を決定する．

$$\Omega\neq\sqrt{\frac{k}{m}} \text{ のとき，} x(t)=\left(x_0-\frac{qE_0}{k-m\Omega^2}\right)\cos\sqrt{\frac{k}{m}}\,t+\frac{qE_0}{k-m\Omega^2}\cos\Omega t$$

$$\Omega=\sqrt{\frac{k}{m}} \text{ のとき，} x(t)=x_0\cos\sqrt{\frac{k}{m}}\,t+\frac{qE_0}{2\sqrt{km}}t\sin\sqrt{\frac{k}{m}}\,t$$

第4章

問題 4-1

[1]　与えられた解を y_1 とし，例題4.1にならって $y=y_1(x)z(x)$ とする．

(1)　z のみたす方程式は，$e^{-x^2}z''=0$．これを解いて $z=C_1+C_2x$．$y=zy_1$ により $y_1=e^{-x^2}$ と独立な解を求めると，xe^{-x^2}．

(2)　z は $z''\cos x=0$ をみたす．もう1つの基本解は，$x\cos x$．

(3)　z は $z''\cos x+z'\sin x=0$ をみたす．もう1つの基本解は，$\sin 2x$．

(4)　z のみたす方程式は $e^x(z''+z'/x)=0$．もう1つの基本解は，$e^x\log|x|$．

(5)　z のみたす方程式は $e^x(z''+z'\tan x)=0$．もう1つの基本解は，$e^x\sin x$．

(6)　z のみたす方程式は $x(z''\cos x-2z'\sin x)=0$．もう1つの基本解は $x\sin x$．

(7)　z は $z''+\left(\frac{2}{x}-\frac{2x}{1-x^2}\right)z'=0$ をみたす．もう1つの基本解は $1+\frac{x}{2}\log\left|\frac{x-1}{x+1}\right|$．

(8)　z は $x^{a+1}[xz''+(1+a-b)z']=0$ をみたすので，$z'=C_1x^{b-a-1}$ である．$a\neq b$ の場合 $C_1x^{b-a}+C_2$，$a=b$ の場合 $C_1\log x+C_2$ となるので，もう1つの基本解は x^b ($a\neq b$ のとき)，$x^a\log x$ ($a=b$ のとき)．

[2]　$y=au$ を代入すると，$y''+py'+qy=au''+(2a'+pa)u'+(a''+pa'+qa)u$．したがって $2a'+pa=0$ を得る．これを積分して，$a=\exp\left[-\frac{1}{2}\int^x p(x')dx'\right]$．

[3]　(1)　C_1, C_2 は定数であるから，$(C_1y_1+C_2y_2)'=C_1y_1'+C_2y_2'$，$(C_1y_1+C_2y_2)''=C_1y_1''+C_2y_2''$ となる．これらを与えられた微分方程式に代入して整理すると，$C_1[y_1''+p(x)y_1'+q(x)y_1]+C_2[y_2''+p(x)y_2'+q(x)y_2]=0$．よって，$C_1y_1+C_2y_2$ も解である．

(2)　$y=zy_1$，$y_1''+py_1'+qy_1=0$ により，$y''+py'+qy=(2y_1'+py_1)z'+y_1z''=0$．これを

解いて，$z'=\dfrac{C_1}{y_1^2}\exp\left[-\int^x p(x')dx'\right]$．さらにもう一度積分し，$y_1$ をかけると，

$$y(x) = C_1 y_1(x)\int^x dx'\frac{1}{y_1^2(x')}\exp\left[-\int^{x'}dx''p(x'')\right]+C_2 y_1(x) \qquad (C_1, C_2 \text{ は定数})$$

［4］ $y=C_1y_1+C_2y_2$ (C_1, C_2 は定数) とすると，$y'=C_1y_1'+C_2y_2'$，$y''=C_1y_1''+C_2y_2''$．これらから C_1, C_2 を消去する．y_1, y_2 は互いに他の定数倍では表せないから，$y_1y_2'-y_1'y_2 \neq 0$．よって，

$$y''-\frac{y_1y_2''-y_1''y_2}{y_1y_2'-y_1'y_2}y'+\frac{y_1'y_2''-y_1''y_2'}{y_1y_2'-y_1'y_2}y = 0$$

問題 4-2

［1］ (1) $(b-a)e^{(a+b)x}$．　(2) $[1+(b-a)x]e^{(a+b)x}$．　(3) nx^{n-1}．　(4) x^{2n-1}．(5) $\sin x(2\sin^2 x-3)$．　(6) $(b-a)x^{a+b-1}$．

［2］ (1) $W(y, fy)=y(fy)'-y'fy=yf'y+yfy'-y'fy$ であるから，$y^2(x)f'(x)$．

(2) (1)で求めた式において $y=y_1$，$f=\displaystyle\int^x dx'\frac{1}{y_1(x')^2}\exp\left[-\int^{x'}p(x'')dx''\right]$ とすれば，求めるロンスキアンは $\exp\left[-\int^x p(x')dx'\right]$．

［3］ (1) 求める一般解を $y=Y(x)+f(x)$ として，与えられた非斉次方程式に代入すると，$f''+pf'+qf=0$ となり，f は $r(x)=0$ として得られる斉次方程式をみたす．この方程式の一般解は $C_1y_1+C_2y_2$ (C_1, C_2 は任意定数) であるから，非斉次方程式の一般解は $y=Y(x)+C_1y_1(x)+C_2y_2(x)$ で与えられる．

(2) $y=A_1(x)y_1(x)+A_2(x)y_2(x)$ とし，$A_1'y_1+A_2'y_2=0$ と仮定すると，

$$A_1'y_1+A_2'y_2 = 0,\quad A_1'y_1'+A_2'y_2' = r(x)$$

これを A_1', A_2' に関して解き，

$$\begin{pmatrix} A_1' \\ A_2' \end{pmatrix} = \frac{1}{y_1y_2'-y_1'y_2}\begin{pmatrix} -y_2r \\ y_1r \end{pmatrix}$$

さらに x で積分して y を求め，任意定数を 0 と選ぶと，特解は

$$y(x) = \int^x G(x, x')r(x')dx,\quad G(x, x') = \frac{y_2(x)y_1(x')-y_1(x)y_2(x')}{W(y_1(x'), y_2(x'))}$$

［4］ ロンスキアン $W(y_1, y_2)$ と公式(4.8)中の関数 $G(x, x')$ を併記しておく．

(1) $W(\cos x, \sin 2x) = 2\cos^3 x$,　$G(x, x') = \dfrac{\cos x(\sin x-\sin x')}{\cos^2 x'}$,　$y = -\cos^2 x$.

(2) $W(xe^x, x^2e^x) = x^2e^{2x}$,　$G(x, x') = \dfrac{xe^x(x-x')}{x'e^{x'}}$,　$y = x^2-x$.

(3) $W(e^x, xe^{-x}) = 1-2x,\quad G(x,x') = \dfrac{xe^{x'-x}-x'e^{x-x'}}{1-2x'},\quad y = 2x+1.$

注意: 公式(4.8)を使うにはy''の係数が1になるように変形しなくてはならない.

(4) $W(e^{x^2}, xe^{x^2}) = e^{2x^2},\quad G(x,x') = (x-x')e^{x^2-x'^2},\quad y = 2x^2e^{x^2}.$

(5) $W(\cos x^2, \sin x^2) = 2x,\quad G(x,x') = \dfrac{\sin(x^2-x'^2)}{2x'},\quad y = e^{-x^2}.$

(6) $W(x\cos x, x\sin x) = x^2,\quad G(x,x') = \dfrac{x}{x'}\sin(x-x'),$

$$y = \frac{x\cos x}{2}\log\left(\frac{1-\sin x}{1+\sin x}\right).$$

(7) $W(1, x^2) = 2x,\quad G(x,x') = \dfrac{x^2-x'^2}{2x'},\quad y = -\dfrac{4x^3}{9}+\dfrac{x^3}{3}\log x.$

(8) $W(e^x, e^x\sin x) = e^{2x}\cos x,\quad G(x,x') = \dfrac{e^x(\sin x-\sin x')}{e^{x'}\cos x'},$

$$y = -e^x\left(x+\frac{\sin 2x}{2}\right).$$

問題 4–3

[1] C_1, C_2を定数とし, $\dfrac{dy}{dx}=y'$, $\dfrac{dy}{dt}=\dot{y}$などと表す.

(1) $x=e^t$とすると, $\ddot{y}-2\dot{y}+y=2e^t+6te^t$. これを解いて$y=C_1e^t+C_2te^t+t^2(1+t)e^t$. tをxに戻すと, $y=C_1x+C_2x\log|x|+x(\log|x|)^2(1+\log|x|)$.

(2) $y=x^k$とすると, $k^2+2k+10=0$で, $k=-1\pm 3i$. $x^{-1\pm 3i}$を複素数の指数関数とオイラーの公式を用いて書き直すと, $y=C_1\dfrac{\cos(3\log|x|)}{x}+C_2\dfrac{\sin(3\log|x|)}{x}$.

(3) $y=x^k$とすると, $2k^2+k-1=0$. よって$k=-1, 1/2$. また, $y=x$は与えられた方程式をみたさないから, 特解を求めるために$y=Ax$ (Aは定数)とすると, $A=1$を得る. $x<0$の場合に注意し, 一般解は$y=C_1/x+C_2|x|^{1/2}+x$.

(4) この方程式はリッカチの方程式で, $y=x^2u'/u$とすると, $x^2u''-xu'+2u=0$. これはオイラーの微分方程式であるから, 一般解は$u=C_1x\cos(\log|x|)+C_2x\sin(\log|x|)$. よって, 求める一般解は,

$$y = \frac{x[(C+1)\cos(\log|x|)+(C-1)\sin(\log|x|)]}{\cos(\log|x|)+C\sin(\log|x|)} \qquad (C\equiv C_2/C_1)$$

(5) 両辺にxをかけ, $t=\log|x|$とすると, $x^2yy''-2xyy'+x^2y'^2=y\ddot{y}-3y\dot{y}+\dot{y}^2=0$. ここで, $y\dot{y}=\dfrac{d}{dt}\left(\dfrac{y^2}{2}\right)$, $y\ddot{y}=\dfrac{d^2}{dt^2}\left(\dfrac{y^2}{2}\right)-\dot{y}^2$であるから, $z=y^2$とすると$\ddot{z}-3\dot{z}=0$. これ

を解いて$z=C_1e^{3t}+C_2$であるから，一般解は$y^2=C_1x^3+C_2$.

(6) tをxの関数として，$t'^2\ddot{y}+(t''-t'\cot x)\dot{y}+\sin^2 x=0$. よって，$t''-t'\cot x=0$ならば，この微分方程式は標準形となる．そのような$t$を1つ求め，$t=\cos x$. このとき，$\ddot{y}+y=0$で，$y=C_1\cos t+C_2\sin t$. したがって，$y=C_1\cos(\cos x)+C_2\sin(\cos x)$.

(7) $y=f(x)z(x)$として，zに関する標準形の微分方程式を導く．このとき，与式の左辺は$9fz''+6(3f'+\tan xf)z'+(9f''+6\tan xf'+4\tan^2 xf)z$. $3f'+\tan xf=0$をみたすfを1つ選ぶと，$f=\sqrt[3]{\cos x}$. よって与えられた微分方程式は$3z''-z=1$. この方程式の一般解は$z=C_1e^{x/\sqrt{3}}+C_2e^{-x/\sqrt{3}}-1$で，求める解は$y=\sqrt[3]{\cos x}\,(C_1e^{x/\sqrt{3}}+C_2e^{-x/\sqrt{3}}-1)$.

(8) 独立変数xをtに変換すると，$(1+x^2)^2t'^2\ddot{y}+(1+x^2)[(1+x^2)t''+2xt']\dot{y}+y=0$. $t=\arctan x$とすると$\ddot{y}+y=0$となり，一般解は$y=C_1\cos t+C_2\sin t=\dfrac{C_1+C_2x}{\sqrt{1+x^2}}$. ただし，$\cos(\arctan x)=\dfrac{1}{\sqrt{1+x^2}}$, $\sin(\arctan x)=\dfrac{x}{\sqrt{1+x^2}}$を用いた．

または，$y=f(x)z(x)$とすると，$(1+x^2)^2fz''+2(1+x^2)[(1+x^2)f'+xf]z'+[(1+x^2)^2f''+2x(1+x^2)f'+f]z=0$. $f=\dfrac{1}{\sqrt{1+x^2}}$とすると標準形方程式$(1+x^2)^{3/2}z''=0$を得る．これを解いて前記と同じ一般解を得る．

[2] (1) $t=\log|x|$とすると，$\dfrac{d}{dx}=\dfrac{dt}{dx}\dfrac{d}{dt}=\dfrac{1}{x}\dfrac{d}{dt}$, $\dfrac{d^2}{dx^2}=\dfrac{1}{x^2}\dfrac{d^2}{dt^2}+\dfrac{1}{x^2}\dfrac{d}{dt}$となるから，$xy'=\dot{y}$, $x^2y''=\ddot{y}-\dot{y}$. よって方程式(1)は$\ddot{y}+(p-1)\dot{y}+qy=0$となる．

(2) $y=x^k$と仮定して(1)に代入する．与えられた条件により$p=1-2\mu, q=\mu^2$であるから，$k^2-2\mu k+\mu^2=0$. これを解き，重根$k=\mu$を得る．いま，$y=f(x)x^k$とすると，$xf''+f'=0$が得られるから，C_1, C_2を定数として，$f=C_1+C_2\log|x|$, すなわち$y=C_1x^\mu+C_2x^\mu\log|x|$. よって与えられた微分方程式の基本解は$x^\mu, x^\mu\log|x|$である．

(3) $y=x^k$と仮定して，$k^2+(p-1)k+q=0$. よって，与えられた条件から$x^{R\pm iI}$が基本解となる．$x>0$のとき，$x^{R\pm iI}=\exp[(R\pm iI)\log x]=\exp(R\log x)\exp(\pm iI\log x)$. オイラーの公式を使ってこれらを変形すると，$x^R[\cos(I\log x)\pm i\sin(I\log x)]$. 一般解は$A[x^R\cos(I\log x)+ix^R\sin(I\log x)]+B[x^R\cos(I\log x)-ix^R\sin(I\log x)]$ (A, Bは定数). ここで，$C_1=A+B$, $C_2=i(A-B)$とすれば，この解は$C_1x^R\cos(I\log x)+C_2x^R\sin(I\log x)$となるから，基本解は$x^R\cos(I\log x)$, $x^R\sin(I\log x)$. $x<0$のときも同様にしてまとめると，基本解は$|x|^R\cos(I\log|x|)$, $|x|^R\sin(I\log|x|)$.

[3] (1) $y=f(x)u'/u$とすると，$y'=f'u'/u+fu''/u-fu'^2/u^2$. このとき，

$$y'+py^2+qy+r=f\frac{u''}{u}+f'\frac{u'}{u}-f\frac{u'^2}{u^2}+pf^2\frac{u'^2}{u^2}+qf\frac{u'}{u}+r=0.$$

したがって，$pf^2-f=0$, すなわち$f=p^{-1}$であれば，この式の非線形項はなくなり，$\dfrac{1}{up}\left[u''+\left(q-\dfrac{p'}{p}\right)u'+rpu\right]=0$となる．したがって，$u''+\left(q-\dfrac{p'}{p}\right)u'+rpu=0$.

(2)　$t=\varphi(x)$ とすると，$\dfrac{d}{dx}=\varphi'(x)\dfrac{d}{dt}$，$\dfrac{d^2}{dx^2}=\varphi''\dfrac{d}{dt}+\varphi'^2\dfrac{d^2}{dt^2}$．このとき，

$$y''+py'+qy=\varphi'^2\frac{d^2y}{dt^2}+(\varphi''+p\varphi')\frac{dy}{dt}+qy=0$$

標準形となるには，$\varphi''+p\varphi'=0$ であればよい．これを解いて，$\varphi'=C_1\exp\left(-\int^x p(x')dx'\right)$ を得る．$C_1=1$ と選ぶと，$\dfrac{d^2y}{dt^2}+q(x(t))\exp\left(2\int^{x(t)}p(x')dx'\right)y=0$.

［4］　(1)　与えられた y から y' を計算し，C を消去すると，

$$(f_1f_4-f_2f_3)y'+(f_3'f_4-f_3f_4')y^2+(f_1f_4'-f_1'f_4+f_2'f_3-f_2f_3')y+(f_1'f_2-f_1f_2')=0$$

この両辺を $f_1f_4-f_2f_3$ で割ると，この方程式がリッカチの方程式であることがわかる．

逆については，リッカチの方程式に従属変数の変換 $y=\dfrac{u'(x)}{p(x)u(x)}$ を適用する．u は2階の線形微分方程式をみたすので，線形方程式の基本解 u_1, u_2 を用いて $u=C_1u_1+C_2u_2$ (C_1, C_2 は定数)．これを用いて y を求め，C_1/C_2 または C_2/C_1 を改めて C と書くと，リッカチの微分方程式の解は与えられた形で表されることが確かめられる．

なお，線形微分方程式は特異解をもたないのでリッカチの方程式も特異解をもたない．

(2)　リッカチの方程式には特異解はないから，任意の解は(1)の一般解に含まれる．いま，A_1, A_2, A_3, A_4 を定数として，リッカチの方程式の4つの解を $y_j=\dfrac{f_1+A_jf_2}{f_3+A_jf_4}$ ($j=1,\cdots,4$) とすると，$y_i-y_j=\dfrac{(A_j-A_i)(f_1f_4-f_2f_3)}{(f_3+A_if_4)(f_3+A_jf_4)}$ となる．これを非調和比の定義式に代入すると，$(y_1, y_2, y_3, y_4)=\dfrac{(A_3-A_1)(A_4-A_2)}{(A_3-A_2)(A_4-A_1)}=$定数.

(3)　与えられた y をリッカチの微分方程式に代入して整理すると，

$$\begin{aligned}&(g_2g_3-g_1g_4)z'+(g_2'g_4-g_2g_4'+pg_2^2+qg_2g_4+rg_4^2)z^2\\&\quad+[g_2'g_3-g_2g_3'+g_1'g_4-g_1g_4'+2pg_1g_2+q(g_2g_3+g_1g_4)+2qg_3g_4]z\\&\quad+(g_1'g_3-g_1g_3'+pg_1^2+qg_1g_3rg_3^2)=0\end{aligned}$$

これは z に関するリッカチの微分方程式である．

［5］　まず $\mu\neq0$ として Θ に関する方程式(第2式)を解くと，一般解 $\Theta(\theta)=A\cos\mu\theta+B\sin\mu\theta$ を得る．Θ に関して与えられた条件 $\Theta(\theta+2\pi)$ を考慮すると，

$$\begin{aligned}\Theta(\theta+2\pi)&=A\cos\mu(\theta+2\pi)+B\sin\mu(\theta+2\pi)\\&=(A\cos2\mu\pi+B\sin2\mu\pi)\cos\mu\theta+(-A\sin2\mu\pi+B\cos2\mu\pi)\sin\mu\theta\\&=A\cos\mu\theta+B\sin\mu\theta\qquad(A,B\text{ は定数})\end{aligned}$$

これにより，$A(\cos2\mu\pi-1)+B\sin2\mu\pi=0$, $-A\sin2\mu\pi+B(\cos2\mu\pi-1)=0$ でなくてはならない．A, B がともに0になる場合は自明であるから，これ以外の条件を求めると，$(\cos2\mu\pi-1)^2+\sin^2 2\mu\pi=2(1-\cos2\mu\pi)=0$．したがって，$\mu=n$ (n は正整数)．また，$\mu=0$ の場合は $\Theta=A+B\theta$ となる．$\Theta(\theta+2\pi)=\Theta(\theta)$ より $\Theta=A$．以上の結果を第1

式に代入すると，R に関するオイラーの微分方程式 $r^2R''+rR'-n^2R=0$ を得る．この解は $R=Cr^n+Dr^{-n}$ $(n>0)$ または，$R=C+D\log r$ $(n=0)$ (C, D は定数)．$r=0$ で u が有限とすると，$D=0$ となる．AC, BC を改めて A, B とすると，$u=r^n\,(A\cos n\theta+B\sin n\theta)$．$A, B$ を決めるには，さらに付加的な条件が必要である．

問題 4–4

[1]　$y=\sum_{n=0}^{\infty}c_nx^n$ の形の解を仮定してこれを与えられた方程式に代入する．

(1)　代入の結果，$\sum_{n=0}^{\infty}[2(n+1)c_{n+1}+c_n]x^n=1+x$ を得る．よって $2c_1+c_0=1$，$4c_2+c_1=1$，$2nc_n=-c_{n-1}$ $(n\geqq 3)$．これを解き，$c_1=\dfrac{1-c_0}{2}$，$c_n=\dfrac{(-1)^n(1+c_0)}{2^n\cdot n!}$ $(n\geqq 2)$．$C=1+c_0$ として解を求めると，$y=x-1+C\sum_{n=0}^{\infty}\dfrac{(-1)^n}{n!}\left(\dfrac{x}{2}\right)^n$．収束半径は ∞.

(2)　代入の結果，$\sum_{n=0}^{\infty}(n-2)c_nx^n=x^3-x$ となり，$c_n=0$ $(n\neq 1, 2, 3)$，$c_3=1$，$c_1=1$．また，x^2 の項は両辺とも 0 で，c_2 に関する条件はなく，c_2 は任意定数として残る．$C=c_2$ として，解は $y=Cx^2+x^3-x$．収束半径は ∞.

(3)　級数解を代入して，$\sum_{n=0}^{\infty}(n+2)[(n+1)c_{n+2}-(n-2)c_n]x^n=0$ を得るから，漸化式は $(n+1)c_{n+2}-(n-2)c_n=0$ $(n\geqq 0)$．これを解くと，x の偶数乗の係数は $c_2=-2c_0$, $c_{2m}=0$ $(m\geqq 2)$，x の奇数乗の係数は $c_3=-\dfrac{c_1}{2}$，$c_{2m+1}=-\dfrac{(2m-3)!!}{2^m\cdot m!}c_1$ $(m\geqq 2)$．よって $c_0=C_1$, $c_1=C_2$ とすると，　$y=C_1(1-2x^2)+C_2\left(x-\dfrac{x^3}{2}-\sum_{m=2}^{\infty}\dfrac{(2m-3)!!}{2^m\cdot m!}x^{2m+1}\right)$，　収束半径は 1.

(4)　代入の結果，$\sum_{n=0}^{\infty}(n+2)[3(n+1)c_{n+2}-2(n-1)c_n]x^n=0$ となる．これから漸化式は，$3(n+1)c_{n+2}-2(n-1)c_n=0$ $(n\geqq 0)$．よって $c_{2m+1}=0$ $(m\geqq 1)$，$c_{2m}=\left(\dfrac{2}{3}\right)^m\dfrac{c_0}{1-2m}$ $(m\geqq 1)$．$C_1=c_0, C_2=c_1$ として，$y=C_1\sum_{m=0}^{\infty}\left(\dfrac{2}{3}\right)^m\dfrac{x^{2m}}{1-2m}+C_2x$．収束半径は $\sqrt{\dfrac{3}{2}}$.

(5)　代入により，$\sum_{n=1}^{\infty}(n-2)(nc_n+2c_{n-1})x^n=0$．したがって，$(n-2)(nc_n+2c_{n-1})=0$ $(n\geqq 1)$．これを解くと，$c_1=-2c_0$，$c_n=\dfrac{(-2)^n}{2\cdot n!}c_2$ $(n\geqq 3)$．以上から，求めるべき級数解は $y=C_1(1-2x)+C_2\sum_{n=2}^{\infty}\dfrac{(-2x)^n}{n!}\left(C_1=c_0,\ C_2=\dfrac{c_2}{2}\right)$．収束半径は ∞.

(6)　従属変数を変換して標準形にする．$y=\dfrac{z}{\sqrt{1-x^2}}$ とすれば，$(x^2-1)z''-6z=0$．ここで $z=\sum_{n=0}^{\infty}a_nx^n$ と仮定すると，漸化式は $(n+1)a_{n+2}=(n-3)a_n$ $(n\geqq 0)$ となる．これを解くと，$a_3=-a_1$，$a_{2m+1}=0$ $(m\geqq 2)$，$a_{2m}=\dfrac{3a_0}{(2m-1)(2m-3)}$ $(m\geqq 1)$ となるから，$z=$

$a_1(x-x^3)+a_0\sum_{n=0}^{\infty}\frac{3x^{2n}}{(2n-1)(2n-3)}$. 従属変数を y に戻して，$-a_1=C_1, 3a_0=C_2$ と書くと，$y=C_1x\sqrt{1-x^2}+C_2\frac{1}{\sqrt{1-x^2}}\sum_{n=0}^{\infty}\frac{x^{2n}}{(2n-1)(2n-3)}$. 収束半径は 1.

[2] 整級数を方程式に代入して整理し，$\sum_{n=0}^{\infty}[(n+1)(n+a+1)c_{n+1}-(n-k)c_n]x^n=0$. これより $c_{n+1}=\frac{(n-k)c_n}{(n+1)(n+a+1)}$ $(n\geqq 0)$. $k\geqq 0$ ならば，$n>k$ であるようなすべての n に対して $c_n=0$ で，与えられた方程式は k 次の多項式解をもつ. 以下，定数倍の任意性を除いて $k=0,1,2$ の場合の解を挙げる.

(I) $k=0$ のとき，$c_1=0, \cdots, c_j=0$ $(j\geqq 1)$. よって $y=1$.

(II) $k=1$ のとき，$c_1=\frac{-c_0}{a+1}$, $c_2=0, \cdots, c_j=0$ $(j\geqq 2)$. よって $y=1-\frac{x}{a+1}$.

(III) $k=2$ のとき，$c_1=\frac{-2c_0}{a+1}$, $c_2=\frac{-c_1}{2(a+2)}=\frac{c_0}{(a+2)(a+1)}$, $c_3=0, \cdots, c_j=0$ $(j\geqq 3)$. よって，$y=1-\frac{2x}{a+1}+\frac{x^2}{(a+2)(a+1)}$.

なお，$(A)_j\equiv(A)(A+1)\cdots(A+j-1)$ と定義すれば $c_n=\frac{(-k)_nc_0}{n!(a+1)_n}$ となるので，多項式解として $y=\sum_{n=0}^{k}\frac{(-k)_nx^n}{n!(a+1)_n}$ が得られる.

問題 4–5

[1] (1) 確定特異点 $x=0$，不確定特異点 $x=\infty$. (2) 確定特異点 $x=0, 1, \infty$. (3) 確定特異点 $x=0, 2, \infty$. (4) 確定特異点 $x=\infty$，不確定特異点 $x=0, -1$. (5) 確定特異点 $x=0, -1$，不確定特異点 $x=\infty$. (6) 確定特異点 $x=0, 1, \infty$.

[2] C_1, C_2 を任意定数とする.

(1) $k(2k-1)c_0x^{k-1}+\sum_{n=0}^{\infty}(n+k+1)[(2n+2k+1)c_{n+1}+c_n]x^{n+k}=0$ から決定方程式の根 $k=0, \frac{1}{2}$，漸化式 $(2n+2k+1)c_{n+1}=-c_n$ $(n\geqq 0)$ を得る. $k=0$ で $c_n=\frac{(-2)^nn!}{(2n)!}c_0$, $k=\frac{1}{2}$ で $c_n=\frac{(-1)^nc_0}{2^n\cdot n!}$. したがって解は，$y=C_1\sum_{n=0}^{\infty}\frac{n!(-2x)^n}{(2n)!}+C_2\sqrt{x}\sum_{n=0}^{\infty}\frac{(-x)^n}{2^n\cdot n!}$.

(2) $3k(2k-1)c_0x^{k-1}+\sum_{n=0}^{\infty}[-2c_n+3(n+k+1)(2n+2k+1)c_{n+1}]x^{n+k}=0$ により，決定方程式の根は $k=0, 1/2$，漸化式は $3(n+k+1)(2n+2k+1)c_{n+1}=2c_n$ $(n\geqq 0)$. これを解いて，$k=0$ で $c_n=\frac{2^{2n}c_0}{3^n(2n)!}$, $k=\frac{1}{2}$ で $c_n=\frac{2^{2n}c_0}{3^n(2n+1)!}$ (いずれも $n\geqq 1$). よって一般解は $y=C_1\sum_{n=0}^{\infty}\frac{(4x)^n}{3^n(2n)!}+C_2\sqrt{x}\sum_{n=0}^{\infty}\frac{(4x)^n}{3^n(2n+1)!}$.

(3) $(k-1)(2k-1)c_0x^k+\sum_{n=1}^{\infty}(2n+2k-1)[(n+k-1)c_n-2c_{n-1}]x^{n+k}=0$ であるから，

$k=1$ のとき $c_n=\dfrac{2^n c_0}{n!}$，$k=\dfrac{1}{2}$ のとき $c_n=\dfrac{4^n c_0}{(2n-1)!!}=\dfrac{8^n\cdot n!\,c_0}{(2n)!}$ (いずれも $n\geqq 1$)．よって求めるべき一般解は $y=C_1 x\sum_{n=0}^{\infty}\dfrac{(2x)^n}{n!}+C_2\sqrt{x}\sum_{n=0}^{\infty}\dfrac{n!(8x)^n}{(2n)!}$.

(4) $(k-2)(k+2)c_0x^k+\sum_{n=1}^{\infty}(n+k-2)[(n+k+2)c_n-c_{n-1}]x^{n+k}=0$ により，$k=2$ のとき $c_n=\dfrac{24c_0}{(n+4)!}$ となるから，$y=\sum_{n=0}^{\infty}\dfrac{x^{n+2}}{(n+4)!}$．$k=-2$ のときは $n<4$ と $n>4$ に分けて，$c_0=c_1=2c_2=6c_3$，$c_n=\dfrac{24c_4}{n!}$ $(n\geqq 5)$．よって，$y=\dfrac{6+6x+3x^2+x^3}{x^2}$ および $y=\sum_{n=4}^{\infty}\dfrac{x^{n-2}}{n!}$. 以上をまとめて，一般解は $y=C_1\dfrac{6+6x+3x^2+x^3}{x^2}+C_2\sum_{n=0}^{\infty}\dfrac{x^{n+2}}{(n+4)!}$.

(5) $2k(2k-1)c_0x^{k-1}+\sum_{n=0}^{\infty}(n+k+1)(2n+2k+1)(c_n+2c_{n+1})x^{n+k}=0$ であるから，決定方程式の根 $k=0, k=1/2$ の双方に対して $c_n=(-1/2)^n c_0$ である．したがって，一般解は $y=(C_1+C_2\sqrt{x})\sum_{n=0}^{\infty}\left(\dfrac{-x}{2}\right)^n$.

(6) $-k(3k-1)c_0x^{k-1}+\sum_{n=0}^{\infty}(3n+3k+2)[-(n+k+1)c_{n+1}+(n+k-1)c_n]x^{n+k}=0$. 決定方程式より $k=0, 1/3$. $k=0$ のとき，$(n+1)c_{n+1}=(n-1)c_n$ $(n\geqq 0)$ であるから，これを解いて $c_1=-c_0$，$c_n=0$ $(n\geqq 2)$．$k=1/3$ のとき，$(3n+4)c_{n+1}=(3n-2)c_n$ $(n\geqq 0)$ を解いて $c_n=\dfrac{-2c_0}{(3n+1)(3n-2)}$ $(n\geqq 1)$．一般解は $y=C_1(1-x)+C_2x^{1/3}\sum_{n=0}^{\infty}\dfrac{x^n}{(3n+1)(3n-2)}$.

[**3**] (1) 与えられた方程式の両辺を $x(x-1)$ で割り，$y''+py'+qy=0$ の形に直して考えると，$p=\dfrac{(1+a+b)x-c}{x(x-1)}$，$q=\dfrac{ab}{x(x-1)}$．よって $x=0, 1$ はこの方程式の確定特異点. また，変数変換 $s=x^{-1}$ により，ガウスの方程式は

$$s^2(1-s)y_{ss}+s[(c-2)s+1-a-b]y_s+aby=0 \qquad (*)$$

となるので，$s=0$ $(x=\infty)$ も確定特異点である．

(2) $x=0$ のまわりでの級数展開 $y=\sum_{n=0}^{\infty}a_nx^{n+k}$ により，与えられた微分方程式は，

$$-a_0k(k+c-1)x^{k-1}+\sum_{n=0}^{\infty}[(n+k+a)(n+k+b)a_n-(n+k+c)(n+k+1)a_{n+1}]x^{n+k}=0$$

よって決定方程式は $k(k+c-1)=0$ で，$k=0, 1-c$．漸化式は

$$k=0 \text{ のとき}\quad (n+1)(n+c)a_{n+1}=(a+n)(b+n)a_n$$
$$k=1-c \text{ のとき}\quad (n+1)(n+2-c)a_{n+1}=(n+a-c+1)(n+b-c+1)a_n$$

これらを解いて，解 $y=F(a,b;c;x)$ と $y=x^{1-c}F(a-c+1, b-c+1; 2-c; x)$ を得る．

(3) $x=1$ のまわりでの級数解は，$y=\sum_{n=0}^{\infty}b_n(x-1)^{n+l}$ として得られる．このとき，

$$l(l+a+b-c)(x-1)^{l-1}$$
$$+\sum_{n=0}^{\infty}[(n+l+a)(n+l+b)b_n+(n+l+1)(n+l+a+b-c+1)b_{n+1}](x-1)^{n+l}=0$$

(2) と同様にして漸化式を解き，基本解を求めると，

$$y=F(a,b;a+b-c+1;1-x),\ y=(1-x)^{c-a-b}F(c-a, c-b; c-a-b+1; 1-x)$$

$x=\infty$ のまわりでは，$s=\dfrac{1}{x}$ として $y=\sum_{n=0}^{\infty}c_n s^{n+m}$ を(*)に代入すればよい．その結果

$$(m-a)(m-b)c_0 s^m+\sum_{n=1}^{\infty}s^{n+m}[(n+m-a)(n+m-b)c_n-(n+m-1)(n+m-c)c_{n-1}]=0$$

この漸化式を解いて基本解を求めると，

$$y=x^{-a}F(a,a-c+1;a-b+1;1/x),\quad y=x^{-b}F(b,b-c+1;b-a+1;1/x)$$

［4］ (1) 級数解 $y=\sum_{n=0}^{\infty}c_n x^{n+k}$ を仮定して方程式に代入すると，

$$2c_0x^{k-1}k^2+\sum_{n=0}^{\infty}x^{n+k}(n+k+1)[2(n+k+1)c_{n+1}+(n+k-1)c_n]=0$$

よって，決定方程式は $k^2=0$，漸化式は $2(n+k+1)c_{n+1}+(n+k-1)c_n=0\ (n\geqq 0)$.

(2) 漸化式を順次解くと，c_0 を定数として残して $c_n=\left(\dfrac{-1}{2}\right)^n\dfrac{k(k-1)c_0}{(n+k)(n+k-1)}\ (n\geqq 1)$. これは $n=0$ でも矛盾なく成り立つ．

(3) (2)の漸化式の解で $c_0=1$ とおいて，

$$\begin{aligned}y&=x^k\sum_{n=0}^{\infty}\left(\frac{-1}{2}\right)^n\frac{k(k-1)}{(n+k)(n+k-1)}x^n\\&=x^k\left[1+\frac{1-k}{2(1+k)}x+\sum_{n=2}^{\infty}\left(\frac{-1}{2}\right)^n\frac{k(k-1)}{(n+k)(n+k-1)}x^n\right]\end{aligned}$$

この y に $k=0$ を代入して $y_1=1+x/2$. もう一方の解は，y を k で微分してから $k=0$ として，$y_2=\left(1+\dfrac{x}{2}\right)\log x+\left[-x-\sum_{n=2}^{\infty}\left(\dfrac{-1}{2}\right)^n\dfrac{x^n}{n(n-1)}\right]$. これらの関数は明らかに1次独立である．

第5章

問題 5-1

［1］ 変数変換(5.3) $y_1=y$, $y_2=y'=y_1'$ を用いると，$y''=y_2'$, $y'=y_1'=y_2$ となるので，これらから y とその導関数を消去する．

(1) $y_1'=y_2$, $y_2'=-3y_1-2y_2$.　(2) $y_1'=y_2$, $x^2y_2'+3xy_2+y_1=x$.　(3) $y_1'=y_2$, $y_2'^2+y_1y_2=0$.　(4) $y_1'=y_2$, $y_2'=y_3$, $y_3'+4y_3-y_2-3y_1=e^x$.

［2］ (1) 与えられた微分方程式の第1式を βy_2 について解き，微分して $\beta y_2'=y_1''-\alpha y_1'$. また，第2式に β をかけ，第1式を用いて整理すると，$\beta y_2'=-(\alpha\delta-\beta\gamma)y_1+\delta y_1'$. これらより y_2 を消去し，$y_1''-(\alpha+\delta)y_1'+(\alpha\delta-\beta\gamma)y_1=0$. y_2 に関しても同様.

(2) 新しい変数 $z_1=y$, $z_2=y'$ を導入すると，$y'=z_1'=z_2$ から $z_1'=z_2$. 次に，z_2 の定義から $y''=z_2'$. よって $y''+py'+qy=0$ を書き直すと $z_2'+pz_2+qz_1=0$. これらの2式をまとめて，求めるべき微分方程式は，$z_1'=z_2$, $z_2'=-qz_1-pz_2$. 行列とベクトルを用いて書くと，$\dfrac{d}{dx}\begin{pmatrix}z_1\\z_2\end{pmatrix}=\begin{pmatrix}0&1\\-q&-p\end{pmatrix}\begin{pmatrix}z_1\\z_2\end{pmatrix}$.

[3] $\boldsymbol{B}=\begin{pmatrix}0\\0\\B\end{pmatrix}$, $\boldsymbol{E}=\begin{pmatrix}E\\0\\0\end{pmatrix}$, $\boldsymbol{v}=\begin{pmatrix}v_x\\v_y\\0\end{pmatrix}$ とすると，$\boldsymbol{F}_L=\begin{pmatrix}q(v_yB+E)\\-qv_xB\\0\end{pmatrix}$. よって，運動方程式をベクトル表示で表すと，$\dfrac{d}{dt}\begin{pmatrix}v_x\\v_y\end{pmatrix}=\begin{pmatrix}0 & qB\\-qB & 0\end{pmatrix}\begin{pmatrix}v_x\\v_y\end{pmatrix}+\begin{pmatrix}qE\\0\end{pmatrix}$. ただし，$z$ 成分はつねに $0=0$ となるので省略した.

[4] コイル L_j に流れる電流を I_j，コンデンサー C_j に蓄えられる電荷を Q_j で表す. L_j の右端，左端における電位はそれぞれ Q_j/C_j, Q_{j+1}/C_{j+1}. よって

$$L_j\frac{dI_j}{dt}=\frac{Q_{j+1}}{C_{j+1}}-\frac{Q_j}{C_j} \qquad (*)$$

また，コイル L_{j-1}, L_j に流れる電流とコンデンサー C_j に蓄えられる電荷の間に成り立つ保存則から，$dQ_j/dt=I_{j-1}-I_j$. よって $d^2Q_j/dt^2=dI_{j-1}/dt-dI_j/dt$. (*)式を用いて電流を消去すると，$Q_j$ に関して次の方程式が得られる.

$$\frac{d^2Q_j}{dt^2}=-\frac{Q_{j-1}}{L_{j-1}C_{j-1}}+\left(\frac{1}{L_{j-1}}+\frac{1}{L_j}\right)\frac{Q_j}{C_j}-\frac{Q_{j+1}}{L_jC_{j+1}}$$

[5] j 番目の質点が調和ポテンシャルから受ける力は，$-kx_j$. この質点が右隣の質点との間のバネから受ける力は，$K[x_{j+1}+a(j+1)-(x_j+aj)-a]=K(x_{j+1}-x_j)$. 同様に左隣の質点との間に働く力は，$-K(x_j-x_{j-1})$. よって運動方程式は

$$m\frac{d^2x_j}{dt^2}=Kx_{j+1}-(k+2K)x_j+Kx_{j-1}$$

問題 5-2

[1] 任意定数を C_1, C_2，レゾルベント行列を $M(x;x_0)$ で表し，また $\xi\equiv x-x_0$ とする. $M(x;x_0)$ の計算方法は第 5-3, 5-4 節も参照せよ.

(1) y_2 を消去して，$y_1''+y_1=0$. よって，$y_1=C_1\cos x+C_2\sin x$ を得る. 第1式から $y_2=y_1-y_1'=C_1(\cos x+\sin x)+C_2(\sin x-\cos x)$.
またレゾルベント行列は，$M(x;x_0)=\begin{pmatrix}\cos\xi+\sin\xi & -\sin\xi\\ 2\sin\xi & \cos\xi-\sin\xi\end{pmatrix}$.

(2) y_2 を消去して，$y_1''-y_1'-2y_1=0$ となる. これを解いて $y_1=C_1e^{-x}+C_2e^{2x}$. また，$y_2=y_1+y_1'/2=(C_1/2)e^{-x}+2C_2e^{2x}$. $M(x;x_0)=\dfrac{1}{3}\begin{pmatrix}-e^{2\xi}+4e^{-\xi} & 2(e^{2\xi}-e^{-\xi})\\ 2(-e^{2\xi}+e^{-\xi}) & 4e^{2\xi}-e^{-\xi}\end{pmatrix}$.

(3) 第1式は $y_1'=-y_1$ で，$y_1=C_1e^{-x}$. そのとき $y_2'=-2y_2+2y_1=-2y_2+2C_1e^{-x}$ となり，$y_2=2C_1e^{-x}+C_2e^{-2x}$. また，$M(x;x_0)=\begin{pmatrix}e^{-\xi} & 0\\ 2(e^{-\xi}-e^{-2\xi}) & e^{-2\xi}\end{pmatrix}$.

(4) y_1 を消去して，$y_2''-2y_2'+y_2=0$. よって $y_2=(C_1x+C_2)e^x$. 第2式から y_1 を求め，$y_1=-y_2'=-(C_1x+C_1+C_2)e^x$. レゾルベント行列は，$M(x;x_0)=\begin{pmatrix}e^{\xi}+\xi e^{\xi} & \xi e^{\xi}\\ -\xi e^{\xi} & e^{\xi}-\xi e^{\xi}\end{pmatrix}$.

(5) y_2 を消去すると $y_1''+4y_1=0$ で，$y_1=2(C_1\cos 2x+C_2\sin 2x)$. 第1式から，$y_2=$

$y_1-y_1'/4=(2C_1-C_2)\cos 2x+(C_1+2C_2)\sin 2x$. レゾルベント行列は,

$$M(x;x_0)=\begin{pmatrix}\cos 2\xi+2\sin 2\xi & -2\sin 2\xi \\ \dfrac{5\sin 2\xi}{2} & \cos 2\xi-2\sin 2\xi\end{pmatrix}$$

(6) y_2 を消去して, $y_1''-3y_1=0$. よって $y_1=C_1e^{\sqrt{3}x}+C_2e^{-\sqrt{3}x}$. 第1式を y_2 について解き, $y_2=y_1'-y_1=C_1(\sqrt{3}-1)e^{\sqrt{3}x}-C_2(1+\sqrt{3})e^{-\sqrt{3}x}$. またレゾルベント行列は,

$$M(x;x_0)=\begin{pmatrix}\cosh\sqrt{3}\,\xi+\dfrac{\sinh\sqrt{3}\,\xi}{\sqrt{3}} & \dfrac{1}{\sqrt{3}}\sinh\sqrt{3}\,\xi \\ \dfrac{2}{\sqrt{3}}\sinh\sqrt{3}\,\xi & \cosh\sqrt{3}\,\xi-\dfrac{\sinh\sqrt{3}\,\xi}{\sqrt{3}}\end{pmatrix}$$

(7) y_2 を消去して, $y_1''-3y_1'+2y_1=0$. この方程式の一般解は, $y_1=C_1e^x+C_2e^{2x}$. また, $y_2=-\dfrac{y_1'+2y_1}{3}=-C_1e^x-\dfrac{4C_2}{3}e^{2x}$. $M(x;x_0)=\begin{pmatrix}4e^{\xi}-3e^{2\xi} & 3e^{\xi}-3e^{2\xi} \\ -4e^{\xi}+4e^{2\xi} & -3e^{\xi}+4e^{2\xi}\end{pmatrix}$.

(8) y_1 に関する方程式は, $y_1''-2y_1'+y_1=0$ で, この方程式の一般解は $y_1=(C_1+C_2x)e^x$. よって $y_2=\dfrac{y_1'-3y_1}{2}=-\left(C_1-\dfrac{C_2}{2}+C_2x\right)e^x$. レゾルベント行列を求めると,

$$M(x;x_0)=\begin{pmatrix}e^{\xi}+2\xi e^{\xi} & 2\xi e^{\xi} \\ -2\xi e^{\xi} & e^{\xi}-2\xi e^{\xi}\end{pmatrix}$$

(9) 第1, 3式より $y_3=-\dfrac{y_1'}{3}$, $y_2=y_3'=-\dfrac{y_1''}{3}$. よって $y_1'''-7y_1'+6y_1=0$. $y_1=e^{kx}$ とおいて一般解を求めると, $k=-3, 1, 2$ となるので, $y_1=C_1e^{-3x}+C_2e^x+C_3e^{2x}$. そのとき, $y_2=-3C_1e^{-3x}-\dfrac{C_2}{3}e^x-\dfrac{4C_3}{3}e^{2x}$, $y_3=C_1e^{-3x}-\dfrac{C_2}{3}e^x-\dfrac{2C_3}{3}e^{2x}$. レゾルベント行列は,

$$M(x;x_0)=\begin{pmatrix}\dfrac{1}{10}e^{-3\xi}+\dfrac{3}{2}e^{\xi}-\dfrac{3}{5}e^{2\xi} & -\dfrac{3}{20}e^{-3\xi}+\dfrac{3}{4}e^{\xi}-\dfrac{3}{5}e^{2\xi} & \dfrac{9}{20}e^{-3\xi}+\dfrac{3}{4}e^{\xi}-\dfrac{6}{5}e^{2\xi} \\ -\dfrac{3}{10}e^{-3\xi}-\dfrac{1}{2}e^{\xi}+\dfrac{4}{5}e^{2\xi} & \dfrac{9}{20}e^{-3\xi}-\dfrac{1}{4}e^{\xi}+\dfrac{4}{5}e^{2\xi} & -\dfrac{27}{20}e^{-3\xi}-\dfrac{1}{4}e^{\xi}+\dfrac{8}{5}e^{2\xi} \\ \dfrac{1}{10}e^{-3\xi}-\dfrac{1}{2}e^{\xi}+\dfrac{2}{5}e^{2\xi} & -\dfrac{3}{20}e^{-3\xi}-\dfrac{1}{4}e^{\xi}+\dfrac{2}{5}e^{2\xi} & \dfrac{9}{20}e^{-3\xi}-\dfrac{1}{4}e^{\xi}+\dfrac{4}{5}e^{2\xi}\end{pmatrix}$$

[2] (1) $\dfrac{d}{dx}\begin{pmatrix}y_1\\y_2\end{pmatrix}=\begin{pmatrix}0 & \Omega\\ \Omega & 0\end{pmatrix}\begin{pmatrix}y_1\\y_2\end{pmatrix}$ の場合, $y_1''=\Omega^2y_1$. よって $y_1=C_1e^{\Omega x}+C_2e^{-\Omega x}$ (C_1, C_2 は任意定数). このとき, $y_2=C_1e^{\Omega x}-C_2e^{-\Omega x}$. これから x を消去して $y_1^2-y_1^2=C$. ただし, $4C_1C_2$ を改めて C とした. これは漸近線 $y=\pm x$ をもつ双曲線で, 次ページ図(a)のようになる.

(2) $\dfrac{d}{dx}\begin{pmatrix}y_1\\y_2\end{pmatrix}=\begin{pmatrix}0 & -\Omega\\ \Omega & 0\end{pmatrix}\begin{pmatrix}y_1\\y_2\end{pmatrix}$ の 場合, $y_1=C_1\cos\Omega x+C_2\sin\Omega x$, $y_2=-C_1\sin\Omega x+C_2\cos\Omega x$. これ らから $y_1^2+y_2^2=C$ ($C=C_1^2+C_2^2$). 解曲線は, 次ページの図(b)のように原点を中心とする同心円となる.

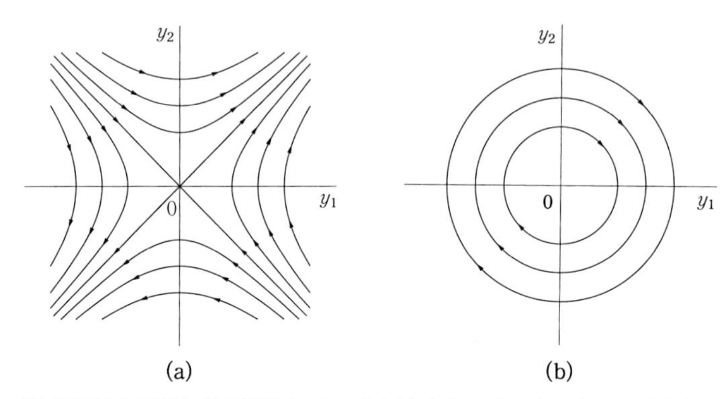

(a)　　(b)

［**3**］ 連立方程式の第 1 式を微分して x をかけると，$x^2y_1''+xy_1'=\alpha xy_1'+\beta xy_2'$．一方，第 2 式は $xy_2'=\gamma y_1+\delta y_2$．これらより $x^2y_1''+xy_1'=\alpha xy_1'+\beta\gamma y_1+\beta\delta y_2$．また，第 1 式を y_2 に関して解くと $\delta y_2=xy_1'-\alpha y_1$ で，これを代入すると，

$$x^2y_1''+(1-\alpha-\delta)xy_1'+(\alpha\delta-\beta\gamma)y_1=0$$

これは 2 階のオイラー型微分方程式である．y_2 も同様で，同じ方程式をみたす．

［**4**］ C_1, C_2 を任意定数とする．

(1) $y_1=xy_2'+3y_2$ より y_1 を消去して，$x^2y_2''+3xy_2'+y_2=0$．この方程式の一般解は $y_2=\dfrac{C_1}{x}+\dfrac{C_2\log|x|}{x}$．このとき $y_1=\dfrac{2C_1}{x}+\dfrac{C_2(1+2\log|x|)}{x}$．よって一般解は，

$$\begin{pmatrix}y_1\\y_2\end{pmatrix}=\frac{C_1}{x}\begin{pmatrix}2\\1\end{pmatrix}+\frac{C_2}{x}\begin{pmatrix}1+2\log|x|\\\log|x|\end{pmatrix}$$

(2) $y_2=3y_1-xy_1'$ を用いて y_2 を消去し，$x^2y_1''-xy_1'+2y_1=0$．この方程式の一般解は，$y_1=C_1x\cos(\log|x|)+C_2x\sin(\log|x|)$．そのとき，$y_2=C_1x[2\cos(\log|x|)+\sin(\log|x|)]+C_2x[2\sin(\log|x|)-\cos(\log|x|)]$．求めるべき一般解は，

$$\begin{pmatrix}y_1\\y_2\end{pmatrix}=C_1x\begin{pmatrix}\cos(\log|x|)\\2\cos(\log|x|)+\sin(\log|x|)\end{pmatrix}+C_2x\begin{pmatrix}\sin(\log|x|)\\2\sin(\log|x|)-\cos(\log|x|)\end{pmatrix}$$

(3) $y_2=\dfrac{xy_1'-3y_1}{2}$ であるから，$x^2y_1''-2y_1=0$．この方程式を解いて $y_1=C_1x^2+\dfrac{C_2}{x}$．また，$y_2$ を求めて $y_2=-\dfrac{C_1x^2}{2}-\dfrac{2C_2}{x}$．$C_1$ を $2C_1$ と改めて，$\begin{pmatrix}y_1\\y_2\end{pmatrix}=C_1x^2\begin{pmatrix}2\\-1\end{pmatrix}+\dfrac{C_2}{x}\begin{pmatrix}1\\-2\end{pmatrix}$．

(4) $y_2=y_1-xy_1'$ より y_2 を消去して $x^2y_1''-4xy_1'+6y_1=0$．これを解くと，$y_1=C_1x^2+C_2x^3$ であるから，$y_2=-C_1x^2-2C_2x^3$．一般解は $\begin{pmatrix}y_1\\y_2\end{pmatrix}=C_1x^2\begin{pmatrix}1\\-1\end{pmatrix}+C_2x^3\begin{pmatrix}1\\-2\end{pmatrix}$．

問題 5–3

[1] C_1, C_2 は任意定数を表す．微分方程式中の行列((5)から(9)では，行列形式で表したときの行列)を A とする．以下複号同順．

(1) A の固有値は $\pm i$ で，固有ベクトルは $\begin{pmatrix}1\pm i\\2\end{pmatrix}$．よって与えられた方程式の一般解は $\boldsymbol{Y}=C_1\begin{pmatrix}1+i\\2\end{pmatrix}e^{ix}+C_2\begin{pmatrix}1-i\\2\end{pmatrix}e^{-ix}$ となる．または，オイラーの公式を用いて三角関数で表すと，$\boldsymbol{Y}=B_1\begin{pmatrix}\cos x-\sin x\\2\cos x\end{pmatrix}+B_2\begin{pmatrix}\cos x+\sin x\\2\sin x\end{pmatrix}$．ただし，$B_1\equiv C_1+C_2$, $B_2\equiv i(C_1-C_2)$．なお，解は実関数であるから，$\bar{C}_1=C_2$．

(2) A の固有値は $2, -1$ で，固有値 2 に対して固有ベクトルは $\begin{pmatrix}1\\2\end{pmatrix}$，固有値 -1 に対して固有ベクトルは $\begin{pmatrix}2\\1\end{pmatrix}$．一般解は $\boldsymbol{Y}=C_1\begin{pmatrix}1\\2\end{pmatrix}e^{2x}+C_2\begin{pmatrix}2\\1\end{pmatrix}e^{-x}$．

(3) A の固有値は $-1, -2$ で，固有値 -1 に対して固有ベクトル $\begin{pmatrix}1\\2\end{pmatrix}$，固有値 -2 に対して固有ベクトル $\begin{pmatrix}0\\1\end{pmatrix}$ であるから，一般解は $\boldsymbol{Y}=C_1\begin{pmatrix}1\\2\end{pmatrix}e^{-x}+C_2\begin{pmatrix}0\\1\end{pmatrix}e^{-2x}$．

(4) A の固有値 $k=1$ は縮退している．$(A-E)\boldsymbol{G}=0$, $(A-E)\boldsymbol{H}=\boldsymbol{G}$ をみたす $\boldsymbol{G}$, $\boldsymbol{H}$ を求めると，$\boldsymbol{G}=\begin{pmatrix}C_1\\-C_1\end{pmatrix}$, $\boldsymbol{H}=\begin{pmatrix}C_2\\C_1-C_2\end{pmatrix}$．一般解は $\boldsymbol{Y}=\begin{pmatrix}C_1\\-C_1\end{pmatrix}xe^x+\begin{pmatrix}C_2\\C_1-C_2\end{pmatrix}e^x=C_1\begin{pmatrix}x\\1-x\end{pmatrix}e^x+C_2\begin{pmatrix}1\\-1\end{pmatrix}e^x$．

(5) A の固有値は $\pm 2i$，固有ベクトルは $\begin{pmatrix}4\pm 2i\\5\end{pmatrix}$．一般解は，$\boldsymbol{Y}=C_1\begin{pmatrix}4+2i\\5\end{pmatrix}e^{2ix}+C_2\begin{pmatrix}4-2i\\5\end{pmatrix}e^{-2ix}$．または，これを変形して $B_1\equiv C_1+C_2$, $B_2\equiv i(C_1-C_2)$ とおき，

$$\boldsymbol{Y}=B_1\begin{pmatrix}4\cos 2x-2\sin 2x\\5\cos 2x\end{pmatrix}+B_2\begin{pmatrix}2\cos 2x+4\sin 2x\\5\sin 2x\end{pmatrix}$$

(6) A の固有値は $\pm\sqrt{3}$，固有ベクトルは $\begin{pmatrix}1\pm\sqrt{3}\\2\end{pmatrix}$ となる．したがって，一般解は $\boldsymbol{Y}=C_1\begin{pmatrix}1+\sqrt{3}\\2\end{pmatrix}e^{\sqrt{3}x}+C_2\begin{pmatrix}1-\sqrt{3}\\2\end{pmatrix}e^{-\sqrt{3}x}$．

(7) A の固有値と固有ベクトルは，固有値 1 に対して固有ベクトル $\begin{pmatrix}1\\-1\end{pmatrix}$，固有値 2 に対して固有ベクトル $\begin{pmatrix}3\\-4\end{pmatrix}$．よって一般解は $\boldsymbol{Y}=C_1\begin{pmatrix}1\\-1\end{pmatrix}e^x+C_2\begin{pmatrix}3\\-4\end{pmatrix}e^{2x}$．

(8) A の特性方程式は $k^2-2k+1=0$ で，A は縮退した固有値 $k=1$ をもつ．よって $(A-E)\boldsymbol{G}=\boldsymbol{0}$, $(A-E)\boldsymbol{H}=\boldsymbol{G}$ より $\boldsymbol{G}=\begin{pmatrix}2C_1\\-2C_1\end{pmatrix}$, $\boldsymbol{H}=\begin{pmatrix}C_2\\C_1-C_2\end{pmatrix}$．一般解は $\boldsymbol{Y}=\boldsymbol{G}xe^x+\boldsymbol{H}e^x=\begin{pmatrix}2C_1\\-2C_1\end{pmatrix}xe^x+\begin{pmatrix}C_2\\C_1-C_2\end{pmatrix}e^x=C_1\begin{pmatrix}2x\\1-2x\end{pmatrix}e^x+C_2\begin{pmatrix}1\\-1\end{pmatrix}e^x$．

(9) 行列 A の固有値は，$k=-3, 1, 2$．それぞれに対して固有ベクトルは

$$\begin{pmatrix}1\\-3\\1\end{pmatrix},\quad \begin{pmatrix}3\\-1\\-1\end{pmatrix},\quad \begin{pmatrix}3\\-4\\-2\end{pmatrix}$$

よって，一般解は

$$\boldsymbol{Y} = C_1\begin{pmatrix}1\\-3\\1\end{pmatrix}e^{-3x}+C_2\begin{pmatrix}3\\-1\\-1\end{pmatrix}e^{x}+C_3\begin{pmatrix}3\\-4\\-2\end{pmatrix}e^{2x}$$

［**2**］ (1)　A の特性方程式は $|A-kE|=k^2-(a+d)k+ad-bc=0$．これが複素数根 $k=\alpha\pm i\beta$ をもつので，解と係数の関係より $a+d=2\alpha$, $ad-bc=\alpha^2+\beta^2$．よって

$$d = 2\alpha-a,\quad bc=-(\alpha-a)^2-\beta^2$$

なお，特性方程式が共役複素数根をもつ，すなわち $\beta\neq 0$ であるから，bc は 0 にはなりえない．よって，第 2 式を $b\neq 0$, $c=-\dfrac{(a-\alpha)^2+\beta^2}{b}$ と書くこともできる．

(2)　(1)により，

$$A = \begin{pmatrix} a & b \\ -\dfrac{(a-\alpha)^2+\beta^2}{b} & 2\alpha-a \end{pmatrix}$$

よって，固有値 $k=\alpha\pm i\beta$ に対する固有ベクトルは，$\boldsymbol{x}=\begin{pmatrix}b\\ \alpha-a\pm i\beta\end{pmatrix}$（複号同順）．複素指数関数を用いて一般解を表すと，$\boldsymbol{Y}=C_1\begin{pmatrix}b\\ \alpha-a+i\beta\end{pmatrix}e^{(\alpha+i\beta)x}+C_2\begin{pmatrix}b\\ \alpha-a-i\beta\end{pmatrix}e^{(\alpha-i\beta)x}$ (C_1, C_2 は任意定数)．解が実数であるためには $\overline{C_1}=C_2$ でなくてはならない．また，オイラーの公式 $e^{i\beta x}=\cos\beta x+i\sin\beta x$ を用いて，$A_1\equiv C_1+C_2$, $A_2\equiv i(C_1-C_2)$ とすると，

$$\boldsymbol{Y} = A_1\begin{pmatrix}b\cos\beta x\\ (\alpha-a)\cos\beta x-\beta\sin\beta x\end{pmatrix}e^{\alpha x}+A_2\begin{pmatrix}b\sin\beta x\\ (\alpha-a)\sin\beta x+\beta\cos\beta x\end{pmatrix}e^{\alpha x}$$

［**3**］ (1)　まず x を固定して考えると，$\Delta(\boldsymbol{F}, \boldsymbol{G})=0$ $(f_1g_2=f_2g_1)$ より $\boldsymbol{F}=k\boldsymbol{G}$ (k はスカラー)．すべての x で k が同じなら $\boldsymbol{F}, \boldsymbol{G}$ は 1 次従属となるが，異なる x で k が異なれば 1 次独立．たとえば，$\boldsymbol{F}=\begin{pmatrix}x\\0\end{pmatrix}$, $\boldsymbol{G}=\begin{pmatrix}|x|\\0\end{pmatrix}$ とすると，$x\geqq 0$ で $k=1$, $x<0$ で $k=-1$．よって両者は 1 次独立で，しかも $\Delta(\boldsymbol{F}, \boldsymbol{G})=0$．

(2)　f, g を連立微分方程式に対応する 2 階線形微分方程式の解とする．これらがベクトル関数 $\boldsymbol{F}\equiv\begin{pmatrix}f_1\\f_2\end{pmatrix}$, $\boldsymbol{G}\equiv\begin{pmatrix}g_1\\g_2\end{pmatrix}$ と与えられた関係

$$f_1 = \alpha f+\beta f',\quad f_2 = \gamma f+\delta f',\quad g_1 = \alpha g+\beta g',\quad g_2 = \gamma g+\delta g'$$

で結ばれているとすると，

$$\begin{aligned}\Delta(\boldsymbol{F}, \boldsymbol{G}) &= (\alpha f+\beta f')(\gamma g+\delta g')-(\alpha g+\beta g')(\gamma f+\delta f')\\ &= \alpha\delta fg'+\beta\gamma f'g-\alpha\delta f'g-\beta\gamma fg' = (\alpha\delta-\beta\gamma)(fg'-fg')\\ &= (\alpha\delta-\beta\gamma)W(f, g)\end{aligned}$$

$\alpha\delta-\beta\gamma\neq 0$ であるから，この式は与えられた関数 $\varDelta(\boldsymbol{F},\boldsymbol{G})$ が2つの関数 f, g のロンスキアンと同一視できることを意味している．

(3) $\dfrac{d}{dx}\varDelta(\boldsymbol{F},\boldsymbol{G}) = \begin{vmatrix} f_1' & g_1' \\ f_2 & g_2 \end{vmatrix} + \begin{vmatrix} f_1 & g_1 \\ f_2' & g_2' \end{vmatrix}$．ここで，

$$f_1' = a_{11}f_1+a_{12}f_2,\quad f_2' = a_{21}f_1+a_{22}f_2,\quad g_1' = a_{11}g_1+a_{12}g_2,\quad g_2' = a_{21}g_1+a_{22}g_2$$

となるので，

$$\frac{d}{dx}\varDelta(\boldsymbol{F},\boldsymbol{G}) = \begin{vmatrix} a_{11}f_1+a_{12}f_2 & a_{11}g_1+a_{12}g_2 \\ f_2 & g_2 \end{vmatrix} + \begin{vmatrix} f_1 & f_2 \\ a_{21}f_1+a_{22}f_2 & a_{21}g_1+a_{22}g_2 \end{vmatrix}$$

$$= (a_{11}+a_{22})\begin{vmatrix} f_1 & f_2 \\ g_1 & g_2 \end{vmatrix} = (a_{11}+a_{22})\varDelta(\boldsymbol{F},\boldsymbol{G})$$

この微分方程式を解けば，与えられた関係式が示される．

[4] $\boldsymbol{Y}\equiv x^n\boldsymbol{F}$ とすると，$x\boldsymbol{Y}'=nx^n\boldsymbol{F}$．よって微分方程式中に現れる行列を A とすれば，$\boldsymbol{Y}'=A\boldsymbol{Y}$ は $x^n(A-nE)\boldsymbol{F}=0$．これは任意の x について成り立つから，行列 A の固有値と固有ベクトルを求める問題である．以下で C_1, C_2 を任意定数とする．

(1) A の固有値と固有ベクトルは，$k=3$ に対して $\boldsymbol{x}=\begin{pmatrix} 5 \\ -1 \end{pmatrix}$，$k=-1$ に対して $\boldsymbol{x}=\begin{pmatrix} 1 \\ -1 \end{pmatrix}$．よって一般解は $\boldsymbol{Y}=C_1x^3\begin{pmatrix} 5 \\ -1 \end{pmatrix}+\dfrac{C_2}{x}\begin{pmatrix} 1 \\ -1 \end{pmatrix}$．

(2) 固有値2に対して固有ベクトルは $\boldsymbol{x}=\begin{pmatrix} 1 \\ -1 \end{pmatrix}$，固有値4に対して固有ベクトルは $\boldsymbol{x}=\begin{pmatrix} 1 \\ 1 \end{pmatrix}$．したがって一般解は，$\boldsymbol{Y}=C_1x^2\begin{pmatrix} 1 \\ -1 \end{pmatrix}+C_2x^4\begin{pmatrix} 1 \\ 1 \end{pmatrix}$．

(3) A の特性方程式は $k^2-4k+4=0$ で，縮退した固有値 $k=2$ をもつ．いま，$\boldsymbol{G}\equiv\begin{pmatrix} g_1(x) \\ g_2(x) \end{pmatrix}$，$\boldsymbol{Y}=\boldsymbol{G}x^2$ とすると，$\begin{pmatrix} g_1' \\ g_2' \end{pmatrix}=\dfrac{1}{x}\begin{pmatrix} g_1-g_2 \\ g_1-g_2 \end{pmatrix}$．これを解き，$g_1=C_1\log|x|+C_2$，$g_2=C_1\log|x|-C_1+C_2$．一般解は $\boldsymbol{Y}=C_1x^2\begin{pmatrix} \log|x| \\ \log|x|-1 \end{pmatrix}+C_2x^2\begin{pmatrix} 1 \\ 1 \end{pmatrix}$．

(4) A の固有値は $k=1\pm i$，固有ベクトルは $\boldsymbol{x}=\begin{pmatrix} 1 \\ -1\pm i \end{pmatrix}$．ここで x の複素数乗の関係式 $x^{1\pm i}=x[\cos(\log|x|)\pm i\sin(\log|x|)]$ より，一般解は

$$\boldsymbol{Y} = C_1x\begin{pmatrix} \cos(\log|x|) \\ -[\cos(\log|x|)+\sin(\log|x|)] \end{pmatrix}+C_2x\begin{pmatrix} \sin(\log|x|) \\ -\sin(\log|x|)+\cos(\log|x|) \end{pmatrix}$$

[5] 2つの質点の x 座標を x_1, x_2 とする．質点には，バネによる力 $k(x_2-x_1-l)$ と，原点からの距離に比例する力が働く．よって運動方程式は $m\ddot{x}_1=-Kx_1+k(x_2-x_1-l)$，$m\ddot{x}_2=-Kx_2-k(x_2-x_1-l)$ となる．ここで，$u_1=x_1+\dfrac{kl}{K+2k}$，$u_2=x_2-\dfrac{kl}{K+2k}$，$\Omega_0\equiv\sqrt{(K+k)/m}$，$\omega_0\equiv\sqrt{k/m}$ とすると，次の微分方程式を得る．

$$\ddot{u}_1 = -\Omega_0^2 u_1 + \omega_0^2 u_2, \quad \ddot{u}_2 = \omega_0^2 u_1 - \Omega_0^2 u_2$$

$\boldsymbol{u} \equiv \begin{pmatrix} u_1 \\ u_2 \end{pmatrix} = e^{i\omega t}\boldsymbol{F}$ ($\boldsymbol{F}$ は定ベクトル) とすると，これらの微分方程式は

$$\begin{pmatrix} \Omega_0^2 - \omega^2 & -\omega_0^2 \\ -\omega_0^2 & \Omega_0^2 - \omega^2 \end{pmatrix} \boldsymbol{F} = \boldsymbol{0}$$

で，ω^2 が行列の固有値，$\boldsymbol{F}$ が固有ベクトルとなる．いま，固有値は $\omega^2 = \Omega_0^2 \pm \omega_0^2$．固有ベクトルは $\begin{pmatrix} 1 \\ \mp 1 \end{pmatrix}$．それぞれの固有値に対して $\omega = \pm\sqrt{\Omega_0^2 + \omega_0^2} = \pm\sqrt{\dfrac{K}{m}} \equiv \pm\omega_1$, $\omega = \pm\sqrt{\Omega_0^2 + \omega_0^2} = \pm\sqrt{\dfrac{K+2k}{m}} \equiv \pm\omega_2$ の 2 つずつの値が対応するが，解は実関数であることに注意すれば，一般解は，A_1, A_2, ϕ_1, ϕ_2 を任意定数として

$$\begin{pmatrix} x_1 \\ x_2 \end{pmatrix} = \frac{kl}{K+2k}\begin{pmatrix} -1 \\ 1 \end{pmatrix} + A_1\begin{pmatrix} 1 \\ 1 \end{pmatrix}\sin(\omega_1 t + \phi_1) + A_2\begin{pmatrix} 1 \\ -1 \end{pmatrix}\sin(\omega_2 t + \phi_2)$$

問題 5-4

［1］ 微分方程式中の行列を A，任意定数を C_1, C_2, C_3, C_4 で表し，$\xi \equiv x - x_0$ とする．

(1) A は，固有値 -1 に対して固有ベクトル $\begin{pmatrix} 1 \\ 1 \end{pmatrix}$，固有値 2 に対して固有ベクトル $\begin{pmatrix} 2 \\ 1 \end{pmatrix}$ をもつ．$P \equiv \begin{pmatrix} 1 & 2 \\ 1 & 1 \end{pmatrix}$ とすると，$P^{-1}AP = \begin{pmatrix} -1 & 0 \\ 0 & 2 \end{pmatrix}$．レゾルベント行列は

$$M(x; x_0) = P\begin{pmatrix} e^{-(x-x_0)} & 0 \\ 0 & e^{2(x-x_0)} \end{pmatrix}P^{-1} = \begin{pmatrix} -e^{-\xi} + 2e^{2\xi} & 2e^{-\xi} - 2e^{2\xi} \\ -e^{-\xi} + e^{2\xi} & 2e^{-\xi} - e^{2\xi} \end{pmatrix}$$

(2) A は，固有値 -3 に対して固有ベクトル $\begin{pmatrix} 1 \\ 1 \end{pmatrix}$，固有値 3 に対して固有ベクトル $\begin{pmatrix} 1 \\ 0 \end{pmatrix}$ をもつ．$P \equiv \begin{pmatrix} 1 & 1 \\ 1 & 0 \end{pmatrix}$ として $P^{-1}AP = \begin{pmatrix} -3 & 0 \\ 0 & 3 \end{pmatrix}$．レゾルベント行列は

$$M(x; x_0) = P\exp\left[\xi\begin{pmatrix} -3 & 0 \\ 0 & 3 \end{pmatrix}\right]P^{-1} = P\begin{pmatrix} e^{-3\xi} & 0 \\ 0 & e^{3\xi} \end{pmatrix}P^{-1} = \begin{pmatrix} e^{3\xi} & e^{-3\xi} - e^{3\xi} \\ 0 & e^{-3\xi} \end{pmatrix}$$

(3) A の固有値は $-1 \pm i$，固有ベクトルは $\begin{pmatrix} 2 \\ -3 \pm i \end{pmatrix}$．$P \equiv \begin{pmatrix} 2 & 2 \\ -3+i & -3-i \end{pmatrix}$ とすれば $P^{-1}AP = \begin{pmatrix} -1+i & 0 \\ 0 & -1-i \end{pmatrix}$．また，レゾルベント行列は

$$M(x; x_0) = P\exp\left[\xi\begin{pmatrix} -1+i & 0 \\ 0 & -1-i \end{pmatrix}\right]P^{-1} = e^{-\xi}\begin{pmatrix} \cos\xi + 3\sin\xi & 2\sin\xi \\ -5\sin\xi & \cos\xi - 3\sin\xi \end{pmatrix}$$

(4) 行列 A は縮退した固有値 3 をもち，固有ベクトルは $\boldsymbol{x}_1 = \begin{pmatrix} 2 \\ 1 \end{pmatrix}$．$(A - 3E)\boldsymbol{x}_2 = \boldsymbol{x}_1$ を解いて $\boldsymbol{x}_2 = \begin{pmatrix} -1 \\ 0 \end{pmatrix}$．$P \equiv \begin{pmatrix} 2 & -1 \\ 1 & 0 \end{pmatrix}$ とすれば $P^{-1}AP = \begin{pmatrix} 3 & 1 \\ 0 & 3 \end{pmatrix}$．これにより $(P^{-1}AP)^n =$

$\begin{pmatrix} 3^n & n\cdot 3^{n-1} \\ 0 & 3^n \end{pmatrix}$となるので，$\exp[\xi P^{-1}AP]=\begin{pmatrix} e^{3\xi} & \xi e^{3\xi} \\ 0 & e^{3\xi} \end{pmatrix}$. レゾルベント行列は

$$M(x;x_0) = e^{3\xi}\begin{pmatrix} 1-2\xi & 4\xi \\ -\xi & 1+2\xi \end{pmatrix}$$

(5) A の特性方程式は，$-2+k+2k^2-k^3=(1+k)(1-k)(-2+k)=0$ で，固有値は $k=-1, 1, 2$. 固有ベクトルは $\begin{pmatrix} 1 \\ 1 \\ 1 \end{pmatrix}$, $\begin{pmatrix} 0 \\ 1 \\ 1 \end{pmatrix}$, $\begin{pmatrix} 1 \\ 0 \\ -1 \end{pmatrix}$. $P\equiv\begin{pmatrix} 1 & 0 & 1 \\ 1 & 1 & 0 \\ 1 & 1 & -1 \end{pmatrix}$を用いて $P^{-1}AP=\begin{pmatrix} -1 & 0 & 0 \\ 0 & 1 & 0 \\ 0 & 0 & 2 \end{pmatrix}$. レゾルベント行列は,

$$M(x;x_0) = Pe^{\xi P^{-1}AP}P^{-1} = \begin{pmatrix} e^{-\xi} & -e^{-\xi}+e^{2\xi} & e^{-\xi}-e^{2\xi} \\ e^{-\xi}-e^{\xi} & -e^{-\xi}+2e^{\xi} & e^{-\xi}-e^{\xi} \\ e^{-\xi}-e^{\xi} & -e^{-\xi}+2e^{\xi}-e^{2\xi} & e^{-\xi}-e^{\xi}+e^{2\xi} \end{pmatrix}$$

(6) A の特性方程式は，$(1-k)(2-k)^2=0$ で，固有値は $k=1$ および $k=2$ (重根). 固有ベクトルは，$k=1$ に対して$\begin{pmatrix} 1 \\ 2 \\ 1 \end{pmatrix}$, $k=2$ に対して$\begin{pmatrix} 1 \\ 1 \\ 1 \end{pmatrix}$, $\begin{pmatrix} 1 \\ 2 \\ 0 \end{pmatrix}$. $P=\begin{pmatrix} 1 & 1 & 1 \\ 2 & 1 & 2 \\ 1 & 1 & 0 \end{pmatrix}$とすると，$P^{-1}AP=\begin{pmatrix} 1 & 0 & 0 \\ 0 & 2 & 0 \\ 0 & 0 & 2 \end{pmatrix}$. よってレゾルベント行列は,

$$M(x;x_0) = \begin{pmatrix} -2e^{\xi}+3e^{2\xi} & e^{\xi}-e^{2\xi} & e^{\xi}-e^{2\xi} \\ -4e^{\xi}+4e^{2\xi} & 2e^{\xi}-e^{2\xi} & 2e^{\xi}-2e^{2\xi} \\ -2e^{\xi}+2e^{2\xi} & e^{\xi}-e^{2\xi} & e^{\xi} \end{pmatrix}$$

(7) A の特性方程式は，$(1-k)(1+k)^2=0$ で，$k=1$, $k=-1$ (重根). 固有ベクトルは，$k=1$ に対して$\begin{pmatrix} 1 \\ -1 \\ 0 \end{pmatrix}$, $k=-1$ に対して$\begin{pmatrix} -1 \\ 2 \\ 1 \end{pmatrix}$. また，$(A+E)\boldsymbol{y}=\begin{pmatrix} -1 \\ 2 \\ 1 \end{pmatrix}$をみたす $\boldsymbol{y}$ を1つ求めると，$\boldsymbol{y}=\begin{pmatrix} 1 \\ -1 \\ -1 \end{pmatrix}$となる. ここで $P=\begin{pmatrix} 1 & -1 & 1 \\ -1 & 2 & -1 \\ 0 & 1 & -1 \end{pmatrix}$とすれば，$P^{-1}AP=\begin{pmatrix} 1 & 0 & 0 \\ 0 & -1 & 1 \\ 0 & 0 & -1 \end{pmatrix}$. したがって $e^{\xi P^{-1}AP}=\begin{pmatrix} e^{\xi} & 0 & 0 \\ 0 & e^{-\xi} & \xi e^{-\xi} \\ 0 & 0 & e^{-\xi} \end{pmatrix}$. レゾルベント行列は,

$$M(x;x_0) = \begin{pmatrix} e^{\xi}-\xi e^{-\xi} & -\xi e^{-\xi} & e^{\xi}-(1-\xi)e^{-\xi} \\ -e^{\xi}+(1+2\xi)e^{-\xi} & (1+2\xi)e^{-\xi} & -e^{\xi}+(1-2\xi)e^{-\xi} \\ \xi e^{-\xi} & \xi e^{-\xi} & (1-\xi)e^{-\xi} \end{pmatrix}$$

(8) A の固有値は3重に縮退した $k=1$. $(A-E)\boldsymbol{x}_1=\boldsymbol{0}$, $(A-E)\boldsymbol{x}_2=\boldsymbol{x}_1$, $(A-E)\boldsymbol{x}_3=\boldsymbol{x}_2$

をみたすベクトルを1つずつ求め，$\boldsymbol{x}_1=\begin{pmatrix}1\\1\\1\end{pmatrix}$，$\boldsymbol{x}_2=\begin{pmatrix}1\\1\\0\end{pmatrix}$，$\boldsymbol{x}_3=\begin{pmatrix}-2\\-1\\1\end{pmatrix}$．$P\equiv\begin{pmatrix}1&1&-2\\1&1&-1\\1&0&1\end{pmatrix}$を用いると，$P^{-1}AP=\begin{pmatrix}1&1&0\\0&1&1\\0&0&1\end{pmatrix}$，$(P^{-1}AP)^n=\begin{pmatrix}1&n&n(n-1)/2\\0&1&n\\0&0&1\end{pmatrix}$．したがって，$e^{\xi P^{-1}AP}=\begin{pmatrix}e^\xi&\xi e^\xi&\xi^2e^\xi/2\\0&e^\xi&\xi e^\xi\\0&0&e^\xi\end{pmatrix}$．レゾルベント行列は

$$M(x;x_0)=\frac{e^\xi}{2}\begin{pmatrix}2-6\xi-\xi^2&8\xi+\xi^2&-2\xi\\-6\xi-\xi^2&2+8\xi+\xi^2&-2\xi\\-4\xi-\xi^2&6\xi+\xi^2&2-2\xi\end{pmatrix}$$

(9)　この行列Aの固有値は$k=-2,-1,1,2$で，それぞれに属する固有ベクトルは，

$$\boldsymbol{x}_1=\begin{pmatrix}1\\0\\1\\0\end{pmatrix},\quad \boldsymbol{x}_2=\begin{pmatrix}0\\1\\0\\1\end{pmatrix},\quad \boldsymbol{x}_3=\begin{pmatrix}0\\-1\\1\\0\end{pmatrix},\quad \boldsymbol{x}_4=\begin{pmatrix}1\\1\\0\\-1\end{pmatrix}$$

行列Pを$P=(\boldsymbol{x}_1,\boldsymbol{x}_2,\boldsymbol{x}_3,\boldsymbol{x}_4)$とすると，$P^{-1}AP=\begin{pmatrix}-2&0&0&0\\0&-1&0&0\\0&0&1&0\\0&0&0&2\end{pmatrix}$となる．これを用いて$\exp(\xi P^{-1}AP)$を計算し，$M(x;x_0)$を求めると，

$$M(x;x_0)=\begin{pmatrix}2e^{-2\xi}-e^{2\xi}&-e^{-2\xi}+e^{2\xi}&-e^{-2\xi}+e^{2\xi}&e^{-2\xi}-e^{2\xi}\\-e^{-\xi}+2e^{\xi}-e^{2\xi}&e^{-\xi}-e^{\xi}+e^{2\xi}&e^{-\xi}-2e^{\xi}+e^{2\xi}&e^{\xi}-e^{2\xi}\\2e^{-2\xi}-2e^{\xi}&-e^{-2\xi}+e^{\xi}&-e^{-2\xi}+2e^{\xi}&e^{-2\xi}-e^{\xi}\\-e^{-\xi}+e^{2\xi}&e^{-\xi}-e^{2\xi}&e^{-\xi}-e^{2\xi}&e^{2\xi}\end{pmatrix}$$

(10)　Aの固有値は，$k=-1,1$で，ともに重根．ここで，$(A-E)\boldsymbol{x}_1=\boldsymbol{0}$，$(A-E)\boldsymbol{x}_2=\boldsymbol{x}_1$，$(A+E)\boldsymbol{x}_3=\boldsymbol{0}$，$(A+E)\boldsymbol{x}_4=\boldsymbol{x}_3$をみたすベクトルを求めると，

$$\boldsymbol{x}_1=\begin{pmatrix}1\\0\\-1\\0\end{pmatrix},\quad \boldsymbol{x}_2=\begin{pmatrix}1\\1\\0\\1\end{pmatrix},\quad \boldsymbol{x}_3=\begin{pmatrix}0\\1\\-1\\0\end{pmatrix},\quad \boldsymbol{x}_4=\begin{pmatrix}1\\1\\-1\\1\end{pmatrix}$$

また，$P\equiv(\boldsymbol{x}_1,\boldsymbol{x}_2,\boldsymbol{x}_3,\boldsymbol{x}_4)$とすると，$P^{-1}AP=\begin{pmatrix}1&1&0&0\\0&1&0&0\\0&0&-1&1\\0&0&0&-1\end{pmatrix}$となるから，

$$M(x;x_0)=P\exp(P^{-1}AP\xi)P^{-1}$$
$$=\begin{pmatrix}(2+\xi)e^{\xi}-e^{-\xi} & (1+\xi)e^{\xi}-e^{-\xi} & (1+\xi)e^{\xi}-e^{-\xi} & -(2+\xi)e^{\xi}+2e^{-\xi}\\ e^{\xi}-(1+\xi)e^{-\xi} & e^{\xi}-\xi e^{-\xi} & e^{\xi}-(1+\xi)e^{-\xi} & -e^{\xi}+(1+2\xi)e^{-\xi}\\ (1+\xi)(e^{-\xi}-e^{\xi}) & -\xi(e^{\xi}-e^{-\xi}) & (1+\xi)e^{-\xi}-\xi e^{\xi} & (1+\xi)e^{\xi}-(1+2\xi)e^{-\xi}\\ e^{\xi}-e^{-\xi} & e^{\xi}-e^{-\xi} & e^{\xi}-e^{-\xi} & -e^{\xi}+2e^{-\xi}\end{pmatrix}$$

［2］ 以下 C_1, C_2 を定数とする．また，レゾルベント行列を $M(x;x_0)$, $\xi\equiv x-x_0$ とする．各問の特解の中で，基本解に含まれる項は省略する．

(1) 非斉次項を除いた方程式の基本解は $\begin{pmatrix}1\\1\end{pmatrix}e^{-3x}$, $\begin{pmatrix}0\\1\end{pmatrix}e^{4x}$. よって，

$$M(x;x_0)=\begin{pmatrix}e^{-3\xi} & 0\\ e^{-3\xi}-e^{4\xi} & e^{4\xi}\end{pmatrix}$$

特解を求めると

$$\int_{x_0}^{x}M(x;y)\begin{pmatrix}7\\6\end{pmatrix}e^{4y}\,dy=7e^{-3x}\int_{x_0}^{x}\begin{pmatrix}1\\1\end{pmatrix}e^{7y}\,dy-e^{4x}\int_{x_0}^{x}\begin{pmatrix}0\\1\end{pmatrix}dy=e^{4x}\begin{pmatrix}1\\-x\end{pmatrix}$$

(2) 斉次方程式の基本解は $\begin{pmatrix}1\\-1\end{pmatrix}e^{x}$, $\begin{pmatrix}1\\-2\end{pmatrix}e^{2x}$. レゾルベント行列は

$$M(x;x_0)=\begin{pmatrix}2e^{\xi}-e^{2\xi} & e^{\xi}-e^{2\xi}\\ -2e^{\xi}+2e^{2\xi} & 2e^{2\xi}-e^{\xi}\end{pmatrix}.$$

よって特解を計算すると，

$$\int_{x_0}^{x}M(x;y)\begin{pmatrix}2\\-2\end{pmatrix}\cos y dy=e^{x}\begin{pmatrix}1\\-1\end{pmatrix}\int_{x_0}^{x}2e^{-y}\cos y dy=\begin{pmatrix}1\\-1\end{pmatrix}(\sin x-\cos x)$$

(3) 斉次方程式の基本解は $\begin{pmatrix}3\cos x+\sin x\\ 2\cos x\end{pmatrix}e^{x}$, $\begin{pmatrix}3\sin x-\cos x\\ 2\sin x\end{pmatrix}e^{x}$. これらより，

$$M(x;x_0)=e^{\xi}\begin{pmatrix}\cos\xi-3\sin\xi & 5\sin\xi\\ -2\sin\xi & \cos\xi+3\sin\xi\end{pmatrix}$$

求めるべき特解は，

$$\int_{x_0}^{x}M(x;y)\begin{pmatrix}1\\1\end{pmatrix}e^{y}\cos y dy+\int_{x_0}^{x}M(x;y)\begin{pmatrix}2\\1\end{pmatrix}e^{y}\sin y dy=e^{x}\int_{x_0}^{x}\begin{pmatrix}\cos x+2\sin x\\ \cos x+\sin x\end{pmatrix}dy$$
$$=\begin{pmatrix}2\\1\end{pmatrix}xe^{x}\sin x+\begin{pmatrix}1\\1\end{pmatrix}xe^{x}\cos x$$

(4) 斉次方程式の基本解は，$\begin{pmatrix}1\\1\end{pmatrix}e^{-2x}$, $\begin{pmatrix}3x\\1+3x\end{pmatrix}e^{-2x}$. これらを用いて，

$$M(x;x_0)=\begin{pmatrix}(1-3\xi)e^{-2\xi} & 3\xi e^{-2\xi}\\ -3\xi e^{-2\xi} & (1+3\xi)e^{-2\xi}\end{pmatrix}$$

このレゾルベント行列から，特解は，

問題解答5

$$\int_{x_0}^{x} M(x;y)\begin{pmatrix}1\\1\end{pmatrix} y^{n-1}e^{-2y}\,dy = e^{2x}\begin{pmatrix}1\\1\end{pmatrix}\int_{x_0}^{x} y^{n-1}\,dy = \frac{x^n e^{-2x}}{n}\begin{pmatrix}1\\1\end{pmatrix}$$

[**3**] (1) 特解を$\begin{pmatrix}y_1\\y_2\end{pmatrix}=\begin{pmatrix}a_1\\b_1\end{pmatrix}e^x$と仮定して，$\begin{pmatrix}a_1\\b_1\end{pmatrix}e^x=\begin{pmatrix}5a_1-4b_1\\3a_1-3b_1\end{pmatrix}e^x+\begin{pmatrix}8\\7\end{pmatrix}e^x$．これを解いて，$a_1=-1$，$b_1=1$．よって特解は$\begin{pmatrix}y_1\\y_2\end{pmatrix}=\begin{pmatrix}-1\\1\end{pmatrix}e^x$．

(2) $\begin{pmatrix}y_1\\y_2\end{pmatrix}=\begin{pmatrix}a_1x+a_2\\b_1x+b_2\end{pmatrix}e^{-x}$と仮定して，$\begin{pmatrix}(4b_1-6a_1)x+a_1-6a_2+4b_2\\(2b_1-3a_1)x+b_1-3a_2+2b_2\end{pmatrix}e^{-x}=\begin{pmatrix}4\\4\end{pmatrix}e^{-x}$．これより，$a_1=2$，$b_1=3$，$3a_2-2b_2=-1$．ここで，$a_2=-1$，$b_2=-1$と選んで，特解は$\begin{pmatrix}y_1\\y_2\end{pmatrix}=\begin{pmatrix}2x-1\\3x-1\end{pmatrix}e^{-x}$．

(3) 特解を$\begin{pmatrix}y_1\\y_2\end{pmatrix}=\begin{pmatrix}a_1x+a_2\\b_1x+b_2\end{pmatrix}$と仮定して，$\begin{pmatrix}(2b_1-4a_1)x+a_1-4a_2+2b_2\\(5b_1-7a_1)x+b_1-7a_2+5b_2\end{pmatrix}=\begin{pmatrix}-4\\-4\end{pmatrix}x$．よって$2b_1-4a_1=-4$，$5b_1-7a_1=-4$，$a_1-4a_2+2b_2=0$，$b_1-7a_2+5b_2=0$．これを解いて，$a_1=2$，$a_2=1$，$b_1=2$，$b_2=1$となるから，特解は$\begin{pmatrix}y_1\\y_2\end{pmatrix}=\begin{pmatrix}2x+1\\2x+1\end{pmatrix}$．

(4) $\begin{pmatrix}y_1\\y_2\end{pmatrix}=\begin{pmatrix}a_1x^2+a_2x+a_3\\b_1x^2+b_2x+b_3\end{pmatrix}e^x$とすると，

$$\begin{pmatrix}3(a_1-b_1)x^2+(2a_1+3a_2-3b_2)x+a_2+3a_3-3b_3\\3(a_1-b_1)x^2+(2b_1+3a_2-3b_2)x+b_2+3a_3-3b_3\end{pmatrix}=\begin{pmatrix}1\\3\end{pmatrix}$$

xの同じ次数の項を比較し，$a_1=b_1=3$，$b_2=a_2+2$，$a_3=b_3+(1-a_2)/3$．ここで，$a_2=-2$，$b_3=-1$と選ぶと$b_2=0$，$a_3=0$．よって求めるべき特解は，$\begin{pmatrix}y_1\\y_2\end{pmatrix}=\begin{pmatrix}3x^2-2x\\3x^2-1\end{pmatrix}e^x$．

[**4**] C_1, C_2を定数，レゾルベント行列を$M(x;z)$とする．レゾルベント行列は

$$\left.\begin{pmatrix}y_1\\y_2\end{pmatrix}\right|_{x=z}=\begin{pmatrix}1\\0\end{pmatrix},\ \begin{pmatrix}0\\1\end{pmatrix} \qquad (*)$$

となるような解を求めて各列に順に並べて得られる．

(1) この方程式の基本解は，$\begin{pmatrix}1\\-1\end{pmatrix}x^4$，$\begin{pmatrix}2\\-3\end{pmatrix}x^3$で，初期条件(*)をみたす解は，

$$\begin{pmatrix}-2\dfrac{x^3}{z^3}+3\dfrac{x^4}{z^4}\\3\dfrac{x^3}{z^3}-3\dfrac{x^4}{z^4}\end{pmatrix},\ \begin{pmatrix}-2\dfrac{x^3}{z^3}+2\dfrac{x^4}{z^4}\\3\dfrac{x^3}{z^3}-2\dfrac{x^4}{z^4}\end{pmatrix}$$

よって$M(x;z)=\dfrac{x^3}{z^4}\begin{pmatrix}-2z+3x & -2z+2x\\3z-3x & 3z-2x\end{pmatrix}$．

(2) 固有値は$2\pm i$，固有ベクトルは$\begin{pmatrix}2\\3\mp i\end{pmatrix}$．初期条件(*)をみたす特解を各列に並べると，$M(x;z)=\dfrac{x^2}{z^2}\begin{pmatrix}\cos\log|x/z|+3\sin\log|x/z| & -2\sin\log|x/z|\\5\sin\log|x/z| & -3\sin\log|x/z|+\cos\log|x/z|\end{pmatrix}$．

問題解答5

(3)　微分方程式中の行列は縮退した固有値 1 をもち，その固有ベクトルは $\begin{pmatrix}1\\3\end{pmatrix}$．よって与えられた方程式の基本解は $\begin{pmatrix}x\\3x\end{pmatrix}, \begin{pmatrix}x\log|x|\\x(1+3\log|x|)\end{pmatrix}$．初期条件(∗)をみたす解を求め，$M(x;z)=\dfrac{x}{z}\begin{pmatrix}1-3\log|x/z| & \log|x/z|\\-9\log|x/z| & 1+3\log|x/z|\end{pmatrix}$．

(4)　斉次方程式の一般解は，$\begin{pmatrix}y_1\\y_2\end{pmatrix}=C_1\begin{pmatrix}\cos(3\log|x|)\\\sin(3\log|x|)\end{pmatrix}+C_2\begin{pmatrix}-\sin(3\log|x|)\\\cos(3\log|x|)\end{pmatrix}$．よって，

$$M(x;z)=\begin{pmatrix}\cos(3\log|x/z|) & -\sin(3\log|x/z|)\\\sin(3\log|x/z|) & \cos(3\log|x/z|)\end{pmatrix}$$

このとき，与えられた方程式を $\boldsymbol{Y}'=A\boldsymbol{Y}+\boldsymbol{R}$ の形に書き直すと，$\boldsymbol{R}=\dfrac{1}{x^2}\begin{pmatrix}1\\3\end{pmatrix}$．よって求めるべき特解は，$\displaystyle\int_{x_0}^{x}M(x;z)\begin{pmatrix}1\\3\end{pmatrix}\frac{dz}{z^2}$ で，余関数に含まれる部分を除けば $-\dfrac{1}{x}\begin{pmatrix}1\\0\end{pmatrix}$．以上から一般解は

$$\begin{pmatrix}y_1\\y_2\end{pmatrix}=C_1\begin{pmatrix}\cos(3\log|x|)\\\sin(3\log|x|)\end{pmatrix}+C_2\begin{pmatrix}-\sin(3\log|x|)\\\cos(3\log|x|)\end{pmatrix}-\frac{1}{x}\begin{pmatrix}1\\0\end{pmatrix}$$

(5)　斉次方程式の基本解は $\dfrac{1}{x^2}\begin{pmatrix}1\\1\end{pmatrix}, \dfrac{1}{x^4}\begin{pmatrix}1\\-1\end{pmatrix}$ である．これらを用いると，$M(x;z)=\dfrac{z^2}{2x^4}\begin{pmatrix}x^2+z^2 & x^2-z^2\\x^2-z^2 & x^2+z^2\end{pmatrix}$．特解は，

$$\int_{x_0}^{x}M(x;z)\begin{pmatrix}1\\1\end{pmatrix}\frac{1}{z^5}dz=\int_{x_0}^{x}\frac{1}{x^2z^3}\begin{pmatrix}1\\1\end{pmatrix}dz=\frac{1}{2x_0^2x^2}\begin{pmatrix}1\\1\end{pmatrix}-\frac{1}{2x^4}\begin{pmatrix}1\\1\end{pmatrix}$$

一般解は

$$\begin{pmatrix}z_1\\z_2\end{pmatrix}=C_1\frac{1}{x^2}\begin{pmatrix}1\\1\end{pmatrix}+C_2\frac{1}{x^4}\begin{pmatrix}1\\-1\end{pmatrix}-\frac{1}{2x^4}\begin{pmatrix}1\\1\end{pmatrix}$$

(6)　斉次方程式の基本解は，$\dfrac{1}{x^4}\begin{pmatrix}2\\1\end{pmatrix}, \dfrac{1}{x^4}\begin{pmatrix}2\log|x|-1\\\log|x|\end{pmatrix}$．したがって，$M(x;z)=\dfrac{z^4}{x^4}\begin{pmatrix}1-2\log|x/z| & 4\log|x/z|\\-\log|x/z| & 1+2\log|x/z|\end{pmatrix}$．これを用いて，特解は

$$\int_{x_0}^{x}M(x;z)\begin{pmatrix}2\\1\end{pmatrix}\frac{1}{z^5}dz=\int_{x_0}^{x}\frac{1}{x^4z}\begin{pmatrix}2\\1\end{pmatrix}dz=\frac{\log x}{x^4}\begin{pmatrix}2\\1\end{pmatrix}$$

したがって一般解は，

$$\begin{pmatrix}y_1\\y_2\end{pmatrix}=C_1\frac{1}{x^4}\begin{pmatrix}2\\1\end{pmatrix}+C_2\frac{1}{x^4}\begin{pmatrix}2\log|x|-1\\\log|x|\end{pmatrix}+\frac{\log|x|}{x^4}\begin{pmatrix}2\\1\end{pmatrix}$$

[5]　$\boldsymbol{Y}_j$ の l 番目の成分を Y_{jl} と書いて，$\Delta(\boldsymbol{Y}_1, \boldsymbol{Y}_2, \cdots, \boldsymbol{Y}_n)$ の第 k 行を微分した行列式を計算すると，

$$\begin{vmatrix} Y_{11} & Y_{21} & \cdots & Y_{n1} \\ \multicolumn{4}{c}{\cdots\cdots\cdots\cdots} \\ Y'_{1k} & Y'_{2k} & \cdots & Y'_{nk} \\ \multicolumn{4}{c}{\cdots\cdots\cdots\cdots} \\ Y_{1n} & Y_{2n} & \cdots & Y_{nn} \end{vmatrix} = \begin{vmatrix} Y_{11} & Y_{21} & \cdots & Y_{n1} \\ \multicolumn{4}{c}{\cdots\cdots\cdots\cdots} \\ \sum_{j=1}^{n} A_{kj} Y_{1j} & \sum_{j=1}^{n} A_{kj} Y_{2j} & \cdots & \sum_{j=1}^{n} A_{kj} Y_{nj} \\ \multicolumn{4}{c}{\cdots\cdots\cdots\cdots} \\ Y_{1n} & Y_{2n} & \cdots & Y_{nn} \end{vmatrix}$$

$$= \sum_{j=1}^{n} A_{kj} \begin{vmatrix} Y_{11} & Y_{21} & \cdots & Y_{n1} \\ \multicolumn{4}{c}{\cdots\cdots\cdots\cdots} \\ Y_{1j} & Y_{2j} & \cdots & Y_{nj} \\ \multicolumn{4}{c}{\cdots\cdots\cdots\cdots} \\ Y_{1n} & Y_{2n} & \cdots & Y_{nn} \end{vmatrix} = A_{kk} \begin{vmatrix} Y_{11} & Y_{21} & \cdots & Y_{n1} \\ \multicolumn{4}{c}{\cdots\cdots\cdots\cdots} \\ Y_{1k} & Y_{2k} & \cdots & Y_{nk} \\ \multicolumn{4}{c}{\cdots\cdots\cdots\cdots} \\ Y_{1n} & Y_{2n} & \cdots & Y_{nn} \end{vmatrix}$$

よって，$\varDelta(\boldsymbol{Y}_1, \boldsymbol{Y}_2, \cdots, \boldsymbol{Y}_n)$ を微分したものは，

$$\frac{d}{dx}\varDelta(\boldsymbol{Y}_1, \boldsymbol{Y}_2, \cdots, \boldsymbol{Y}_n) = \sum_{k=1}^{n} A_{kk}\varDelta(\boldsymbol{Y}_1, \boldsymbol{Y}_2, \cdots, \boldsymbol{Y}_n) = \mathrm{Tr}(A)\varDelta(\boldsymbol{Y}_1, \boldsymbol{Y}_2, \cdots, \boldsymbol{Y}_n)$$

これを積分すると求めるべき関係式が得られる．

[6] (1)　零行列に対して $0^j=0\ (j\geqq 1)$，$0^0=E$．よって定義より，$e^0=\sum_{j=0}^{\infty}\frac{0^j}{j!}=0^0=E$.

(2)　行列の指数関数の定義の両辺を微分すると，

$$\frac{de^A}{dx} = \frac{d}{dx}\sum_{j=0}^{\infty}\frac{A^j}{j!} = \sum_{j=0}^{\infty}\frac{dA}{dx}\frac{jA^{j-1}}{j!} = \frac{dA}{dx}\sum_{j=1}^{\infty}\frac{A^{j-1}}{(j-1)!} = \frac{dA}{dx}\sum_{j=0}^{\infty}\frac{A^j}{j!} = \frac{dA}{dx}e^A$$

$$= \sum_{j=0}^{\infty}\frac{jA^{j-1}}{j!}\frac{dA}{dx} = \sum_{j=1}^{\infty}\frac{A^{j-1}}{(j-1)!}\frac{dA}{dx} = \left(\sum_{j=0}^{\infty}\frac{A^j}{j!}\right)\frac{dA}{dx} = e^A\frac{dA}{dx}$$

(3)　$[A, B]=0$ により $AB=BA$．よって $(A+B)^j=\sum_{k=0}^{j}\frac{j!\,A^kB^{j-k}}{k!(j-k)!}$．したがって，

$$e^{A+B} = \sum_{j=0}^{\infty}\sum_{k=0}^{j}\frac{A^kB^{j-k}}{k!(j-k)!} = \sum_{j=0}^{\infty}\sum_{l=0}^{\infty}\frac{A^kB^l}{k!\,l!} = \sum_{j=0}^{\infty}\frac{A^k}{k!}\sum_{l=0}^{\infty}\frac{B^l}{l!} = e^Ae^B$$

(4)　$[A, -A]=0$ であるから，(1)，(3)の結果より，$e^Ae^{-A}=E$．よって，$e^{-A}=(e^A)^{-1}$.

(5)　e^A の左から P，右から P^{-1} をかけて，$Pe^AP^{-1}=\sum_{j=0}^{\infty}\frac{PA^jP^{-1}}{j!}$．$PA^nP^{-1}=(PAP^{-1})^n$ 代入して整理すると，示すべき等式を得る．

(6)　$(e^A)^T=\left(\sum_{j=0}^{\infty}\frac{A^j}{j!}\right)^T=\sum_{j=0}^{\infty}\frac{(A^j)^T}{j!}=\sum_{j=0}^{\infty}\frac{(A^T)^j}{j!}=e^{A^T}$.

(7)　$Be^A=B\sum_{j=0}^{\infty}\frac{A^j}{j!}=\sum_{j=0}^{\infty}\frac{BA^j}{j!}$ である．ここで，

$$\begin{aligned} BA &= AB+[B, A] \\ BA^2 &= A^2B+2A[B, A]+[[B, A], A] \\ BA^3 &= A^3B+3A^2[B, A]+3A[[B, A], A]+[[[B, A], A], A] \end{aligned}$$

....

$$BA^j = \sum_{k=0}^{j} \binom{j}{k} A^{j-k} [[\cdots[B, \overbrace{A], \cdots, A], A}^{k}]$$

となるから,

$$\begin{aligned}
\sum_{j=0}^{\infty} \frac{BA^j}{j!} &= \sum_{j=0}^{\infty} \sum_{k=0}^{j} \frac{1}{j!} \binom{j}{k} A^{j-k} [[\cdots[B, \overbrace{A], \cdots, A], A}^{k}] \\
&= \sum_{l=0}^{\infty} \sum_{k=0}^{\infty} \frac{1}{(k+l)!} \binom{k+l}{k} A^{l} [[\cdots[B, \overbrace{A], \cdots, A], A}^{k}] \\
&= \sum_{l=0}^{\infty} \frac{A^l}{l!} \sum_{k=0}^{\infty} \frac{1}{k!} [[\cdots[B, \overbrace{A], \cdots, A], A}^{k}]
\end{aligned}$$

よって,与えられた等式が示された.

第 6 章

問題 6-1

[1] $dq/dt=v$ とすると,連立方程式 $dq/dt=v$, $dv/dt=F(q)$ を得る.これらから,(q, v) 空間における解軌道は $dv/dq=F(q)/v$ をみたす.q 軸との共有点では,$v=0$.よって,dv/dq が発散するときは,解軌道は q 軸と直交する.dv/dq が有限の値になるときは,共有点において $F(q)\to 0$.このとき,与えられた方程式から,$\ddot{q}=0$.これは力の釣り合った静止状態に対応し,解の状態を表す点はこの共有点で静止する.

[2] (1) 質点を $X=X_0$ まで移動させたとき,バネの弾性力は $-kX_0$ である.質点が水平面から受ける垂直抗力の大きさは mg で,静止摩擦力の最大値は μmg.バネの弾性力がこの値を越えればよいので,求める条件は $kX_0>\mu mg$ または,$kX_0<-\mu mg$.

(2) 質点が運動するとき,運動の向きとは反対の向きに一定の大きさ λmg の動摩擦力を受ける.よって運動方程式は,質点の動く向き(v の正負)によって異なり,

$$m\ddot{X} = -kX \mp \lambda mg \qquad (\text{複号は } v>0 \text{ のとき}-,\ v<0 \text{ のとき}+)$$

これらの解は,A, ϕ を定数,$\omega \equiv \sqrt{k/m}$ として,

$$X = A\sin(\omega t+\phi) \mp \lambda mg/k \qquad (\text{複号は } v>0 \text{ のとき}-,\ v<0 \text{ のとき}+)$$

これらは角振動数が ω,振動の中心が $X=-\lambda mg/k$ ($v>0$ の場合),または $X=\lambda mg/k$ ($v<0$ の場合) の調和振動である.最初に停止するまでは半周期分だけ振動する.

(3) (2)より,つねに $v=\dot{X}=A\omega\cos(\omega t+\phi)$ をみたす.よって,解軌道は楕円の一部で,$\omega^2(X\pm\lambda mg/m)^2+v^2=C^2$ (複号は $v>0$ のとき+,$v<0$ のとき−.C は定数).停止したときに(1)で求めた条件をみたさない場合,すなわち $|X|<\mu mg/k$ のときは再び

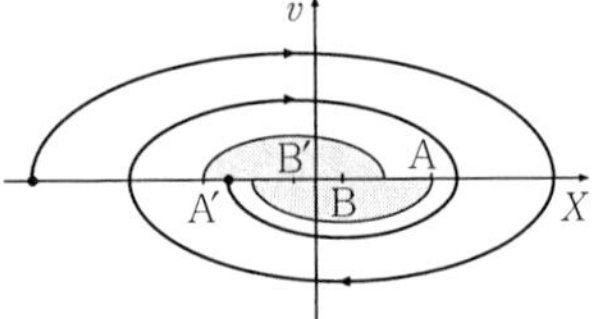

動き出すことはない．典型的な解軌道は右図のようになる．図で点 A, A′ は動き出す最小の $|X|$ を与える点，B, B′ は $v<0$, $v>0$ の運動の際の振動の中心を示す．図の灰色の部分には解軌道は入り込まない．

［3］ (1) 鉛直方向の質点の座標を y とすると，質点の運動方程式は，$m\ddot{y}=-mg$．ここで $\dot{y}=v$ とすると，$\dfrac{dv}{dy}=-\dfrac{g}{v}$．これを積分して，解軌道の方程式は $y=-\dfrac{v^2-v_0^2}{2g}$ (v_0 は定数)．図示すると下の左図のようになる．

(2) 物体が床に衝突するとき以外は(1)で求めた解軌道を描く．このときの解軌道は $y=\dfrac{v_0^2-v^2}{2g}$ (v_0 は定数)．衝突前後では速度の向きが変わり，速度の大きさが e 倍される．よって，解軌道は v 軸と交差した後 y 軸に関して反対側に移動する．また，衝突後の解軌道は $y=\dfrac{e^2v_0^2-v^2}{2g}$．衝突を繰り返すたびに $\dfrac{v_0^2}{2g}$ に対応する定数が e^2 倍されることになり，解軌道は徐々に原点に近づく．典型的な解軌道は下の右図のようになる．

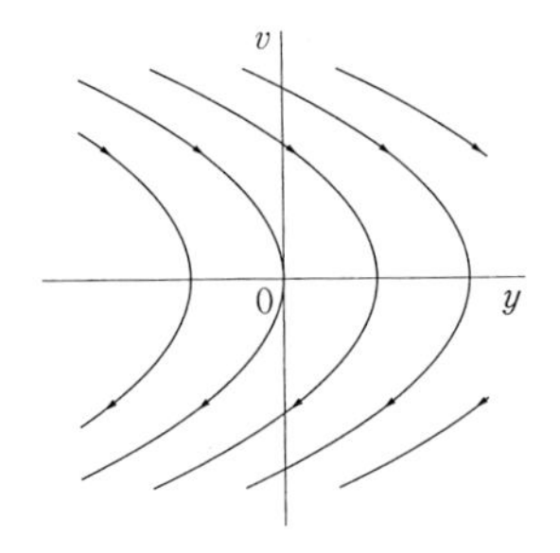

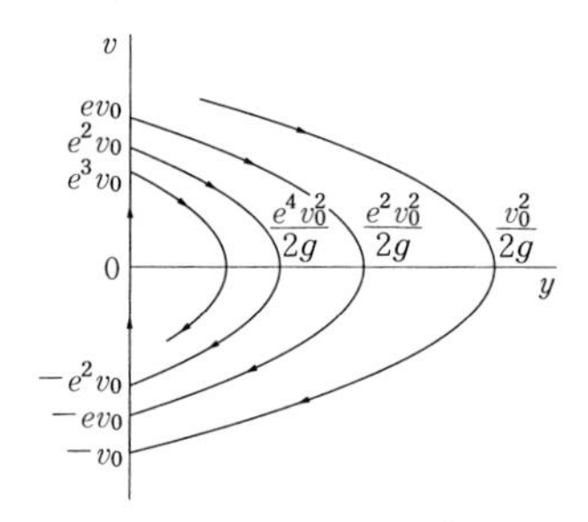

問題 6-2

［1］ $y'=f(y,z,x)$, $z'=g(y,z,x)$ の平衡点は連立方程式 $f(y,z,x)=0$, $g(y,z,x)=0$ を解いて求められる．

(1) $z=y'$ で新しい変数を導入すると，$y'=z$, $z'=-pz-qy$ となる．ここで，連立方程式 $z=0$, $-pz-qy=0$ を解いて，平衡点は $y=0$, $z=0$．

(2) $y'=0$ から $(1-z)y=0$, $z'=0$ から $-(1+y)z=0$．これらを解き，平衡点は $(y,z)=(0,0), (-1,1)$．

(3) $y'=0$, $z'=0$ より，$zy(y-2)=0$, $y^2+z^2-1=0$．これらを解くと，平衡点は次の4点である：$(y,z)=(\pm1,0), (0,\pm1)$ (複号重複)．

(4) $y'=0$, $z'=0$ により，$(y-1)(z+1)=0$, $(y+1)(z-1)=0$．平衡点は $(y,z)=(1,1), (-1,-1)$．

(5)　$y'=0$ から，$(1-y-z)y=0$．また，$z'=0$ から $(3-y+z)z=0$．これらを解いて，平衡点は $(y,z)=(0,0),(0,-3),(1,0),(2,-1)$．

［**2**］　(1)から(3)では $z\equiv y'$ とする．また，C は定数とする．各問の解軌道の概形を次ページに図で示した．

(1)　$y'=z,\ z'=y^3(y-1)(3y-2)$ より $\dfrac{dz}{dy}=\dfrac{y^3(y-1)(3y-2)}{z}$．これを解いて解軌道の方程式を求めると，$z^2=y^4(y-1)^2+C$．

(2)　$z'=\dfrac{\sin y}{\cos^3 y}$ となるから $\dfrac{dz}{dy}=\dfrac{\sin y}{z\cos^3 y}$，すなわち $zdz=\dfrac{\sin y}{\cos^3 y}dy$．これを解くと，$z^2=\tan^2 y+C$．

(3)　$\dfrac{dz}{dy}=\dfrac{2y(y^2-a^2)}{z}$ から，$zdz=2y(y^2-a^2)dy$．解軌道は $z^2=y^4-2a^2y^2+C$．

(4)　$\dfrac{dz}{dy}=\dfrac{z^2-y^2+a^2}{2yz}$ となる．これを解いて解軌道の方程式を求めると，$(y-C)^2+z^2=C^2-a^2$．これは，中心が $(C,0)$，半径が $\sqrt{C^2-a^2}$ の円を表す．

(5)　$\dfrac{dz}{dy}=\dfrac{y}{2z-2z^3}$ であるから，積分して $2z^2-z^4=y^2-C$．すなわち $y^2+(z^2-1)^2=C$．ただし，$C+1$ を改めて C とした．

(6)　解軌道の方程式は $\dfrac{dz}{dy}=\dfrac{2yz}{y^2-1}$ を積分して求められ，$z=C(y^2-1)$．これは点 $(\pm1,0)$ を通る放物線群である．

［**3**］　(1)　$i=\dot{q}$ に注意して，$\ddot{q}+\dfrac{R}{L}\dot{q}+\dfrac{1}{LC}q=0$．特性方程式は $k^2+\dfrac{R}{L}k+\dfrac{1}{LC}=0$ で，$9L=2R^2C$ より $k=-R/3L,\ k=-2R/3L$．よって電荷と電流を求めると，それぞれ $q=C_1e^{-Rt/3L}+C_2e^{-2Rt/3L}$，$i=-(R/3L)(C_1e^{-Rt/3L}+2C_2e^{-2Rt/3L})$ となる．$C=-C_2/C_1^2R$ とすると，$(Rq+3Li)=C(2Rq+3Li)^2$．図示すると217ページ図(1)のようになる．

(2)　2つの抵抗に流れる電流はそれぞれ $\dot{q}_1,\dot{q}_2$．電荷の保存により，コンデンサー C_0 に蓄えられる電荷は $Q_0-q_1-q_2$ (Q_0 は定数)．よって

$$\frac{q_1}{C}+R\dot{q}_1=\frac{Q_0-q_1-q_2}{C_0},\qquad \frac{q_2}{C}+R\dot{q}_2=\frac{Q_0-q_1-q_2}{C_0}$$

これらを変形して q_1,q_2 がみたす微分方程式を求めると，

$$R\dot{q}_1=-\left(\frac{1}{C}+\frac{1}{C_0}\right)q_1-\frac{1}{C_0}q_2+\frac{Q_0}{C_0},\qquad R\dot{q}_2=-\frac{1}{C_0}q_1-\left(\frac{1}{C}+\frac{1}{C_0}\right)q_2+\frac{Q_0}{C_0}$$

A_1,A_2 を任意定数とすると，この方程式の一般解は

$$\begin{pmatrix}q_1\\q_2\end{pmatrix}=A_1\begin{pmatrix}1\\1\end{pmatrix}\exp\left[\frac{-t}{R}\left(\frac{2}{C_0}+\frac{1}{C}\right)\right]+A_2\begin{pmatrix}1\\-1\end{pmatrix}\exp\left(\frac{-t}{RC}\right)+\frac{CQ_0}{2C+C_0}\begin{pmatrix}1\\1\end{pmatrix}$$

t を消去し，$A=\dfrac{2A_1}{(2A_2)^{(2C+C_0)/C_0}}$ とすると，解軌道の方程式は

$$q_1+q_2-\frac{2CQ_0}{2C+C_0}=A(q_1-q_2)^{1+2C/C_0}$$

問題解答6

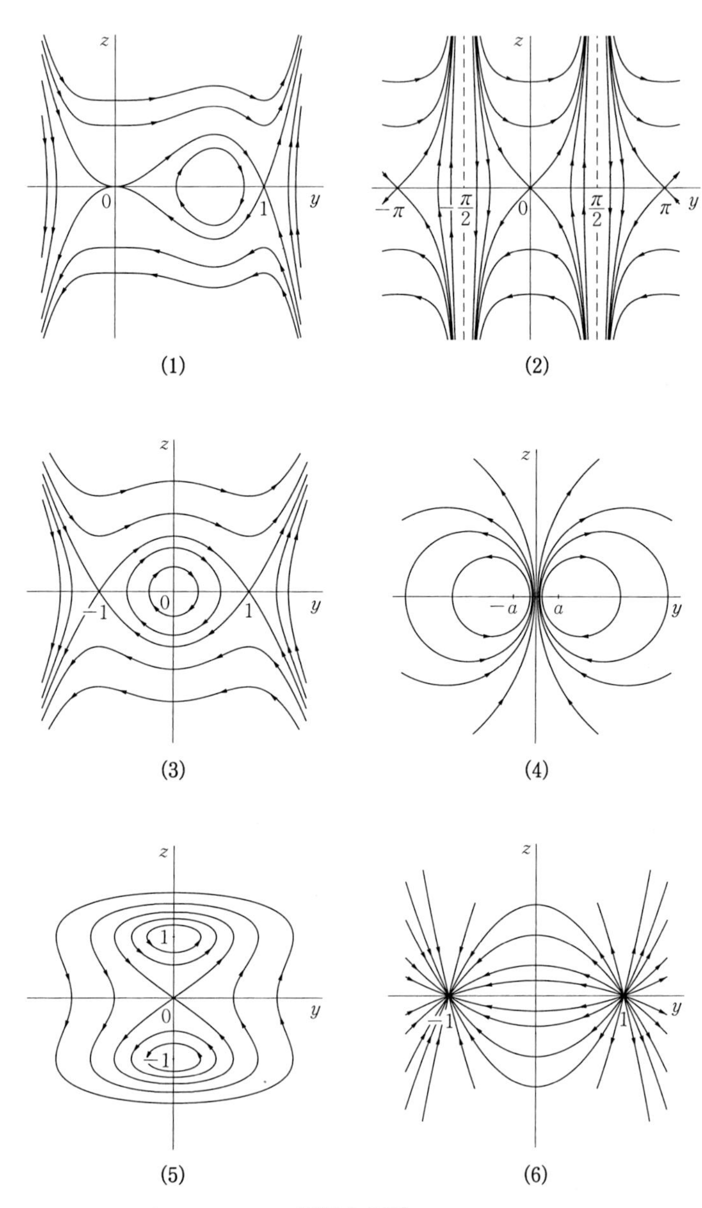

問題 6-2[2]

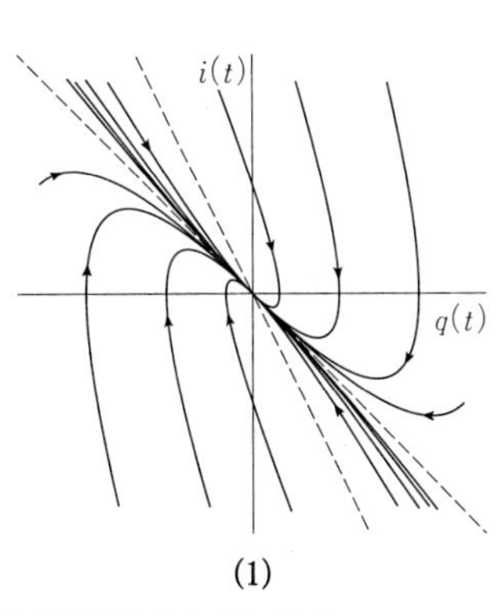

(1)

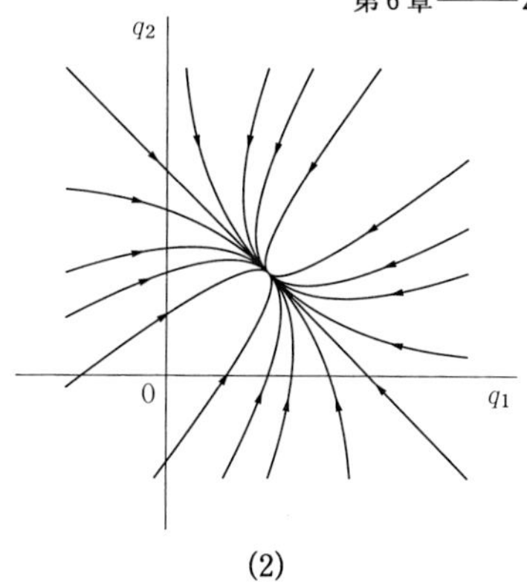

(2)

図示すると図(2)のようになる.

(3)　$i=\dot{q}$ の関係があるから，回路を表す微分方程式は，

$$\frac{dq}{dt}=i,\quad \frac{di}{dt}=-\frac{q}{LC}+\mathrm{V}_0\sin\omega t$$

$\omega=3/\sqrt{LC}$ の場合，方程式の解は，

$$q=A\,\sin\left(\frac{t}{\sqrt{LC}}+\phi\right)+\frac{CV_0\sin\omega t}{1-LC\omega^2},\quad i=\frac{A}{\sqrt{LC}}\cos\left(\frac{t}{\sqrt{LC}}+\phi\right)+\frac{\omega CV_0\cos\omega t}{1-LC\omega^2}$$

ω, L, C の間の関係より，この関数は周期が $6\pi/\omega$ の周期関数で，$0<t<6\pi/\omega$ で描画すればよい．解軌道の例は図(3a)で与えられる．

$\omega=1/\sqrt{LC}$ の場合，解は，

$$q=A\,\sin(\omega t+\phi)-\frac{V_0t\cos\omega t}{2\omega L},\quad i=A\omega\,\cos(\omega t+\phi)-\frac{V_0\cos\omega t}{2\omega L}+\frac{V_0t\sin\omega t}{2L}$$

これは原点から回転しながら離れるらせん状の解軌道で，図(3b)のようになる．

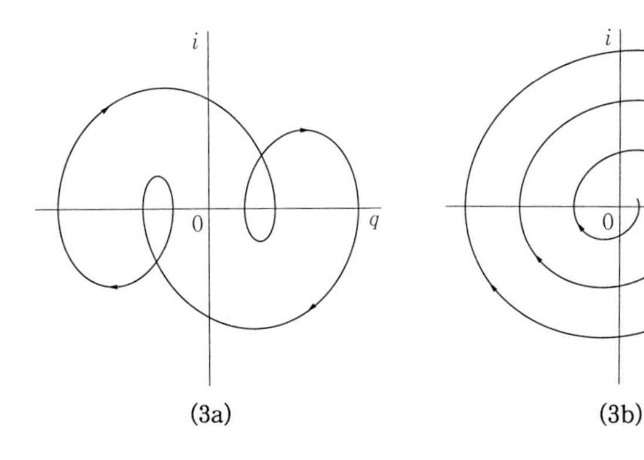

(3a)　(3b)

［4］ (1) $\dfrac{\partial H}{\partial q}=\dfrac{\partial U}{\partial q}$ を積分して $H(q,p)=U(q)+f(p)$ ($f(p)$ は任意関数)．これと $\dfrac{\partial H}{\partial p}=\dfrac{p}{m}$ より，$\dfrac{df}{dp}=\dfrac{p}{m}$ となるから，$f=\dfrac{p^2}{2m}+C$ (C は定数) が得られる．したがって，$H(q,p)=\dfrac{p^2}{2m}+U(q)+C$.

(2) H の時間変化は $\dfrac{dH}{dt}=\dfrac{\partial H}{\partial q}\dfrac{dq}{dt}+\dfrac{\partial H}{\partial p}\dfrac{dp}{dt}$．これに $\dot{q}=\dfrac{\partial H}{\partial p}$ と $\dot{p}=-\dfrac{\partial H}{\partial q}$ を代入して $\dfrac{dH}{dt}=0$．$H(q,p)$ は時間変化しない．

問題 6-3

［1］ C，C_1, C_2 を定数とする．

(1) 方程式中の行列の固有値は同符号の実固有値 $-1, -2$．これらはともに負で，平衡点は安定結節点．一般解 $\begin{pmatrix} y_1 \\ y_2 \end{pmatrix}=C_1\begin{pmatrix} 4 \\ -3 \end{pmatrix}e^{-x}+C_2\begin{pmatrix} 1 \\ -1 \end{pmatrix}e^{-2x}$ より，解軌道の方程式は $3y_1+4y_2=C(y_1+y_2)^2$.

(2) 行列の固有値は 1, 2 で，ともに正の実固有値だから，平衡点は不安定結節点．一般解 $\begin{pmatrix} y_1 \\ y_2 \end{pmatrix}=C_1\begin{pmatrix} 1 \\ -1 \end{pmatrix}e^{x}+C_2\begin{pmatrix} 2 \\ -3 \end{pmatrix}e^{2x}$ から x を消去して $y_1+y_2=C(3y_1+2y_2)^2$.

(3) 行列の固有値は異符号の実固有値 $-2, 3$ であるから，平衡点は鞍点．一般解 $\begin{pmatrix} y_1 \\ y_2 \end{pmatrix}=C_1\begin{pmatrix} 1 \\ 1 \end{pmatrix}e^{3x}+C_2\begin{pmatrix} 1 \\ -4 \end{pmatrix}e^{-2x}$ から x を消去して，解軌道は $(y_1-y_2)^3(4y_1+y_2)^2=C$.

(4) 行列の固有値は 0, 1．1 つの固有値が 0 だから結節線が存在する．この方程式の一般解は $\begin{pmatrix} y_1 \\ y_2 \end{pmatrix}=C_1\begin{pmatrix} -3 \\ 2 \end{pmatrix}+C_2\begin{pmatrix} 2 \\ -1 \end{pmatrix}e^{x}$ で，$y_1+2y_2=C_1$，$2y_1+3y_2=C_2e^x$．第 1 式より，解軌道は直線群 $y_1+2y_2=C$. 第 2 式は直線 $2y_1+3y_2=0$ 上の点がすべて平衡点であることを意味する．解軌道上の点は $x\to-\infty$ でこの結節線に近づき，平衡点は不安定.

(5) 行列の特性方程式は $k^2+3k+3=0$ で，固有値は $(-3\pm\sqrt{3}\,i)/2$．これは複素共役な固有値で，実部が負である．したがって平衡点は安定な渦状点である．

(6) 行列の固有値は $1\pm i$ で，実部が正の共役な複素固有値であるから，平衡点は不安定渦状点となる．

(7) この行列は縮退した負の固有値 -2 をもつ．よって平衡点は安定な退化結節点.

(8) 行列は固有値 $\pm 2i$ をもつ．これは純虚数解で，平衡点は渦心点.

［2］ 平衡点からのずれを (η,ζ) であらわし，$y'=f(y,z)$，$z'=g(y,z)$ のそれぞれの右辺を展開して η,ζ の最低次の項で近似する．C, C_1, C_2 を定数とする．

(1) $z=y'$ とすると，$z'=y^3(y-1)(3y-2)$．平衡点は $z=0$，$y^3(y-1)(3y-2)=0$ より $(y,z)=(0,0), (2/3,0), (1,0)$ となる．$(0,0)$ のまわりでは，$\eta'=\zeta$，$\zeta'=0$ で結節線，$(2/3,0)$

のまわりでは，$\eta'=\zeta,\ \zeta'=-8\eta/27$ で渦心点，$(1,0)$ のまわりでは，$\eta'=\zeta,\ \zeta'=\eta$ で鞍点.

(2) $z=y'$ とすると，$z'=\dfrac{\sin y}{\cos^3 y}$. 平衡点は $z=0,\ \dfrac{\sin y}{\cos^3 y}=0$ により求められ $(y,z)=(n\pi,0)$ (n は整数). $\eta=y-n\pi$ とおいて $|\eta|\ll 1$ とすると，$\cos y\cong(-1)^n$, $\sin y\cong(-1)^n\eta$. 平衡点のまわりでは $\eta'=\zeta,\ \zeta'=\eta$ で，平衡点はすべて鞍点.

(3) $z=y'$ とすれば，$z'=2y(y^2-a^2)$. $z=0,\ y(y^2-a^2)=0$ とすると，平衡点は $(y,z)=(0,0),(\pm a,0)$. 平衡点のまわりでの近似的な方程式は，$(0,0)$ のまわりでは，$\eta'=\zeta,\ \zeta'=-2a^2\eta$ となる. また $(\pm a,0)$ のまわりでは，$\eta'=\zeta,\ \zeta'=4a^2\eta$. よって $(0,0)$ は渦心点，$(\pm 1,0)$ は鞍点.

(4) $2yz=0,\ z^2-y^2+a^2=0$ から，平衡点は $(y,z)=(\pm a,0)$ となる. 平衡点のまわりでは $\eta'=\pm 2a\zeta,\ \zeta'=\mp 2a\eta$. いずれも渦心点である.

(5) $2z-2z^3=0,\ y=0$ により，平衡点は $(y,z)=(0,0),(0,\pm 1)$. 微分方程式は，$(0,0)$ のまわりでは $\eta'=2\zeta,\ \zeta'=\eta$. $(0,\pm 1)$ のまわりでは $\eta'=-4\zeta,\ \zeta'=\eta$. よって，$(0,0)$ は鞍点，$(\pm 1,0)$ は渦心点.

(6) $y^2-1=0,\ 2yz=0$ により，平衡点は $(y,z)=(\pm 1,0)$. 平衡点のまわりの近似は $(\pm 1,0)$ で $\eta'=\pm 2\eta,\ \zeta'=\pm 2\zeta$. よって退化型結節点で，$(1,0)$ は不安定，$(-1,0)$ は安定.

(7) $y^2-z^2-a^2=0,\ 2yz=0$ より $(y,z)=(\pm a,0)$ が平衡点. それらのまわりでは $\eta'=\pm 2a\eta,\ \zeta'=\pm 2a\zeta$. いずれの場合も退化型結節点. また，$\eta,\zeta$ の x に関する変化より，$(a,0)$ は不安定，$(-a,0)$ は安定.

(8) $(a-bz)y=0,\ (-c+dy)z=0$ により，平衡点は $(y,z)=(0,0)$ および $\left(\dfrac{c}{d},\dfrac{a}{b}\right)$. 平衡点での近似は，$(0,0)$ では $\eta'=a\eta,\ \zeta'=-c\zeta$ で，鞍点. また，$\left(\dfrac{c}{d},\dfrac{a}{b}\right)$ では $\eta'=-\dfrac{bc}{d}\zeta,\ \zeta'=\dfrac{ad}{b}\eta$ で，これは渦心点.

(9) $y(3-y-2z)=0,\ z(2-y-z)=0$ により，平衡点は $(y,z)=(0,0),(0,2),(3,0),(1,1)$. 平衡点のまわりでは，$(0,0)$ では，$\eta'=3\eta,\ \zeta'=2\zeta$. $(0,2)$ では，$\eta'=-\eta,\ \zeta'=-2\eta-2\zeta$. $(3,0)$ では，$\eta'=-3\eta-6\zeta,\ \zeta'=-\zeta$. $(1,1)$ では，$\eta'=-\eta-2\zeta,\ \zeta'=-\eta-\zeta$. これらのまわりでの解を調べると，$(0,0)$ は不安定結節点，$(0,2),(3,0)$ は安定結節点，$(1,1)$ は鞍点.

[**3**] 平衡点のまわりの線形近似は，

$$\frac{d}{dx}\begin{pmatrix} y_1 \\ y_2 \end{pmatrix}=\begin{pmatrix} a_{11} & a_{12} \\ a_{21} & a_{22} \end{pmatrix}\begin{pmatrix} y_1 \\ y_2 \end{pmatrix} \qquad (a_{11},a_{12},a_{21},a_{22}\ \text{は定数})$$

よって解軌道がみたすべき微分方程式は，

$$\frac{dy_2}{dy_1}=\frac{y_2'}{y_1'}=\frac{a_{21}y_1+a_{22}y_2}{a_{11}y_1+a_{12}y_2}$$

問題解答6

これは，1階の同次型微分方程式で，原点を中心とする拡大・縮小により解軌道は重なり合う．

［4］ (1) $A=\begin{pmatrix} a & 0 \\ 0 & a \end{pmatrix}$ の場合．

微分方程式は $y_1'=ay_1, y_2'=ay_2$．一般解は $y_1=C_1e^{ax}$，$y_2=C_2e^{ax}$ (C_1, C_2 は任意定数)．これから x を消去すると，$C_2y_1-C_1y_2=0$．したがって，原点を通る直線群が解軌道である．

(2) $A=\begin{pmatrix} a & 1 \\ 0 & a \end{pmatrix}$ の場合．

$y_1'=ay_1+y_2$，$y_2'=ay_2$ であるから，一般解は $y_1=C_1e^{ax}+C_2xe^{ax}$，$y_2=C_2e^{ax}$．これは曲線群 $y_1=\dfrac{y_2}{a}\log|y_2|+Cy_2\left(C\equiv\dfrac{C_1}{C_2}-\dfrac{1}{a}\log|C_2|\right)$．$a>0$ ならば，y_2 は単調に増加または減少し，y_1 はいったん減少した後増加する(またはその逆)．

索引

タ　行

ナ　行

ハ　行

マ　行

ヤ　行

ラ　行

和達三樹
1945-2011年．1967年東京大学理学部物理学科卒業．1970年ニューヨーク州立大学大学院修了(Ph. D.)．ニューヨーク州立大学研究員，東京教育大学光学研究所助手，助教授，筑波大学物理工学系助教授，東京大学教養学部助教授，東京大学大学院理学系研究科教授，東京理科大学理学部教授を務める．専攻は理論物理学，特に物性基礎論，統計力学．
主な著書：『液体の構造と性質』(共著)，『微分積分』(以上，岩波書店)，『常微分方程式』(共著，講談社)．

矢嶋　徹
1962年愛知県に生まれる．1986年東京大学理学部物理学科卒業．1990年東京大学大学院理学系研究科中途退学．東京大学工学部物理工学科助手，宇都宮大学工学部助教授等を経て，現在宇都宮大学工学部教授．博士(理学)．専攻は数理物理学，非線形波動．
主な著書：Key Point & Seminar シリーズ(共著，サイエンス社)．

理工系の数学入門コース／演習 新装版
微分方程式演習

1998年12月22日　初版第1刷発行
2008年12月5日　初版第3刷発行
2020年4月15日　新装版第1刷発行
2024年8月6日　新装版第4刷発行

著　者　和達三樹（わだちみき）・矢嶋徹（やじまてつ）

発行者　坂本政謙

発行所　株式会社 岩波書店
〒101-8002 東京都千代田区一ツ橋2-5-5
電話案内 03-5210-4000
https://www.iwanami.co.jp/

印刷製本・法令印刷

ISBN 978-4-00-007849-8　　Printed in Japan